#개념의힘
#기본의힘
#응용의힘
#서술형의힘

수학의 힘

Chunjae
Makes
Chunjae

기획총괄 박금옥
편집개발 윤경옥, 박초아, 조은영, 김연정, 김수정, 임희정, 이혜지, 최민주
디자인총괄 김희정
표지디자인 윤순미, 심지영
내지디자인 이신애, 이리호
제작 황성진, 조규영

발행일 2024년 4월 15일 초판 2024년 4월 15일 1쇄
발행인 (주)천재교육
주소 서울시 금천구 가산로9길 54
신고번호 제2001-000018호
고객센터 1577-0902

※ 정답 분실 시에는 천재교육 홈페이지에서 내려받으세요.
※ KC 마크는 이 제품이 공통안전기준에 적합하였음을 의미합니다.
※ 주의
책 모서리에 다칠 수 있으니 주의하시기 바랍니다.
부주의로 인한 사고의 경우 책임지지 않습니다.
8세 미만의 어린이는 부모님의 관리가 필요합니다.

1·2

차례

이 책의 구성과 특징

개념의 힘

주제별 입체적인 개념 정리로 교과서의 내용을 한눈에 이해하고 문제를 익힙니다.
기초 드릴 문제를 수록하여 집중 연습할 수 있습니다.

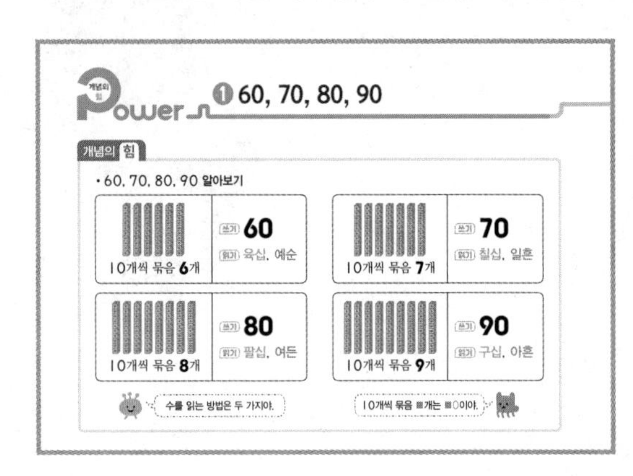

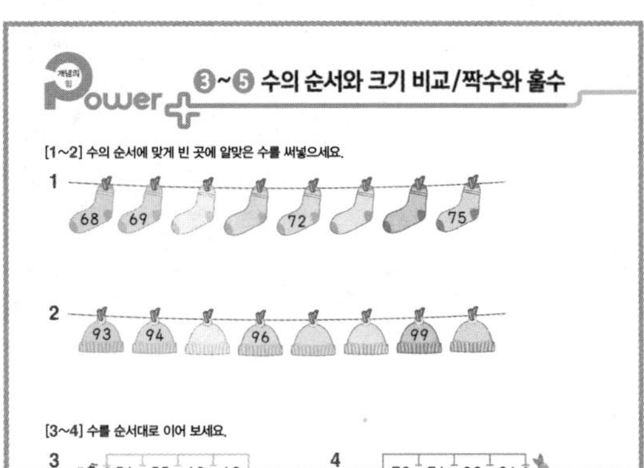

1 STEP 기본의 힘

주제별 다양한 문제를 풀어 보며 기본 유형을 확실하게 다집니다.

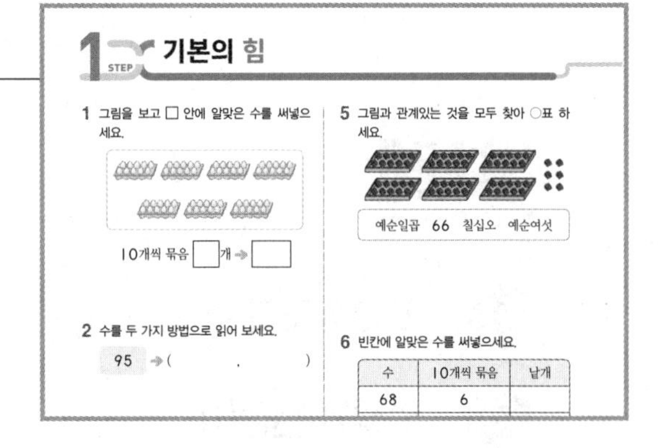

2 STEP 응용의 힘

단원별로 꼭 알아야 하는 응용 유형을 3~4번 반복하여 풀어 보며 완벽하게 마스터 합니다.

2 STEP 응용의 힘

응용 1 나타내는 수가 다른 것 찾기

읽은 것을 모두 수로 나타내거나 모두 읽어 수가 다른 하나를 찾습니다.

[1~2] 나타내는 수가 다른 하나를 찾아 ×표 하세요.

1 일흔 팔십 70

2 오십사 54 쉰셋

응용 2 상황에 따라 수 읽기

52 • 번호가 오십이 번인 버스를 탔습니다. • 큰아버지의 나이는 쉰두 살입니다.

5 밑줄 친 수를 바르게 읽은 것에 ○표 하세요.

축구 선수인 진호의 등 번호는 67번입니다.

예순일곱 육십칠

6 밑줄 친 수를 바르게 읽은 사람은 누구인가요?

서술형의 힘

〈연습 문제〉를 풀고 〈대표 유형〉을 단계별로 차근차근 푼 후, 유사 문제의 풀이 과정을 직접 쓰며 풀이를 쓰는 힘을 키웁니다.

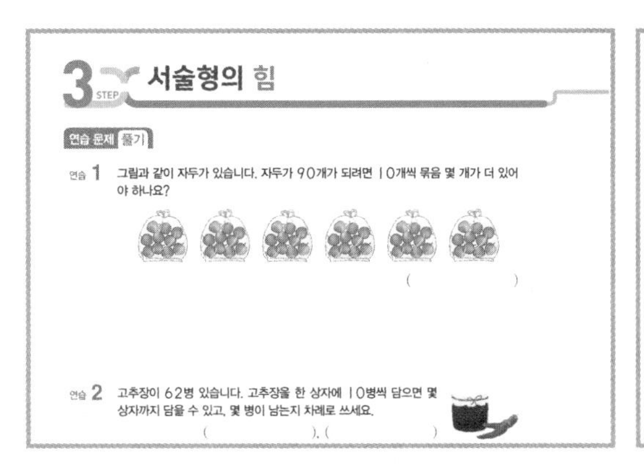

3 STEP 서술형의 힘

연습 문제 풀기

연습 1 그림과 같이 자두가 있습니다. 자두가 90개가 되려면 10개씩 묶음 몇 개가 더 있어야 하나요?

(　　　　　)

연습 2 고추장이 62병 있습니다. 고추장을 한 상자에 10병씩 담으면 몇 상자까지 담을 수 있고, 몇 병이 남는지 차례로 쓰세요.

(　　　　　), (　　　　　)

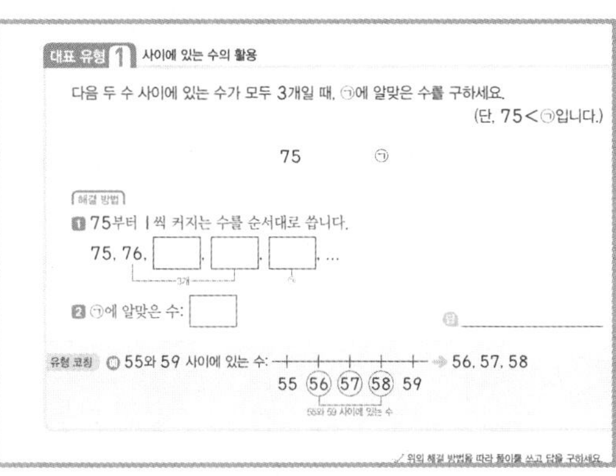

대표 유형 1 사이에 있는 수의 활용

다음 두 수 사이에 있는 수가 모두 3개일 때, ㉠에 알맞은 수를 구하세요. (단, 75<㉠입니다.)

75　　㉠

해결 방법

1 75부터 1씩 커지는 수를 순서대로 씁니다.

75, 76, □, □, □, ...

2 ㉠에 알맞은 수: □

답 ____________

유형 코칭 ◎ 55와 59 사이에 있는 수: 56, 57, 58

55 (56) (57) (58) 59

단원평가

학교에서 수시로 보는 단원평가에서 자주 출제되는 기출문제를 풀어 보며 단원평가에 대비합니다.

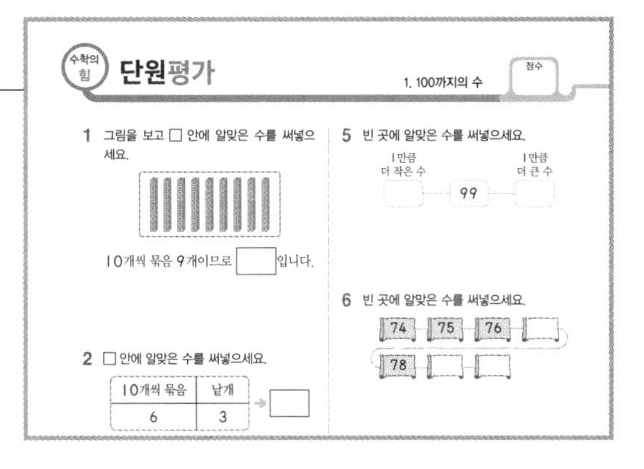

수학의 힘 단원평가　1. 100까지의 수　점수

1 그림을 보고 □ 안에 알맞은 수를 써넣으세요.

10개씩 묶음 9개이므로 □입니다.

2 □ 안에 알맞은 수를 써넣으세요.

10개씩 묶음	낱개
6	3

→ □

5 빈 곳에 알맞은 수를 써넣으세요.

1만큼 더 작은 수 — 99 — 1만큼 더 큰 수

6 빈 곳에 알맞은 수를 써넣으세요.

74 - 75 - 76 - □ - 78 - □ - □

창의 · 사고력의 힘

특별 코너! 창의 융합 사고력 문제를 풀어 보며 수학 교과 역량을 쑥쑥 키웁니다.

창의 · 사고력의 힘!　100이 아닌 수를 찾아라.

'백문불여일견'은 '백(100) 번 듣는 것이 한 번 보는 것보다 못하다'라는 뜻으로 실제로 경험해 보아야 확실하게 알 수 있다는 말입니다.

이렇게 실생활에서 100은 여러 가지 상황에서 사용됩니다. 각 상황을 보고 밑줄 친 100을 잘못 말한 것을 찾아 기호를 쓰세요.

1

100까지의 수

100까지의 수와 수의 순서를 알고, 수의 크기 비교를 ＞, ＜를 사용하여 나타내 보자.
또, 실생활 상황에서 물건을 둘씩 묶어 보고 짝수와 홀수를 이해하자.

이전에 배운 내용

1-1

50까지의 수

- 10 / 십몇 / 몇십
- 50까지의 수
- 수의 순서 / 수의 크기 비교

이번에 배울 내용

1. 60, 70, 80, 90
2. 99까지의 수 /
   수를 넣어 이야기하기
3. 수의 순서
4. 수의 크기 비교
5. 짝수와 홀수

이후에 배울 내용

2-1

세 자리 수

- 백 / 몇백 / 세 자리 수
- 각 자리의 숫자가 나타내는 수
- 뛰어 세기 / 수의 크기 비교

개념의 힘 Power ① 60, 70, 80, 90

개념의 힘

• 60, 70, 80, 90 알아보기

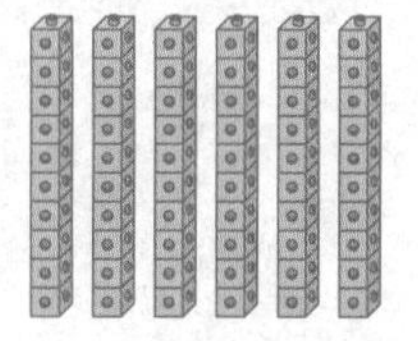
10개씩 묶음 6개

쓰기 **60**
읽기 육십, 예순

10개씩 묶음 7개

쓰기 **70**
읽기 칠십, 일흔

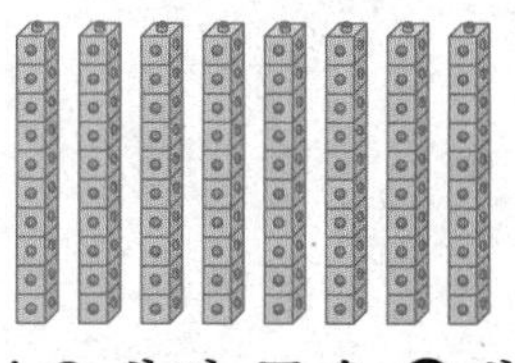
10개씩 묶음 8개

쓰기 **80**
읽기 팔십, 여든

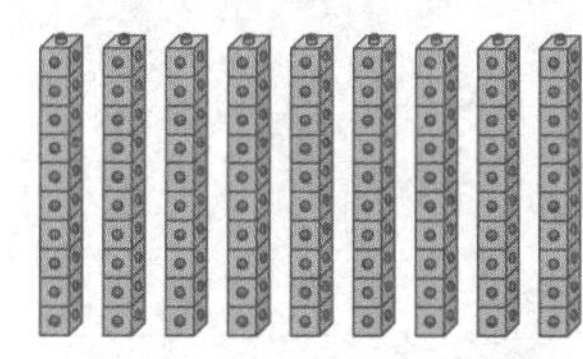
10개씩 묶음 9개

쓰기 **90**
읽기 구십, 아흔

수를 읽는 방법은 두 가지야.

10개씩 묶음 ■개는 ■0이야.

[1~2] 그림을 보고 □ 안에 알맞은 수를 써넣으세요.

1

10개씩 묶음 6개이므로 □ 입니다.

2

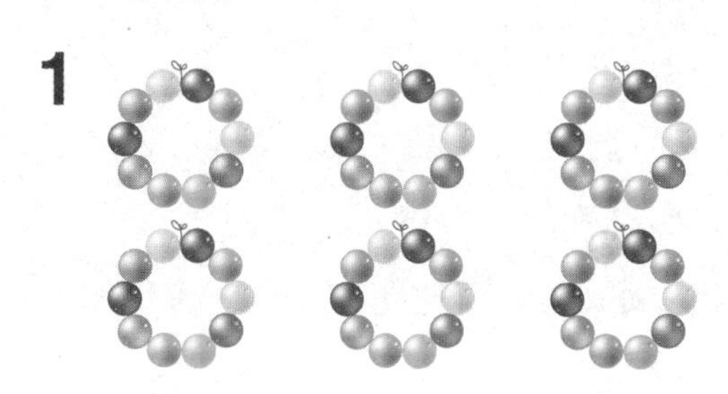

10개씩 묶음 8개이므로 □ 입니다.

3 수를 바르게 읽은 것에 ○표 하세요.

(1) 70 → (육십 , 칠십)

(2) 80 → (여든 , 일흔)

4 □ 안에 알맞은 수를 써넣으세요.

(1) 10개씩 묶음 7개는 □ 입니다.

(2) 90은 10개씩 묶음이 □ 개입니다.

[5~6] 그림이 나타내는 수를 두 가지 방법으로 읽어 보세요.

5

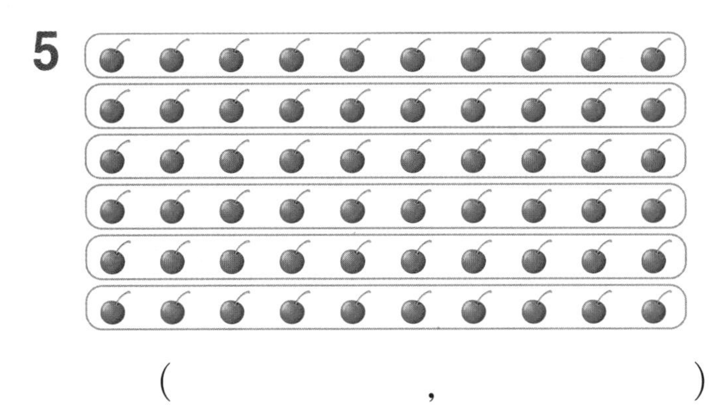

(,)

6

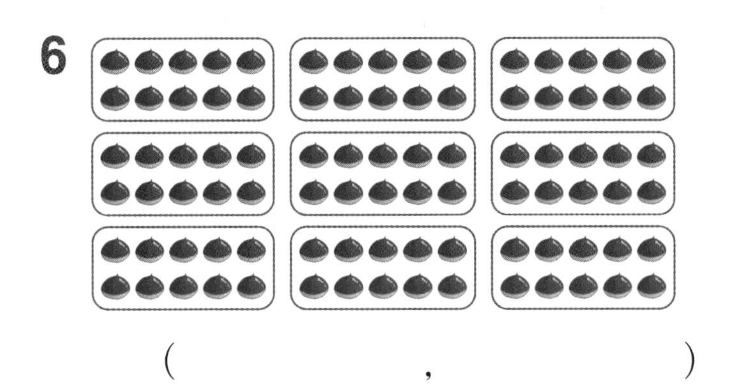

(,)

7 알맞게 이어 보세요.

60	•	• 팔십 •	• 여든
90	•	• 육십 •	• 아흔
80	•	• 구십 •	• 예순

8 70이 되도록 ●를 더 그려 넣으세요.

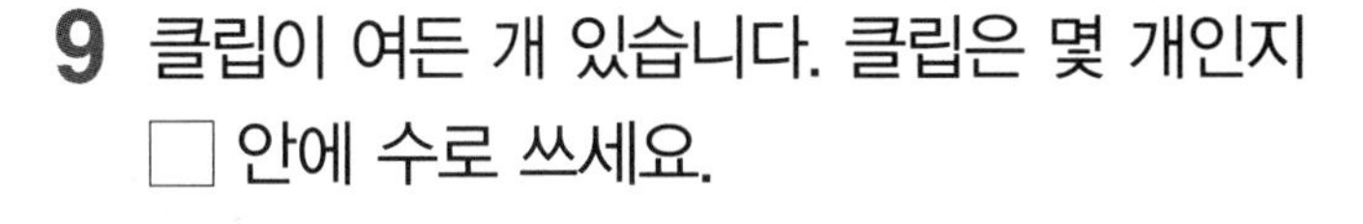

9 클립이 여든 개 있습니다. 클립은 몇 개인지 □ 안에 수로 쓰세요.

□개

10 송편을 한 접시에 10개씩 담으려고 합니다. 송편을 모두 담으려면 접시는 몇 개 필요한가요?

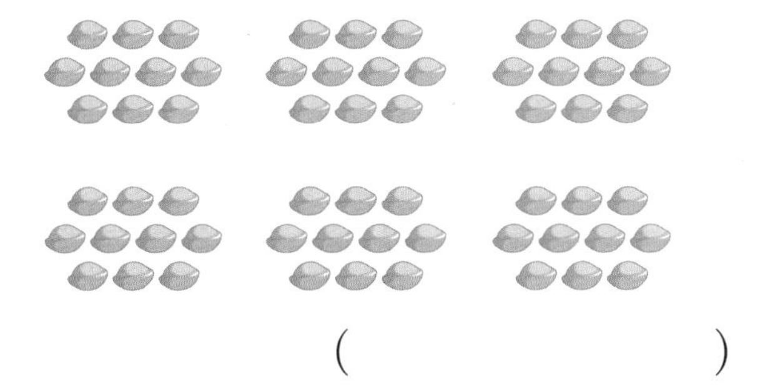

( )

11 호박이 한 상자에 10개씩 들어 있습니다. 8상자에 들어 있는 호박은 모두 몇 개인가요?

( )

② 99까지의 수 / 수를 넣어 이야기하기

개념의 힘

1 99까지의 수 알아보기

(1)

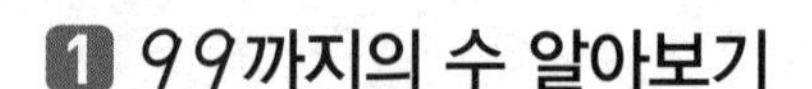

10개씩 묶음 **6**개와 낱개 **4**개

쓰기 **64**

읽기 육십사, 예순넷

(2)

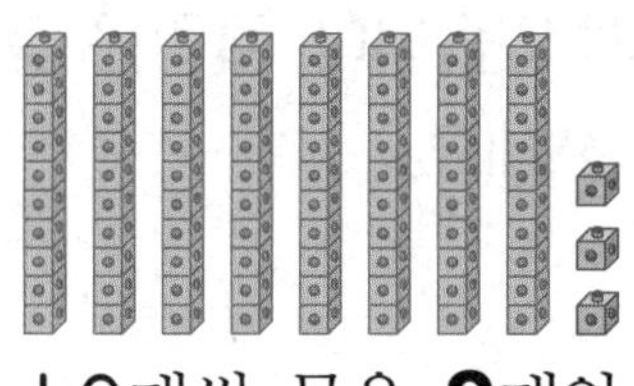

10개씩 묶음 **8**개와 낱개 **3**개

쓰기 **83**

읽기 팔십삼, 여든셋

10개씩 묶음의 수를 먼저 읽고 낱개의 수를 읽어.

2 수를 세어 쓰고 읽기

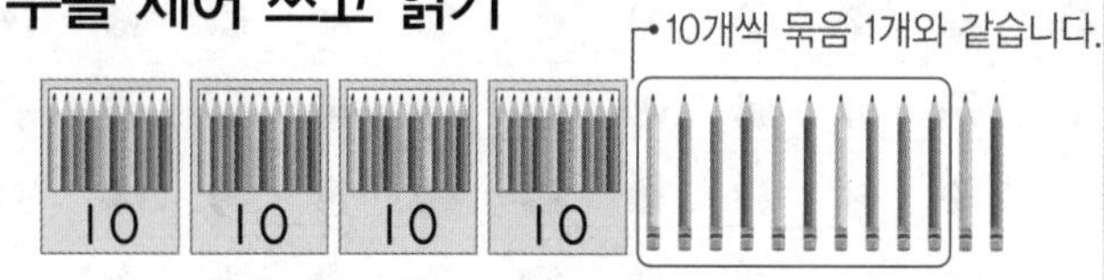

10개씩 묶음	낱개
5	2

쓰기 **52** 읽기 오십이, 쉰둘

3 수를 넣어 이야기하기

예

74살

버스의 번호 칠십사와 할아버지의 연세가 같네.

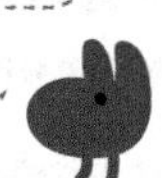

맞아. 할아버지는 일흔네 살이셔.

1 그림을 보고 □ 안에 알맞은 수를 써넣으세요.

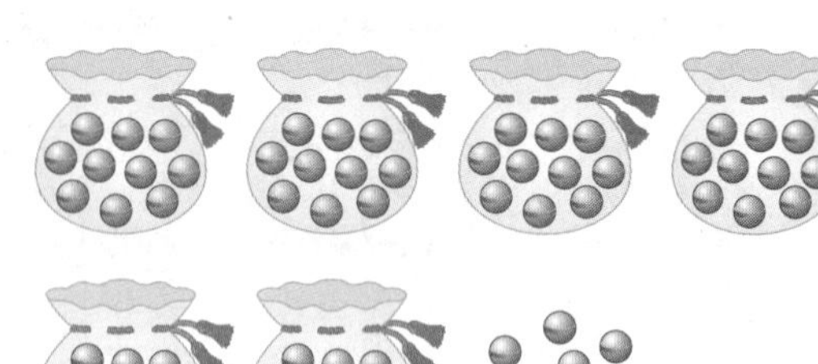

10개씩 묶음 6개와 낱개 8개 ➔ □

2 수를 바르게 읽은 것에 ○표 하세요.

85 ➔ (여든넷 , 팔십오)

3 모형이 나타내는 수를 쓰세요.

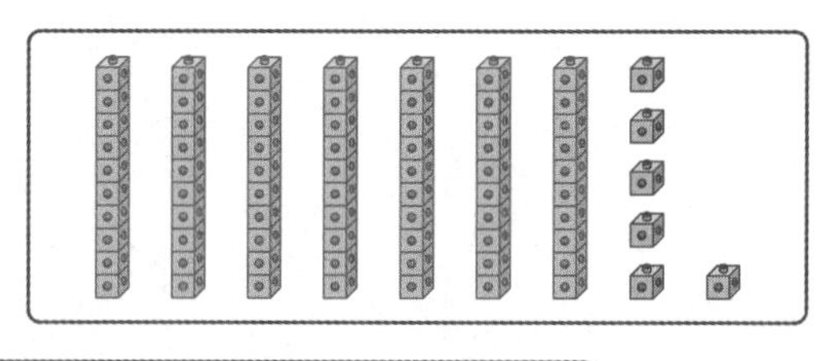

10개씩 묶음	낱개

➔ □

4 읽은 것을 수로 쓰세요.

구십칠 ➔ (　　　　　　　)

5 □ 안에 알맞은 수를 구하세요.

86은 10개씩 묶음 8개와 낱개 □개입니다.

(　　　　)

6 사탕은 모두 몇 개인가요?

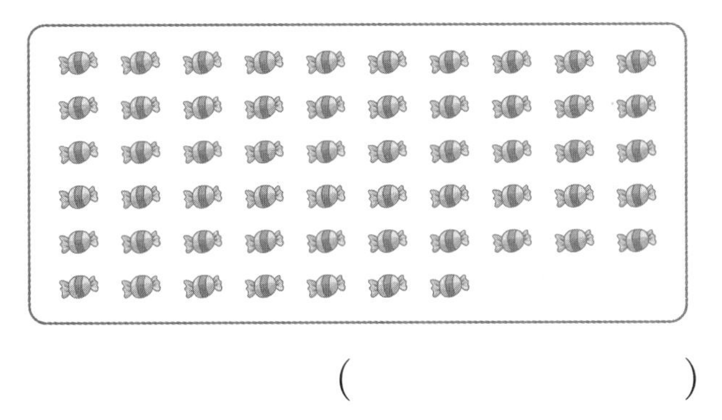

(　　　　)

7 빨대의 수를 두 가지 방법으로 읽어 보세요.

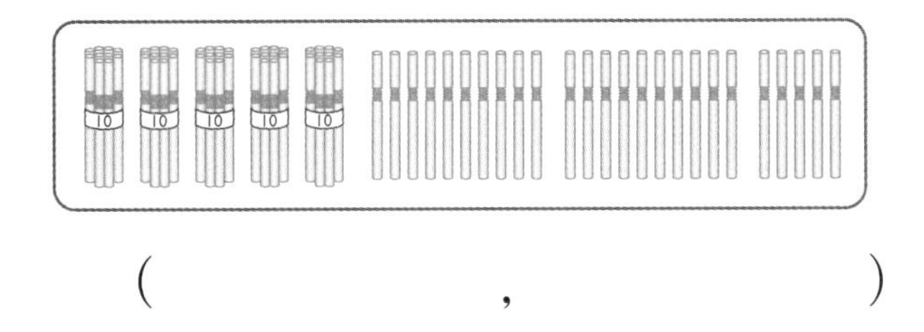

(　　　　,　　　　)

8 67이 되도록 모형을 /으로 지워 보세요.

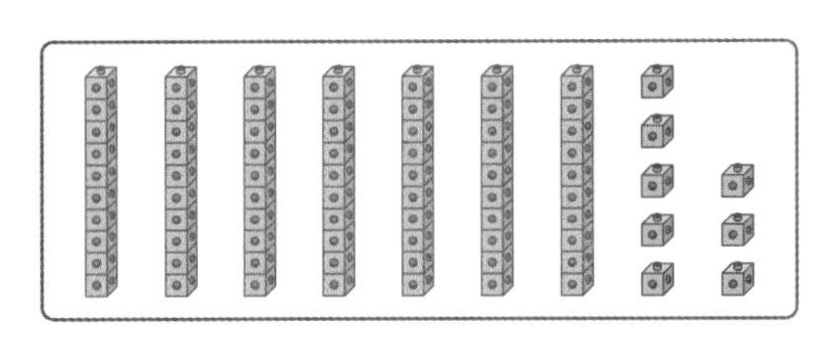

[9~10] 그림을 보고 보기와 같이 수를 바르게 읽어 이야기를 만들어 보세요.

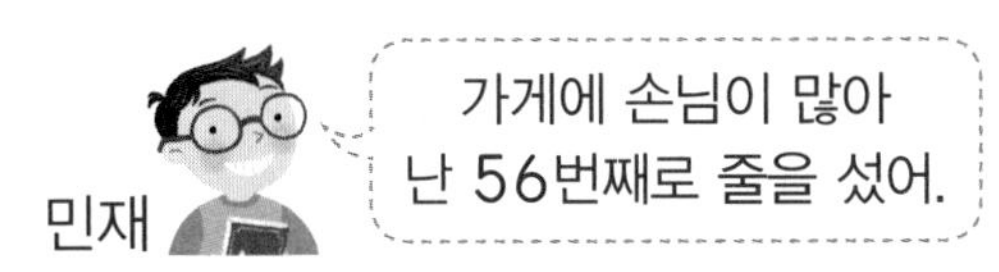

보기

나는 [칠십육] 번이 적힌 긴팔 티셔츠를 샀습니다.

9 민재는 가게에 손님이 많아 □ 번째로 줄을 섰습니다.

10 언니는 □ 번이 적힌 모자를 샀습니다.

11 가연이가 모은 칭찬 붙임딱지는 10장씩 묶음 7개와 낱개 3장입니다. 가연이가 모은 칭찬 붙임딱지는 모두 몇 장인가요?

(　　　　)

1 STEP 기본의 힘

1 그림을 보고 □ 안에 알맞은 수를 써넣으세요.

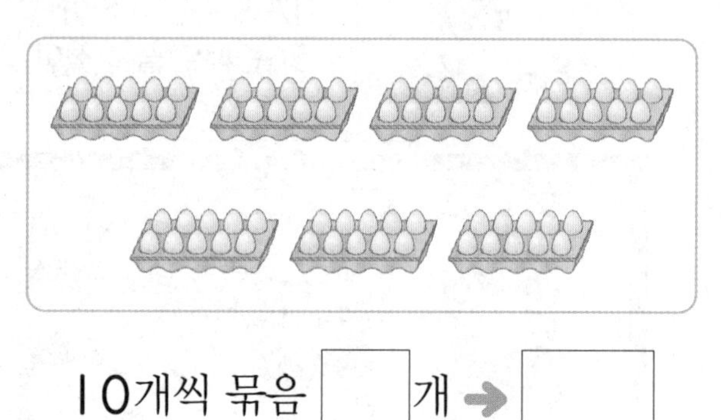

10개씩 묶음 □개 → □

2 수를 두 가지 방법으로 읽어 보세요.

95 → (　　　　,　　　　)

3 수의 크기만큼 모형을 색칠해 보세요.

80

4 알맞게 이어 보세요.

10개씩 묶음 6개 •　　　• 예순

10개씩 묶음 9개 •　　　• 여든

• 구십

5 그림과 관계있는 것을 모두 찾아 ○표 하세요.

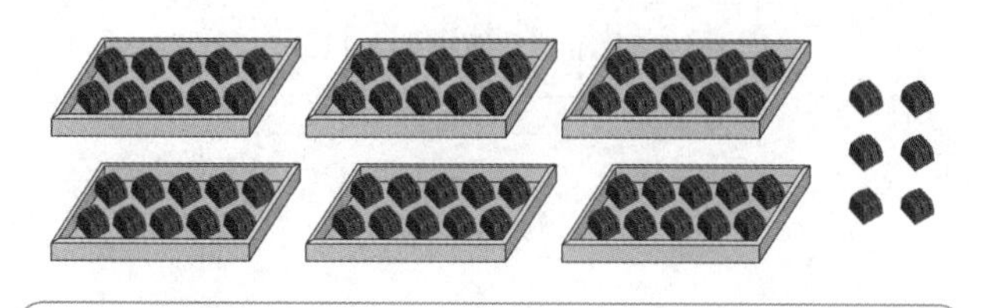

예순일곱　66　칠십오　예순여섯

6 빈칸에 알맞은 수를 써넣으세요.

수	10개씩 묶음	낱개
68	6	
83		3
	9	7

추론

7 색칠된 칸이 69칸이 되도록 하려면 몇 칸을 더 색칠해야 하나요?

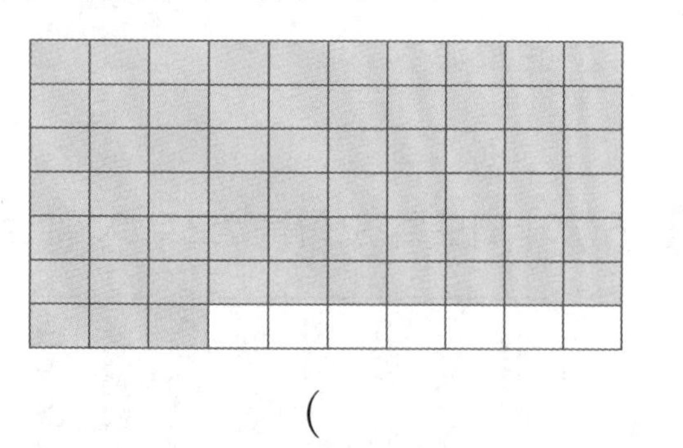

(　　　　)

8 수를 잘못 읽은 것을 찾아 기호를 쓰세요.

㉠ 70 → 일흔
㉡ 54 → 오십사
㉢ 87 → 여든칠
㉣ 68 → 예순여덟

( )

9 10개씩 묶어 세어 빈칸에 알맞은 수를 써넣고, 구슬은 모두 몇 개인지 구하세요.

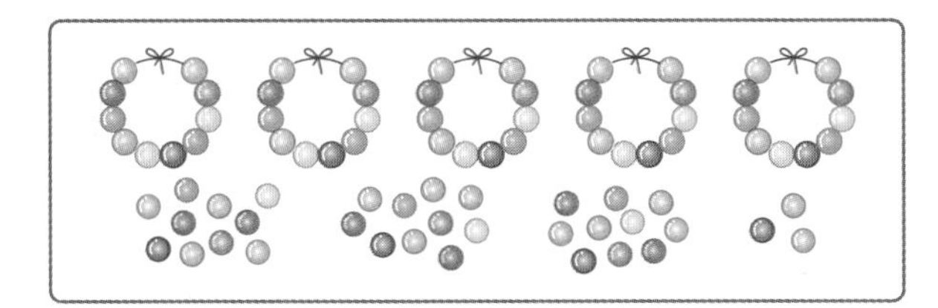

10개씩 묶음	낱개
	3

→ □개

의사소통

10 그림을 보고 수를 넣어 바르게 말한 사람의 이름을 쓰세요.

( )

11 승후 아버지께서 생선을 말리기 위해 생선 90마리를 한 줄에 10마리씩 매달고 계십니다. 생선은 모두 몇 줄이 되나요?

( )

12 설명이 잘못된 것을 찾아 기호를 쓰세요.

㉠ 57은 오십칠이라고 읽습니다.
㉡ 80은 10개씩 묶음이 8개입니다.
㉢ 10개씩 묶음 9개와 낱개 6개는 예순아홉입니다.

( )

13 농장에서 딴 감을 한 봉지에 10개씩 담았더니 7봉지가 되고 4개가 남았습니다. 농장에서 딴 감은 모두 몇 개인가요?

( )

14 수첩이 60권 있습니다. 수첩이 80권이 되려면 10권씩 묶음 몇 개가 더 있어야 하나요?

( )

③ 수의 순서

개념의 힘

❶ 1만큼 더 작은 수와 1만큼 더 큰 수

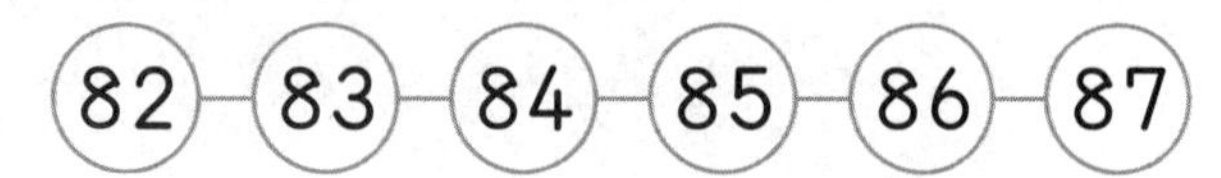

1만큼 더 작은 수　　1만큼 더 큰 수

(1) 84보다 **1만큼 더 작은 수는** 84 바로 앞의 수인 83입니다.

(2) 84보다 **1만큼 더 큰 수는** 84 바로 뒤의 수인 85입니다.

(3) 83보다 1만큼 더 크고 85보다 1만큼 더 작은 수는 84입니다.

■보다 크고 ▲보다 작은 수는 ■와 ▲ 사이에 있는 수야.

❷ 수의 순서

1씩 커집니다.

51	52	53	54	55	56	57	58	59	60
61	62	63	64	65	66	67	68	69	70
71	72	73	74	75	76	77	78	79	80
81	82	83	84	85	86	87	88	89	90
91	92	93	94	95	96	97	98	99	?

10씩 커집니다.

99보다 1만큼 더 큰 수

❸ 100 알아보기

99보다 1만큼 더 큰 수를 100이라고 합니다.

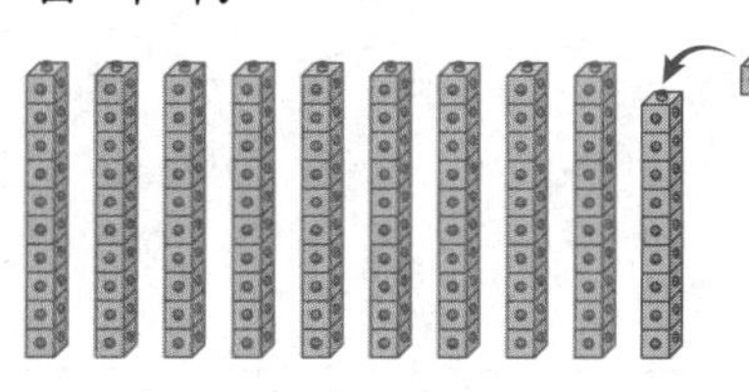

100

백

[1~2] 그림을 보고 □ 안에 알맞은 수를 써넣으세요.

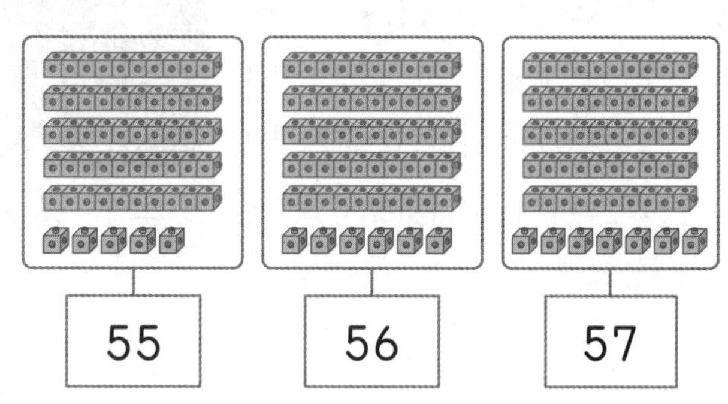

1 56보다 1만큼 더 작은 수는 □입니다.

2 56보다 1만큼 더 큰 수는 □입니다.

3 빈 곳에 알맞은 수를 써넣으세요.

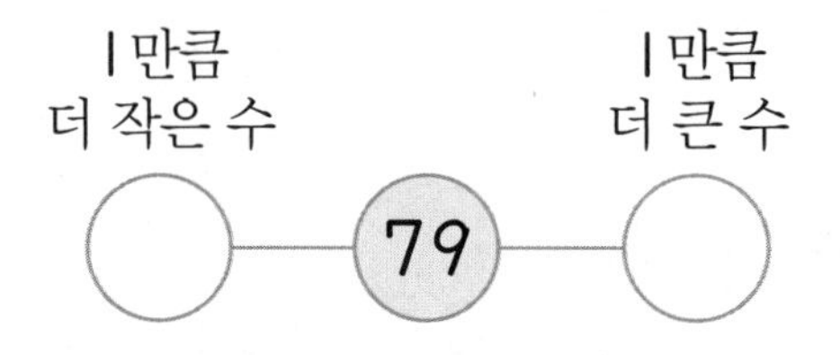

4 수의 순서대로 빈칸에 알맞은 수를 써넣으세요.

(1)

(2)

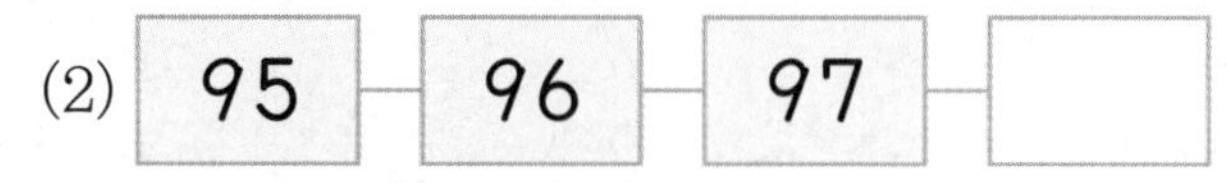

5 수 배열표의 빈칸에 알맞은 수를 써넣으세요.

41	42	43		45	46	47		49	50
51	52	53	54	55	56	57	58	59	60
61	62		64	65	66		68	69	
71	72	73	74		76	77	78	79	80
81		83	84	85	86		88	89	90

6 □ 안에 알맞은 수나 말을 써넣으세요.

99보다 1만큼 더 큰 수는 □(이)고 □(이)라고 읽습니다.

7 수를 순서대로 이어 그림을 완성해 보세요.

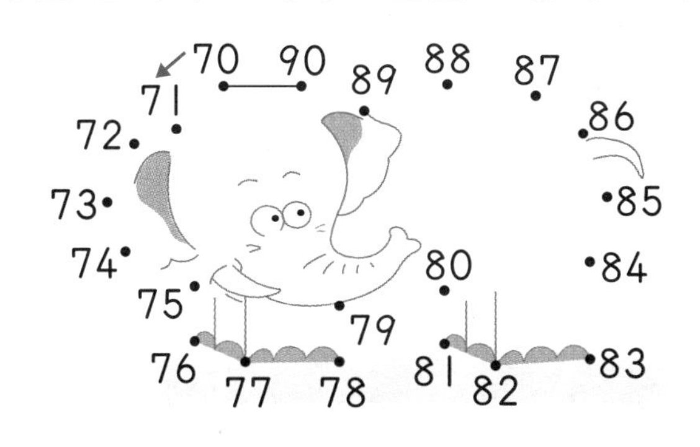

8 빈 곳에 알맞은 수를 써넣으세요.

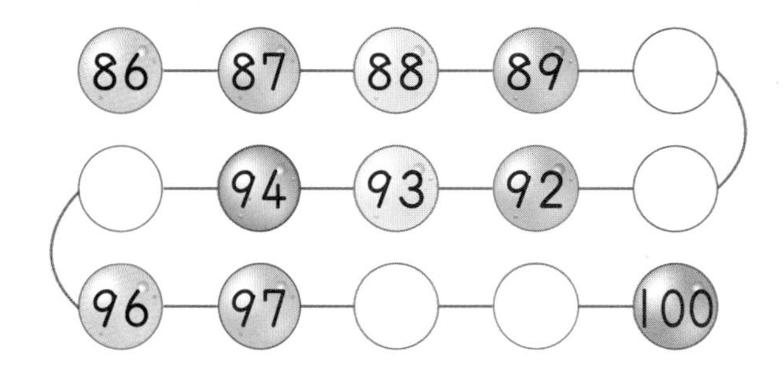

9 바르게 말한 사람의 이름을 쓰세요.

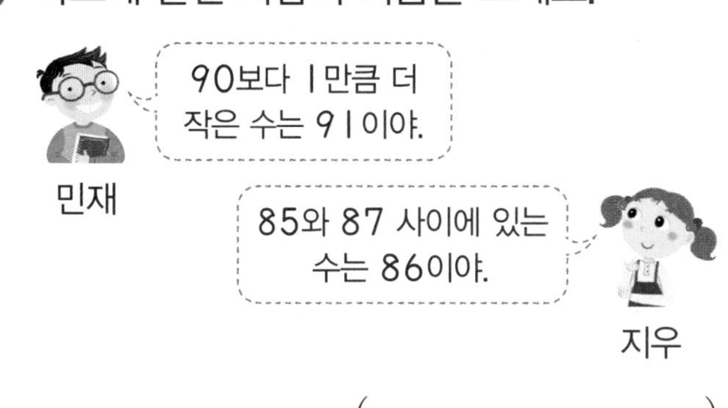

( )

10 수의 순서를 거꾸로 하여 빈 곳에 알맞은 수를 써넣으세요.

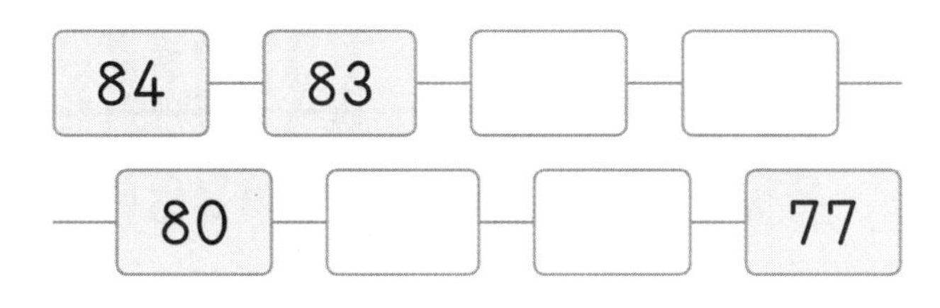

11 농구 선수인 원영이의 등 번호는 64보다 1만큼 더 작은 수입니다. 원영이의 등 번호는 몇 번인가요?

( )

개념의 힘 Power

④ 수의 크기 비교

개념의 힘

1 10개씩 묶음의 수가 다른 경우

10개씩 묶음의 수가 클수록 큰 수입니다.

예 72와 65의 크기 비교

72 65

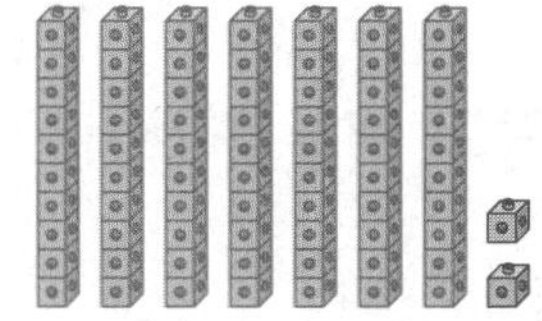

10개씩 묶음의 수를 비교하면 7이 6보다 더 커.

• 72는 65보다 큽니다. ➔ **72>65**

• 65는 72보다 작습니다. ➔ **65<72**

>, <는 더 큰 수 쪽으로 벌어져.

2 10개씩 묶음의 수가 같은 경우

낱개의 수가 클수록 큰 수입니다.

예 65와 63의 크기 비교

65 63

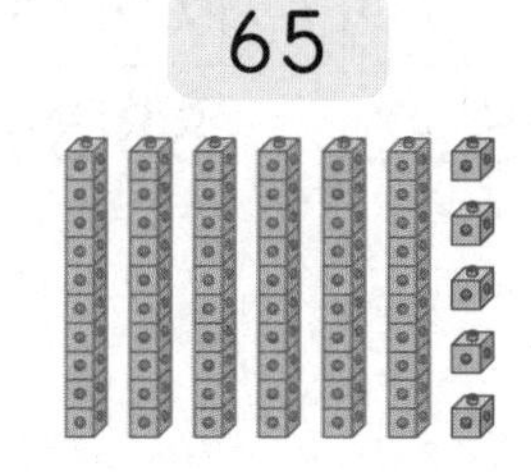

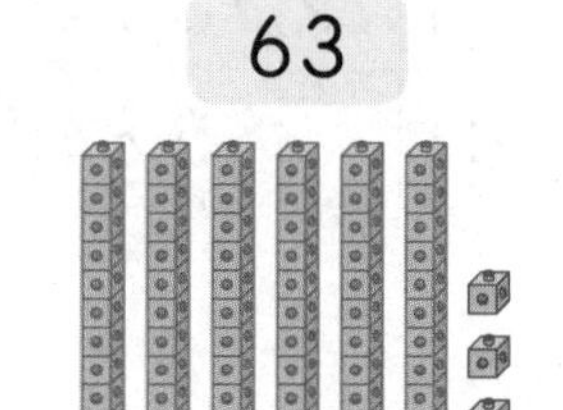

• 65는 63보다 큽니다. ➔ **65>63**

• 63은 65보다 작습니다. ➔ **63<65**

참고 수 배열 이용하기

➔ 56<61

순서대로 썼을 때 오른쪽에 있는 수가 더 커.

[1~2] 그림을 보고 물음에 답하세요.

68 82

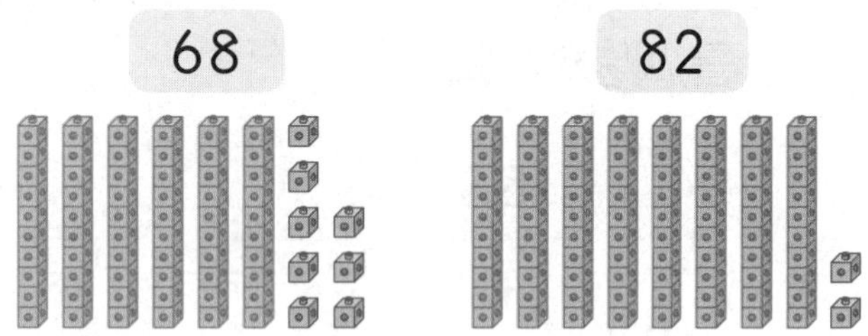

1 알맞은 말에 ○표 하세요.

68은 82보다 (큽니다 , 작습니다).

2 두 수의 크기를 비교하여 ○ 안에 >, <를 알맞게 써넣으세요.

68 ◯ 82

3 그림을 보고 두 수의 크기를 비교하여 ○ 안에 >, <를 알맞게 써넣으세요.

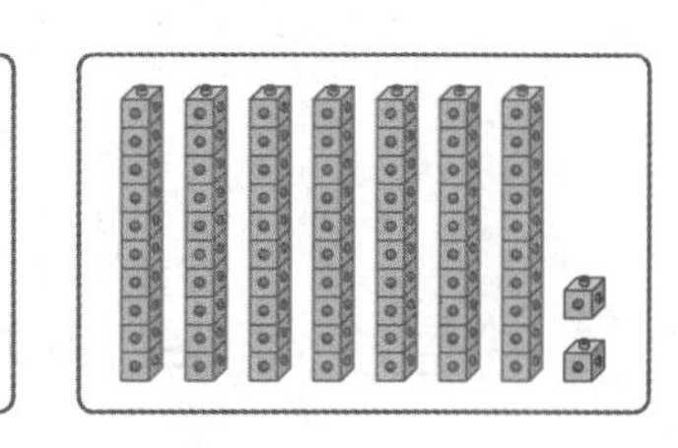

75 ◯ 72

4 수 배열을 보고 더 큰 수에 ○표 하세요.

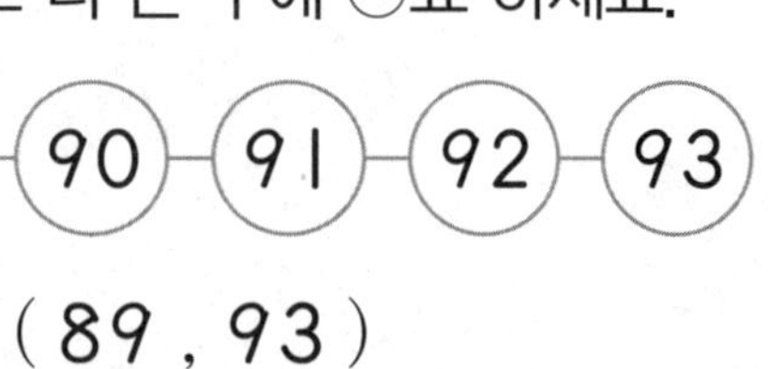

(89 , 93)

5 ○ 안에 >, <를 알맞게 써넣고, 알맞은 말에 ○표 하세요.

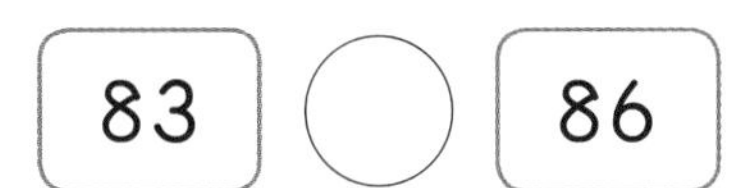

(1) 83은 86보다 (큽니다 , 작습니다).
(2) 86은 83보다 (큽니다 , 작습니다).

6 그림을 보고 □ 안에 알맞은 수를 써넣으세요.

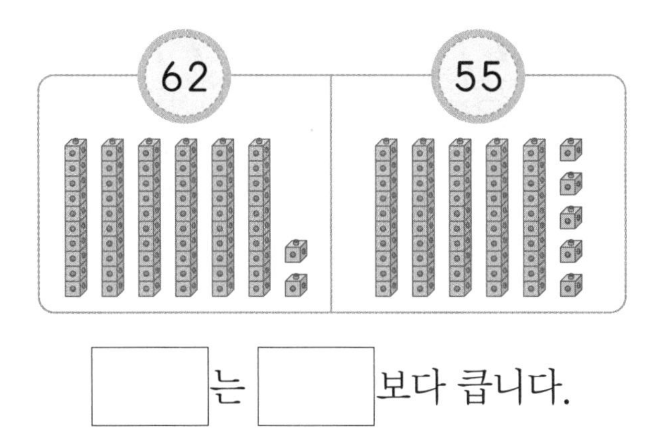

□는 □보다 큽니다.

7 두 수의 크기를 비교하여 ○ 안에 >, <를 알맞게 써넣으세요.

8 왼쪽의 수보다 더 큰 수에 ○표 하세요.

9 더 작은 수를 말한 사람은 누구인가요?

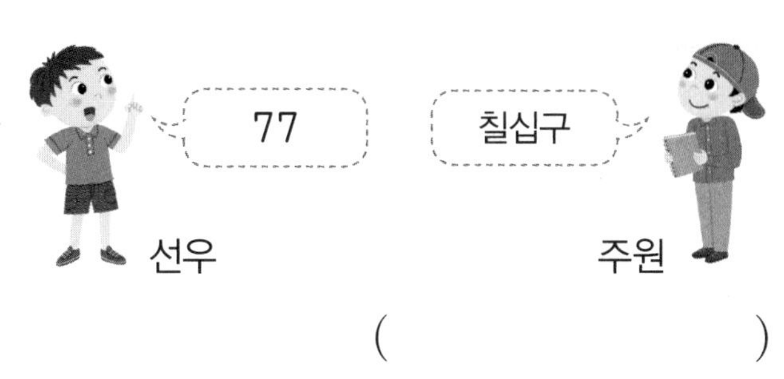

( )

10 두 수의 크기를 잘못 비교한 것을 찾아 기호를 쓰세요.

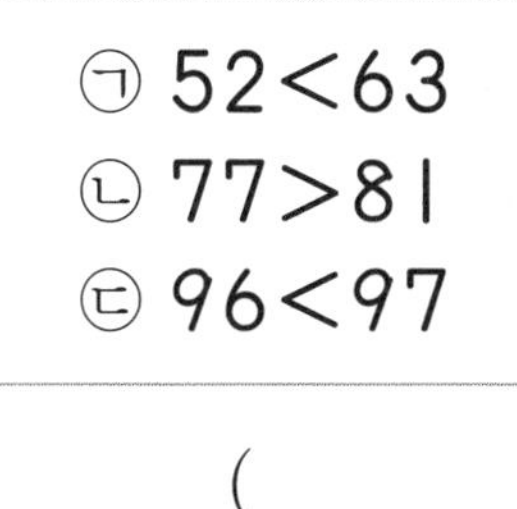

( )

11 가장 큰 수에 ○표, 가장 작은 수에 △표 하세요.

75 81 73

12 동화책을 재하는 76쪽 읽었고, 민정이는 69쪽 읽었습니다. 동화책을 더 많이 읽은 사람은 누구인가요?

( )

개념의 힘 Power

⑤ 짝수와 홀수

개념의 힘

• 짝수와 홀수

1	/
3	// /
5	// // /
7	// // // /
9	// // // // /
11	// // // // // /

└ 둘씩 짝을 지을 때 하나가 남습니다.

2	//
4	// //
6	// // //
8	// // // //
10	// // // // //
12	// // // // // //

둘씩 짝을 지을 때 남는 것이 없습니다. ┘

1, 3, 5, 7, 9, 11과 같은 수를 **홀수**라고 합니다.
2, 4, 6, 8, 10, 12와 같은 수를 **짝수**라고 합니다.

낱개의 수가 1, 3, 5, 7, 9인 수는 홀수야.

낱개의 수가 0, 2, 4, 6, 8인 수는 짝수야.

[1~2] 그림을 보고 □ 안에 알맞은 수를 써넣으세요.

3	🐜🐜 🐜
4	🐜🐜 🐜🐜
5	🐜🐜 🐜🐜 🐜
6	🐜🐜 🐜🐜 🐜🐜
7	🐜🐜 🐜🐜 🐜🐜 🐜
8	🐜🐜 🐜🐜 🐜🐜 🐜🐜

1 홀수는 3, 5, □입니다.

2 짝수는 □, 6, □입니다.

3 짝수인지 홀수인지 ○표 하세요.

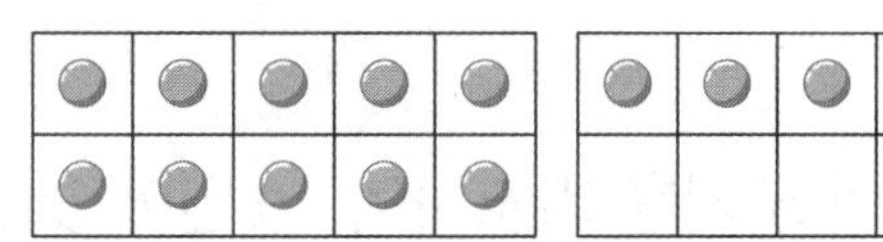

14는 (짝수 , 홀수)입니다.

4 만두를 둘씩 짝을 지어 보고 짝수인지 홀수인지 ○표 하세요.

9는 (짝수 , 홀수)입니다.

[5~6] 수를 세어 쓰고 짝수인지 홀수인지 ○표 하세요.

5 

버섯 □ 개 → (짝수 , 홀수)

6 

병아리 □ 마리 → (짝수 , 홀수)

7 수를 보고 짝수이면 '짝', 홀수이면 '홀'을 쓰세요.

(1) 18 → (　　　　　　)

(2) 25 → (　　　　　　)

8 짝수는 빨간색, 홀수는 노란색으로 칠해 보세요.

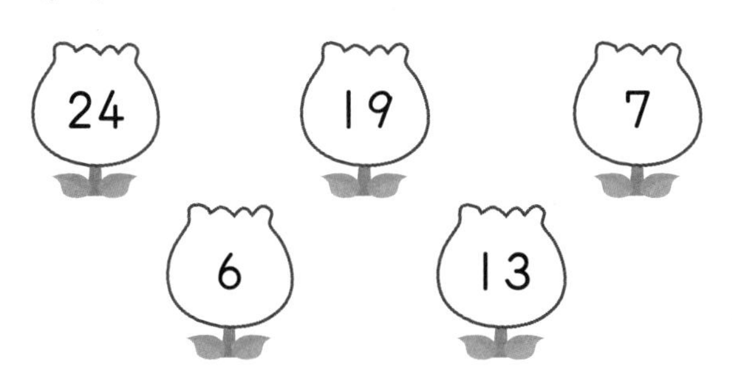

9 짝수만 순서대로 이어 보세요.

15 − 16 − 17 − 18 − 19 − 20

10 짝수에 모두 ○표, 홀수에 모두 △표 하세요.

10	11	12	13	14	15	16
17	18	19	20	21	22	23
24	25	26	27	28	29	30

11 홀수는 모두 몇 개인가요?

17　28　45　13　16

(　　　　　　)

12 짝수만 모은 사람은 누구인가요?

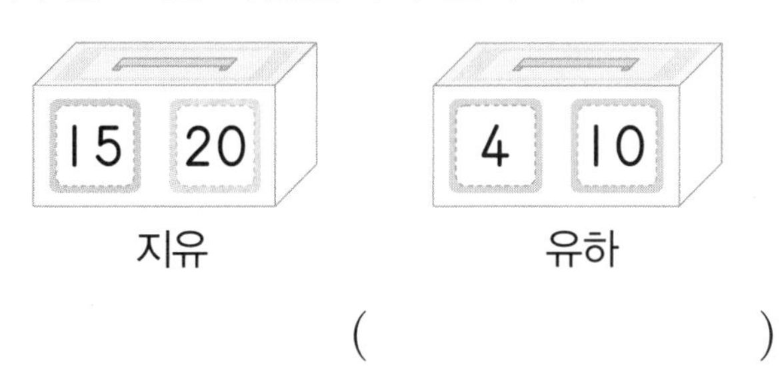

(　　　　　　)

③~⑤ 수의 순서와 크기 비교/짝수와 홀수

[1~2] 수의 순서에 맞게 빈 곳에 알맞은 수를 써넣으세요.

1

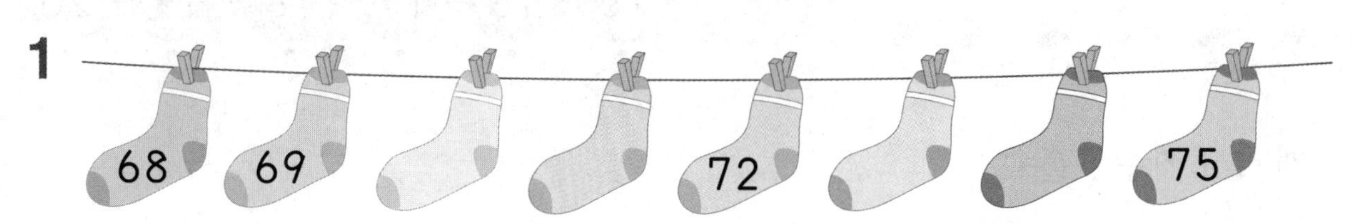

2

[3~4] 수를 순서대로 이어 보세요.

3

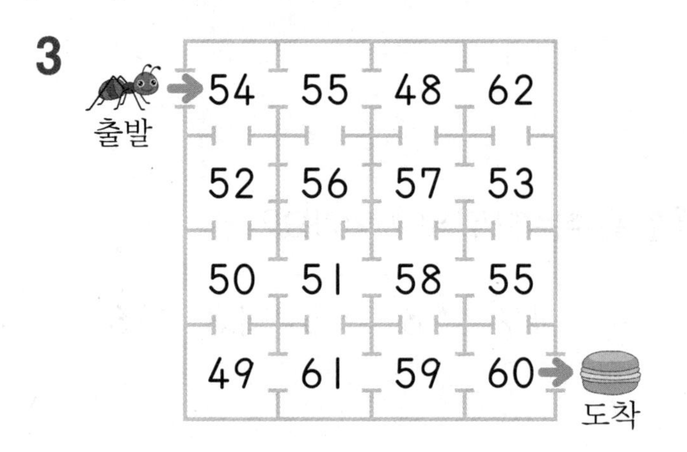

4

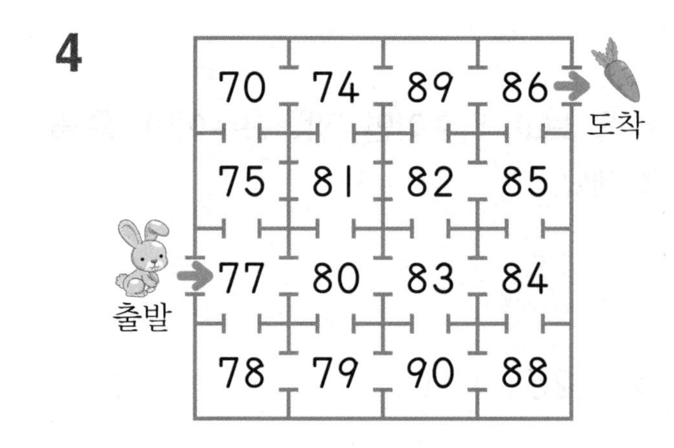

[5~10] 두 수의 크기를 비교하여 ◯ 안에 >, <를 알맞게 써넣으세요.

5 62 ◯ 58

6 81 ◯ 79

7 80 ◯ 84

8 75 ◯ 67

9 82 ◯ 88

10 98 ◯ 97

[11~14] 가장 큰 수에 ○표, 가장 작은 수에 △표 하세요.

11

72

12

77

69

13

84

14

88

97

[15~16] 각 물건의 수가 짝수인지 홀수인지 쓰세요.

15

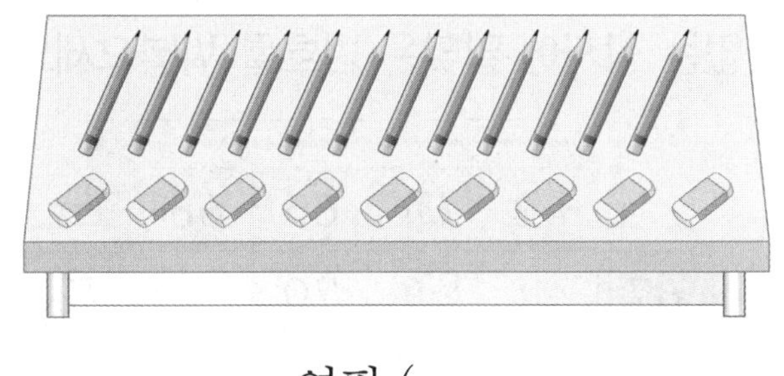

연필 (   )

지우개 (   )

16

귤 (   )

사과 (   )

17 짝수를 따라가 보세요.

출발 9 6 14 11 17 22 3 16 15 8 9

1 STEP 기본의 힘

1 주어진 수보다 1만큼 더 큰 수에 ○표, 1만큼 더 작은 수에 △표 하세요.

71

(69 , 70 , 71 , 72 , 73)

2 옥수수의 수를 세어 쓰고 짝수인지 홀수인지 쓰세요.

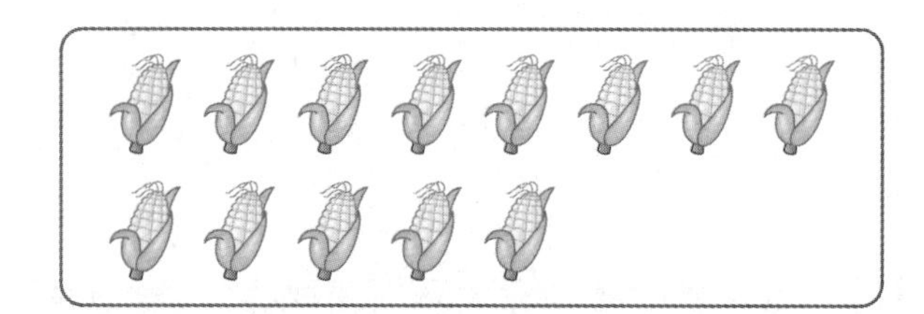

옥수수 [　　] 개, (　　　　　　　)

3 두 수의 크기를 비교하여 ○ 안에 >, <를 알맞게 써넣으세요.

구십칠 ○ 쉰여섯

4 짝수에 모두 ○표 하세요.

5　10　8　9　16　21

5 세 사람이 받은 수학 점수를 설명한 것입니다. 100점을 받지 못한 사람을 찾아 이름을 쓰세요.

수호: 난 90점보다 10점 더 높아.
윤재: 내 점수는 99점보다 1점 낮아.
찬원: 난 95점보다 5점 높아.

(　　　　　　　)

6 상자를 번호 순서대로 쌓았습니다. 번호가 없는 상자에 알맞은 번호를 써넣으세요.

	63	64	65	66	
67		69	70		72
73			76	77	
79		81			84

7 빈 곳에 알맞은 말을 써넣으세요.

일흔다섯 – 일흔여섯 – 일흔일곱 – [　　] – 일흔아홉 – [　　]

8 짝수와 홀수를 구분하여 빈 곳에 알맞은 수를 써넣으세요.

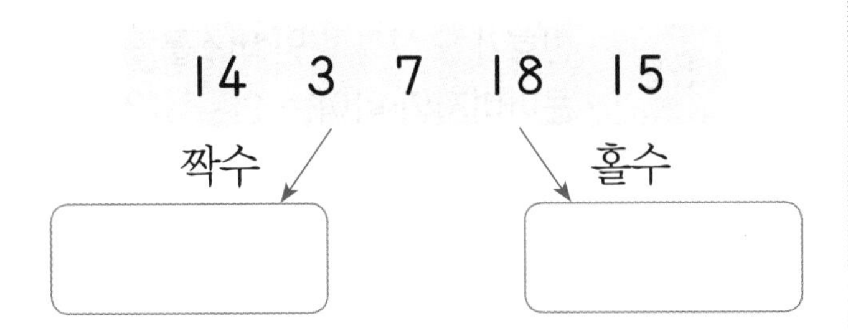

9 동화책을 번호 순서대로 꽂으려고 합니다. 92번 동화책과 94번 동화책 사이에는 몇 번 동화책을 꽂아야 하나요?

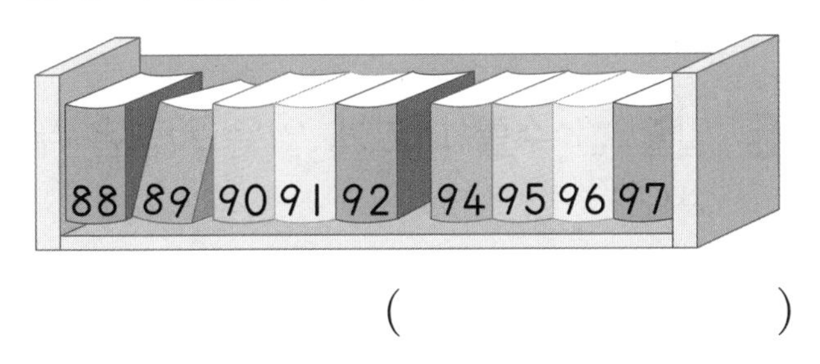

( )

10 은유 할머니의 연세는 76살이고 윤아 할머니의 연세는 82살입니다. 두 분 중에서 누구 할머니의 연세가 더 많은가요?

( )

11 수의 순서를 거꾸로 하여 쓴 것입니다. ㉠에 알맞은 수를 구하세요.

( )

12 잘못 설명한 사람을 찾아 이름을 쓰세요.

( )

13 세 사람이 줄넘기를 넘은 횟수를 나타낸 것입니다. 줄넘기를 가장 많이 넘은 사람은 누구인가요?

슬기	서준	윤하
88번	95번	91번

( )

문제 해결

14 작은 수부터 순서대로 수 카드를 놓았습니다. 73 은 ㉠, ㉡, ㉢ 중에서 어디에 놓아야 하나요?

52 ㉠ 69 ㉡ 75 ㉢ 79

( )

2 STEP 응용의 힘

응용 1 나타내는 수가 다른 것 찾기

읽은 것을 모두 수로 나타내거나 모두 읽어 수가 다른 하나를 찾습니다.

[1~2] 나타내는 수가 다른 하나를 찾아 ×표 하세요.

1

일흔	팔십	70
(　　)	(　　)	(　　)

2

오십사	54	쉰셋
(　　)	(　　)	(　　)

[3~4] 나타내는 수가 다른 하나를 찾아 기호를 쓰세요.

3

㉠ 예순일곱　　㉡ 67
㉢ 10개씩 묶음 7개와 낱개 6개인 수

(　　　　)

4

㉠ 아흔넷　　㉡ 구십오
㉢ 10개씩 묶음 9개와 낱개 4개인 수

(　　　　)

응용 2 상황에 따라 수 읽기

예 52
- 번호가 오십이 번인 버스를 탔습니다.
- 큰아버지의 나이는 쉰두 살입니다.

5 밑줄 친 수를 바르게 읽은 것에 ○표 하세요.

축구 선수인 진호의 등 번호는 67번입니다.

예순일곱	육십칠
(　　)	(　　)

6 밑줄 친 수를 바르게 읽은 사람은 누구인가요?

할아버지의 연세는 85살입니다.

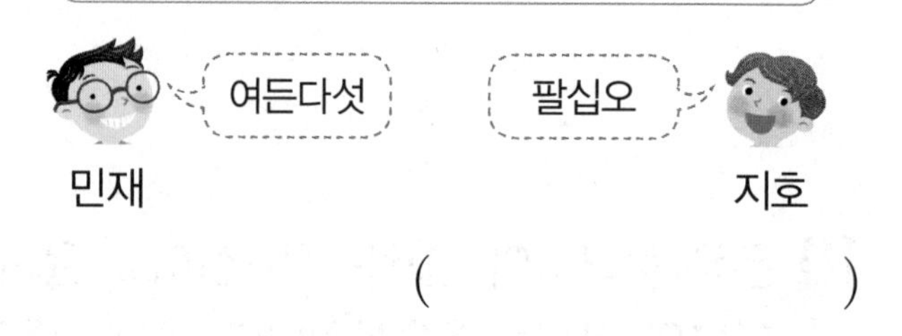

(　　　　)

7 밑줄 친 수를 잘못 읽은 것을 찾아 기호를 쓰세요.

㉠ 귤이 96개 있습니다. ➜ 아흔여섯
㉡ 이 건물은 75층까지 있습니다. ➜ 일흔다섯
㉢ 내 사물함 번호는 56번입니다. ➜ 오십육

(　　　　)

응용 3 10개씩 묶음과 낱개의 관계

낱개 10개는 10개씩 묶음 1개와 같습니다.

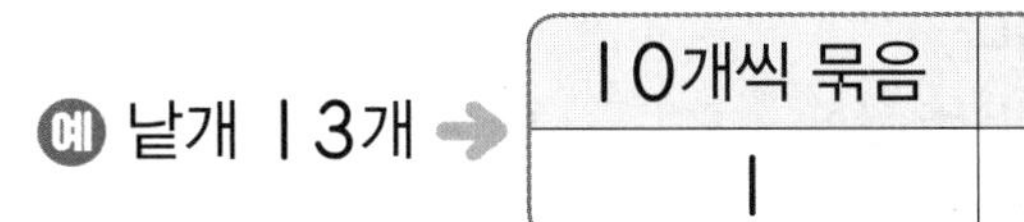

예 낱개 13개 →

10개씩 묶음	낱개
1	3

[8~9] 다음이 나타내는 수를 쓰세요.

8 10개씩 묶음 7개와 낱개 14개인 수

( )

9 10개씩 묶음 8개와 낱개 18개인 수

( )

10 치즈가 10개씩 묶음 5개와 낱개로 25개 있습니다. 치즈는 모두 몇 개인가요?

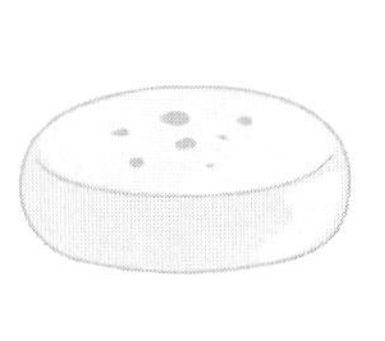

( )

11 시장에서 사 온 호두를 한 접시에 10개씩 7접시에 담고 27개가 남았습니다. 시장에서 사 온 호두는 모두 몇 개인가요?

( )

응용 4 어떤 수보다 1만큼 더 큰(작은) 수

예 어떤 수 —1만큼 더 큰 수→ 55

55 —1만큼 더 작은 수→ 어떤 수

→ 어떤 수: 55보다 1만큼 더 작은 수

12 □ 안에 알맞은 수를 구하세요.

□보다 1만큼 더 큰 수는 68입니다.

( )

13 □ 안에 알맞은 수를 구하세요.

□보다 1만큼 더 작은 수는 77입니다.

( )

14 어떤 수보다 1만큼 더 큰 수는 90입니다. 어떤 수보다 1만큼 더 작은 수는 얼마인지 구하세요.

( )

응용 5 ●보다 크고 ▲보다 작은 수 (신의 한수)

●보다 크고 ▲보다 작은 수에 ●와 ▲는 포함되지 않습니다.

예 75보다 크고 80보다 작은 수

75보다 큰 수
74 75 | 76 77 78 79 | 80 81
80보다 작은 수

➜ 76, 77, 78, 79

15 66보다 크고 73보다 작은 수는 모두 몇 개인가요?

(　　　　　　　　)

16 일흔여덟보다 크고 여든넷보다 작은 수는 모두 몇 개인가요?

(　　　　　　　　)

17 주어진 수보다 크고 96보다 작은 수는 모두 몇 개인가요?

10개씩 묶음 8개와 낱개 8개인 수

(　　　　　　　　)

응용 6 □ 안에 들어갈 수 있는 수 구하기 (신의 한수)

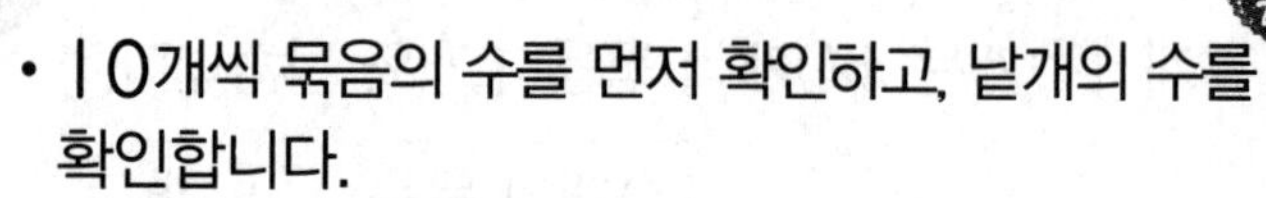

- 10개씩 묶음의 수를 먼저 확인하고, 낱개의 수를 확인합니다.
- >, <의 방향에 따라 □ 안에 수를 넣어보고 알맞은 수를 구합니다.

18 0부터 9까지의 수 중에서 □ 안에 들어갈 수 있는 수는 모두 몇 개인가요?

84>8□

(　　　　　　　　)

19 0부터 9까지의 수 중에서 □ 안에 들어갈 수 있는 수는 모두 몇 개인가요?

77<7□

(　　　　　　　　)

20 1부터 9까지의 수 중에서 □ 안에 들어갈 수 있는 수는 모두 몇 개인가요?

65<□4

(　　　　　　　　)

응용 7 수의 크기 비교의 활용

가장 많은 순서가 가장 늦은	가장 적은 순서가 가장 빠른
↓	↓
가장 큰 수 찾기	가장 작은 수 찾기

21 은행에서는 온 순서대로 번호표를 뽑습니다. 윤희는 58번, 지아는 53번, 효준이는 62번을 뽑았습니다. 세 사람 중 번호표를 가장 먼저 뽑은 사람은 누구인가요?

( )

22 우표를 소희는 75장, 은지는 예순아홉 장, 민재는 72장보다 1장 더 많이 모았습니다. 세 사람 중 우표를 가장 많이 모은 사람은 누구인가요?

( )

23 어느 가게에 옥수수가 10개씩 묶음 6개와 낱개 15개 있고, 고구마가 81개, 감자가 아흔 개 있습니다. 옥수수, 고구마, 감자 중에서 가장 적은 것은 무엇인가요?

( )

응용 8 조건을 만족하는 수 구하기

조건을 만족하는 수를 차례대로 찾습니다.

예 ① 50보다 크고 54보다 작은 수
② 짝수

①을 만족하는 수

➜ 51, 52, 53

②를 만족하는 수

24 |조건|을 만족하는 수는 모두 몇 개인지 구하세요.

조건
- 64보다 큰 수입니다.
- 10개씩 묶음의 수가 6입니다.
- 홀수입니다.

( )

25 |조건|을 만족하는 수는 모두 몇 개인지 구하세요.

조건
- 87보다 작습니다.
- 10개씩 묶음의 수가 8입니다.
- 짝수입니다.

( )

3 STEP 서술형의 힘

연습 문제 풀기

연습 1 그림과 같이 자두가 있습니다. 자두가 90개가 되려면 10개씩 묶음 몇 개가 더 있어야 하나요?

( )

연습 2 고추장이 62병 있습니다. 고추장을 한 상자에 10병씩 담으면 몇 상자까지 담을 수 있고, 몇 병이 남는지 차례로 쓰세요.

( ), ( )

연습 3 학생들이 박물관에 입장하려고 한 줄로 서 있습니다. 58번째와 65번째 사이에 서 있는 학생은 모두 몇 명인가요?

( )

연습 4 빨간색 색종이는 10장씩 묶음 7개와 낱개 6장, 파란색 색종이는 일흔여덟 장 있습니다. 어떤 색 색종이가 더 많은가요?

( )

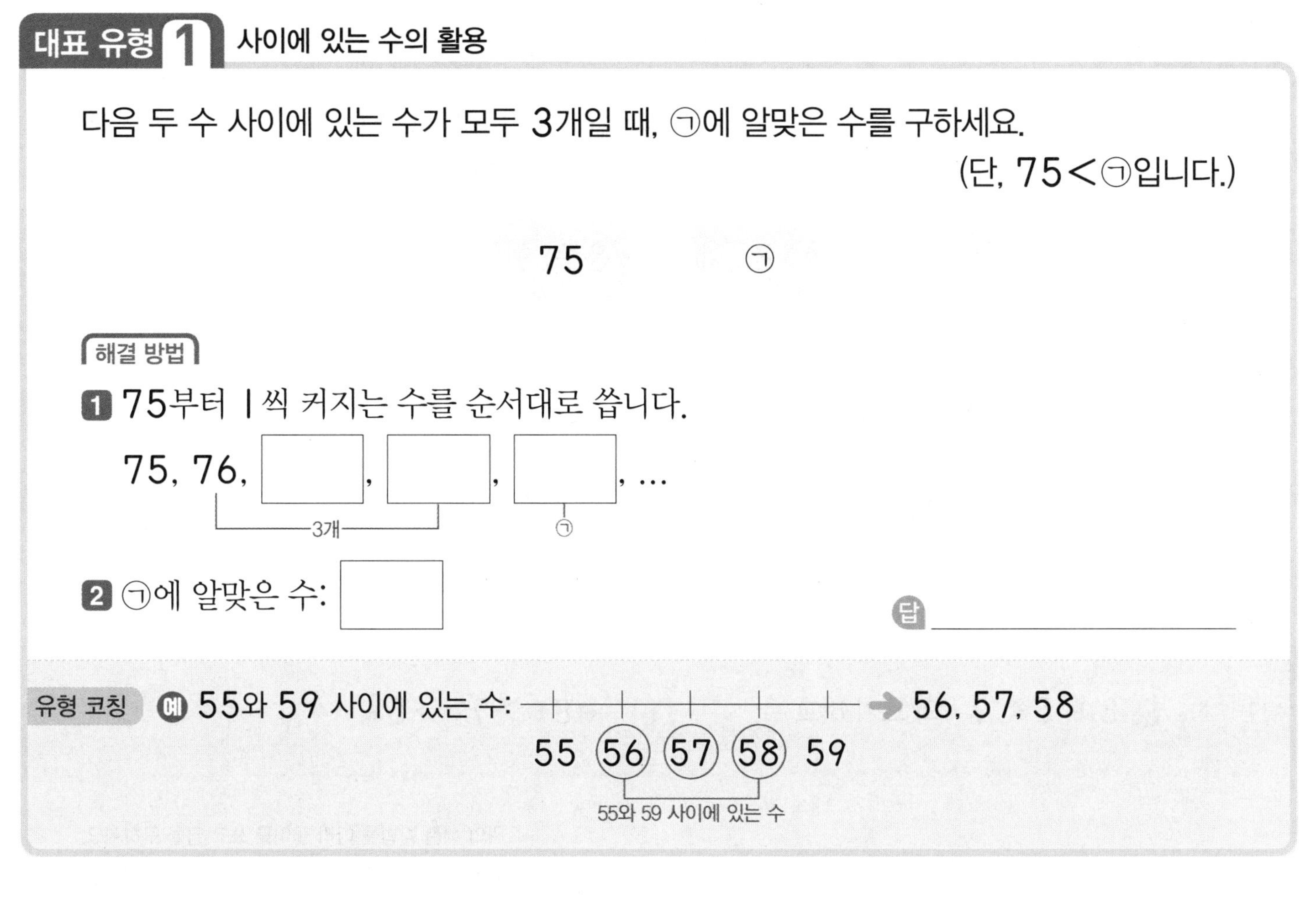

대표 유형 1 사이에 있는 수의 활용

다음 두 수 사이에 있는 수가 모두 3개일 때, ㉠에 알맞은 수를 구하세요.

(단, 75<㉠입니다.)

75 ㉠

해결 방법

❶ 75부터 1씩 커지는 수를 순서대로 씁니다.

75, 76, ☐, ☐, ☐, …

(3개, ㉠)

❷ ㉠에 알맞은 수: ☐

답 ______________

유형 코칭 예 55와 59 사이에 있는 수: → 56, 57, 58

55 ⑤⑥ ⑤⑦ ⑤⑧ 59

55와 59 사이에 있는 수

위의 해결 방법을 따라 풀이를 쓰고 답을 구하세요.

1-1 다음 두 수 사이에 있는 수가 모두 4개일 때, ㉠에 알맞은 수를 구하세요.

(단, 66<㉠입니다.)

66 ㉠

풀이

답 ______________

1-2 ㉠과 93 사이에 있는 수가 모두 5개일 때, ㉠에 알맞은 수를 구하세요.

(단, ㉠<93입니다.)

풀이

답 ______________

대표 유형 2 낱개의 수가 가려진 여러 수의 크기 비교

은채와 친구들이 가지고 있는 구슬의 수를 나타낸 것입니다. □ 안에는 0부터 9까지의 수가 들어갈 수 있을 때 구슬을 가장 많이 가지고 있는 사람은 누구인가요?

• 은채: 75개 • 진호: 8□개 • 윤주: 9□개 • 재하: 6□개

해결 방법

1 10개씩 묶음의 수가 은채는 7, 진호는 8, 윤주는 □, 재하는 □입니다.

2 10개씩 묶음의 수 비교하기: □>□>7>6

3 구슬을 가장 많이 가지고 있는 사람: □

답 ______________

유형 코칭 예 8●, 5▲, 7★의 크기 비교 —(10개씩 묶음의 수 비교)→ 8●>7★>5▲

위의 해결 방법을 따라 풀이를 쓰고 답을 구하세요.

2-1 화단에 심은 꽃의 수입니다. □ 안에는 0부터 9까지의 수가 들어갈 수 있을 때 가장 많이 심은 꽃은 무엇인가요?

• 장미: 8□송이 • 해바라기: 5□송이 • 튤립: 6□송이 • 국화: 7□송이

풀이

답 ______________

2-2 지윤이와 친구들이 모은 붙임딱지의 수를 나타낸 것입니다. □ 안에는 0부터 9까지의 수가 들어갈 수 있을 때 붙임딱지를 적게 모은 사람부터 차례로 이름을 쓰세요.

• 지윤: 6□장 • 동현: 88장 • 혜주: 85장 • 현우: 7□장

풀이

답 ______________

대표 유형 3 수 카드로 조건을 만족하는 수 만들기

수 카드 8, 5, 2, 9, 1, 6 중에서 2장을 뽑아 한 번씩 사용하여 몇십몇을 만들려고 합니다. 만들 수 있는 수 중에서 |조건|을 만족하는 수를 모두 구하세요.

| 조건 |
- 10개씩 묶음의 수와 낱개의 수의 합은 14입니다.
- 10개씩 묶음의 수가 낱개의 수보다 작습니다.

해결 방법

1 수 카드에서 합이 14인 두 수 찾기: 8과 ☐, 5와 ☐

2 위 1에서 찾은 수로 몇십몇 만들기: 86, ☐, ☐, ☐

3 위 2에서 10개씩 묶음의 수가 낱개의 수보다 작은 수는 ☐, ☐입니다.

➜ 조건을 만족하는 수: ☐, ☐

답 ______

유형 코칭

수 카드에서 합이 ●인 두 수를 구합니다. ➜ 두 수로 몇십몇을 만듭니다. ➜ 만든 몇십몇에서 남은 조건을 만족하는 수를 찾습니다.

위의 해결 방법을 따라 풀이를 쓰고 답을 구하세요.

3-1 수 카드 7, 4, 8, 9, 5, 1 중에서 2장을 뽑아 한 번씩 사용하여 몇십몇을 만들려고 합니다. 만들 수 있는 수 중에서 |조건|을 만족하는 수를 모두 구하세요.

| 조건 |
- 10개씩 묶음의 수와 낱개의 수의 합은 12입니다.
- 10개씩 묶음의 수가 낱개의 수보다 큽니다.

풀이

답 ______

단원평가

점수

1 그림을 보고 □ 안에 알맞은 수를 써넣으세요.

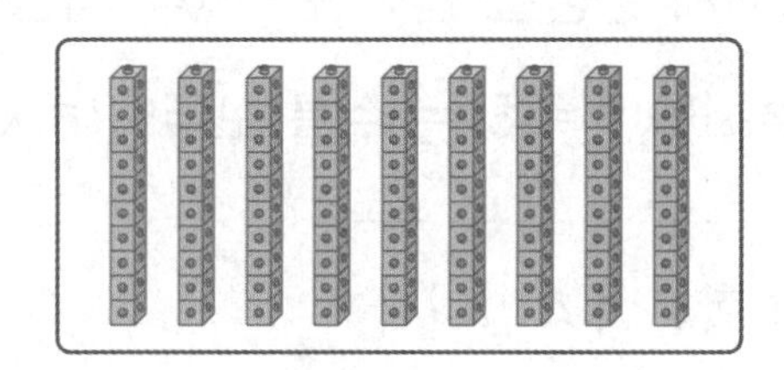

10개씩 묶음 9개이므로 □입니다.

2 □ 안에 알맞은 수를 써넣으세요.

10개씩 묶음	낱개
6	3

→ □

3 사과의 수를 세어 쓰고 짝수인지 홀수인지 ○표 하세요.

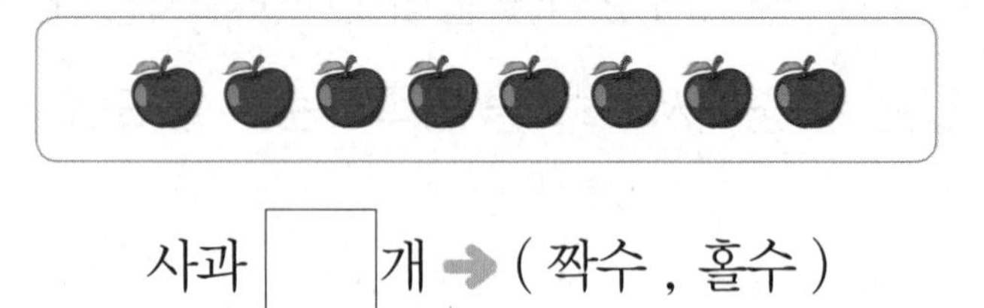

사과 □개 → (짝수 , 홀수)

4 두 수의 크기를 비교하여 ○ 안에 >, <를 알맞게 써넣으세요.

84 ○ 83

5 빈 곳에 알맞은 수를 써넣으세요.

6 빈 곳에 알맞은 수를 써넣으세요.

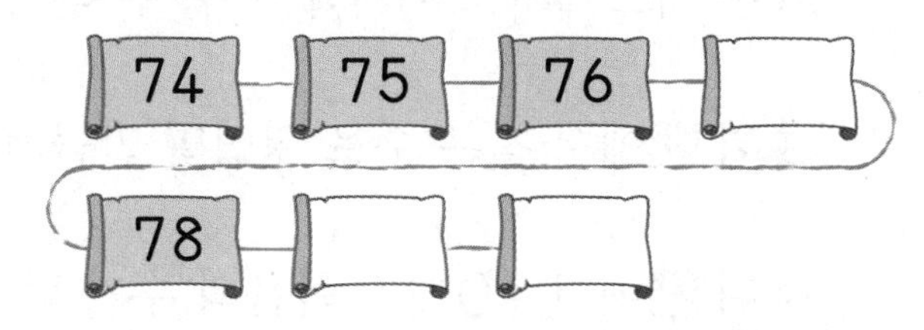

7 짝수에 모두 ○표, 홀수에 모두 △표 하세요.

18 23 46 31 9

8 주원이가 말한 문장에서 밑줄 친 수를 바르게 읽어 보세요.

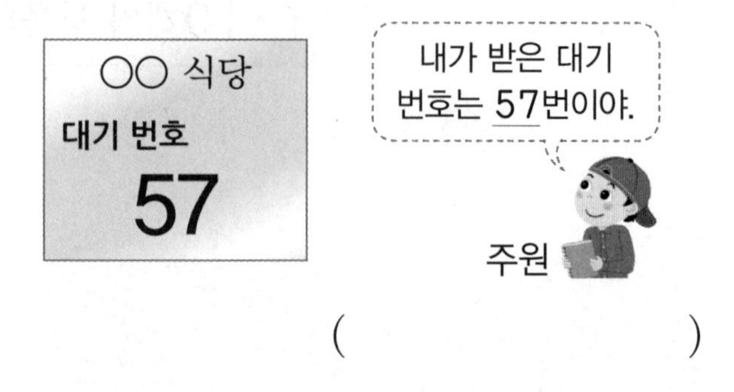

( )

9 나타내는 수가 다른 하나를 찾아 기호를 쓰세요.

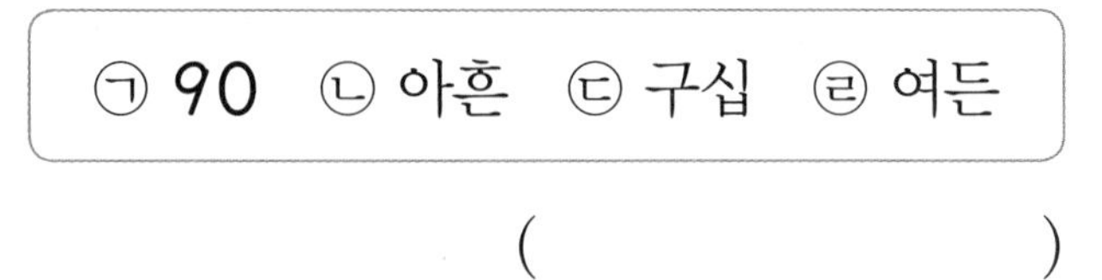

( )

10 토마토를 주희는 88개, 민주는 97개 땄습니다. 주희와 민주 중에서 누가 토마토를 더 많이 땄나요?

( )

11 수수깡은 모두 몇 개인가요?

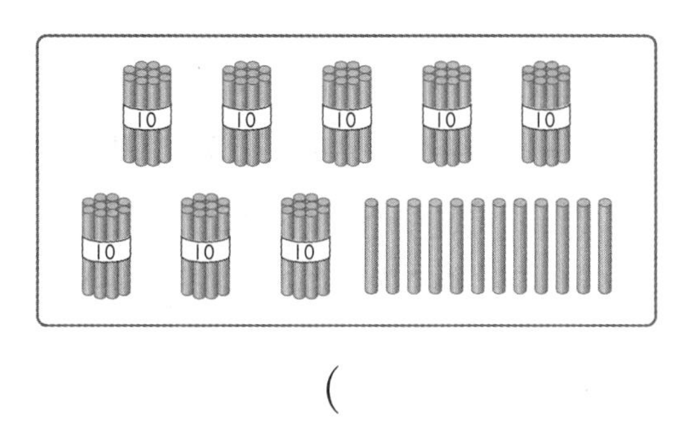

( )

12 선우와 은서가 말한 두 수 사이에 있는 수는 모두 몇 개인가요?

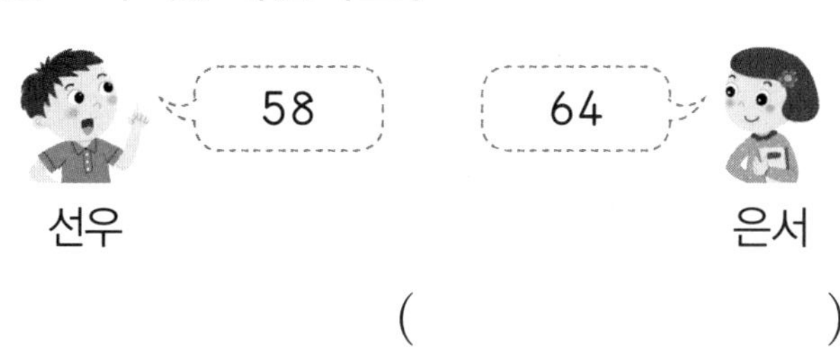

( )

13 잘못된 것을 찾아 기호를 쓰세요.

㉠ 10개씩 묶음 8개는 여든입니다.
㉡ 67은 육십칠, 예순일곱으로 읽습니다.
㉢ 일흔넷은 10개씩 묶음 7개와 낱개 3개입니다.

( )

14 양배추가 10개씩 묶음 6개와 낱개 23개가 있습니다. 양배추는 모두 몇 개인가요?

( )

문제 해결

15 수 카드 3장 중에서 2장을 뽑아 한 번씩 사용하여 가장 큰 짝수를 만들어 보세요.

9 7 6

( )

● 공부한 날 월 일

정답 및 풀이 7쪽

16 어떤 수보다 1만큼 더 큰 수는 64입니다. 어떤 수보다 1만큼 더 작은 수는 얼마인지 구하세요.

( )

추론

17 다음 두 수 사이에 있는 수가 모두 4개일 때, ㉠에 알맞은 수를 구하세요.

(단, 83<㉠입니다.)

83 ㉠

( )

18 |조건|을 만족하는 수는 모두 몇 개인가요?

|조건|
- 52보다 큰 수입니다.
- 10개씩 묶음의 수가 5입니다.
- 짝수입니다.

( )

서술형

19 0부터 9까지의 수 중에서 □ 안에 들어갈 수 있는 수는 모두 몇 개인지 구하려고 합니다. 풀이 과정을 쓰고 답을 구하세요.

75>7□

풀이

답

서술형

20 종이배를 수현이는 64개, 민호는 예순여섯 개, 준하는 59개보다 1개 더 많이 접었습니다. 종이배를 가장 많이 접은 사람은 누구인지 풀이 과정을 쓰고 답을 구하세요.

풀이

답

창의·사고력의 힘!

100이 아닌 수를 찾아라.

☆ '백문불여일견'은 '백(100) 번 듣는 것이 한 번 보는 것보다 못하다'라는 뜻으로 실제로 경험해 보아야 확실하게 알 수 있다는 말입니다.

이렇게 실생활에서 100은 여러 가지 상황에서 사용됩니다. 각 상황을 보고 밑줄 친 100을 잘못 말한 것을 찾아 기호를 쓰세요.

㉠

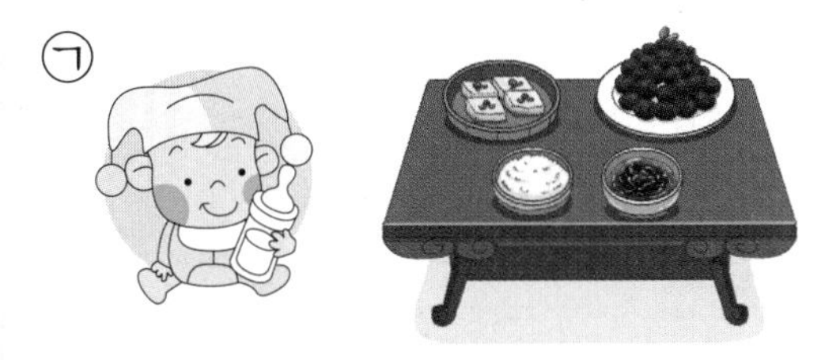

오늘로 동생이 태어난 지 99일이 됐습니다. 내일이면 100일이 됩니다.

㉡

준호는 줄넘기를 90번 했습니다. 10번만 더 하면 100번이 됩니다.

㉢

은행에서 윤지가 뽑은 번호표는 99번입니다. 윤지 바로 다음에 뽑은 번호표는 100번입니다.

㉣

우체국에 택배 상자가 10개씩 9묶음 있습니다. 우체국에 있는 택배 상자는 모두 100개입니다.

(　　　　　　)

2

덧셈과 뺄셈(1)

10을 이용하여 덧셈과 뺄셈을 하는 방법을 이해하고 세 수의 덧셈과 뺄셈을 계산해 보자.
또, 실생활에서 덧셈과 뺄셈을 이용한 다양한 문제를 해결해 보자.

이전에 배운 내용

1-1

덧셈과 뺄셈

- 모으기와 가르기
- 덧셈, 뺄셈 알아보기
- 0이 있는 덧셈과 뺄셈

이번에 배울 내용

1. 세 수의 덧셈
2. 세 수의 뺄셈
3. 10이 되는 더하기
4. 10에서 빼기
5. 10을 만들어 더하기

이후에 배울 내용

1-2

덧셈과 뺄셈(2), (3)

- 가르기하여 덧셈, 뺄셈하기
- 덧셈, 뺄셈 알아보기
- 여러 가지 덧셈, 뺄셈하기

Power 개념의 힘

① 세 수의 덧셈

개념의 힘

1 세 수의 덧셈을 식으로 나타내기

예 전체 종이컵의 수를 식으로 나타내기

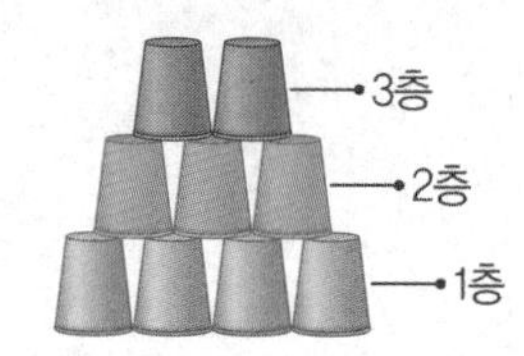

(1) 층별로 쌓여 있는 종이컵의 수 알아보기

1층: 4개, 2층: 3개, 3층: 2개

(2) 종이컵은 모두 몇 개인지 식으로 나타내기

식1 4+3+2 (1층, 2층, 3층)   식2 2+3+4 (3층, 2층, 1층)

더하는 순서를 바꾸어 다양한 방법으로 식을 나타낼 수 있어.

2 세 수의 덧셈 방법 알아보기

예 4+3+2의 계산

4+3=7
7+2=9

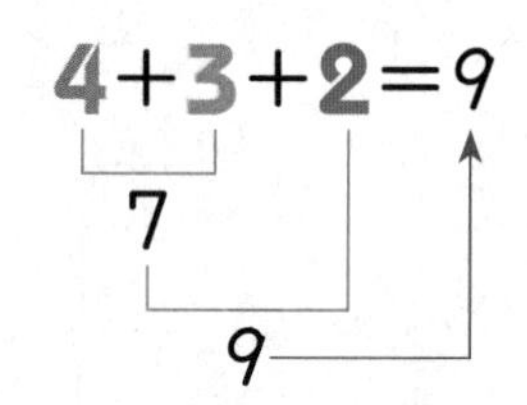

앞의 두 수를 먼저 더하고, 두 수를 더해서 나온 수에 나머지 수를 더합니다.

참고 세 수의 덧셈은 순서를 바꾸어 더해도 결과가 같습니다.

5+1+2=8 (6, 8)   5+1+2=8 (3, 8)

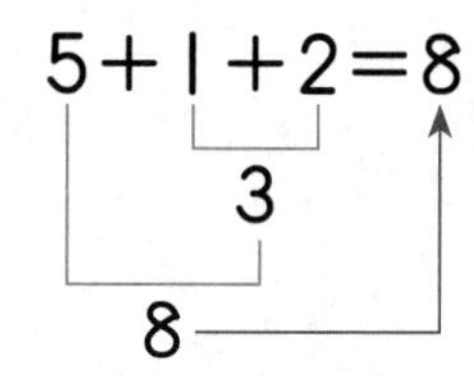

[1~2] 그림을 보고 물음에 답하세요.

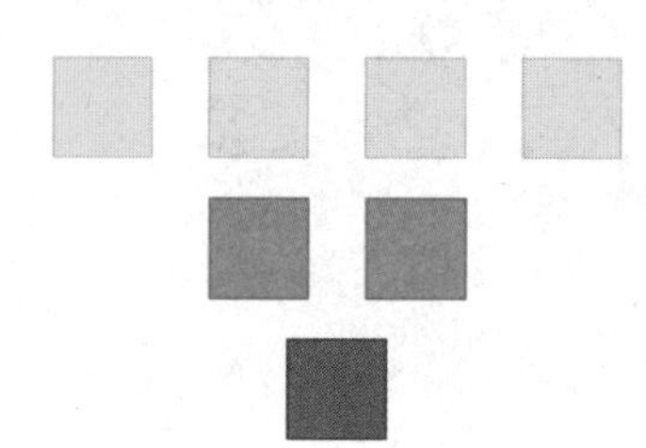

1 전체 색종이의 수를 구하는 식을 쓴 것입니다. □ 안에 알맞은 수를 써넣으세요.

4+2+□

2 위 1에서 구한 식과 다른 식을 나타낸 것입니다. □ 안에 알맞은 수를 써넣으세요.

1+2+□

[3~4] □ 안에 알맞은 수를 써넣으세요.

3 2+5+1=□

2+5=□

□+1=□

4 1+3+2=□

1+3=□

□+2=□

[5~6] 6+1+2를 계산하려고 합니다. □ 안에 알맞은 수를 써넣으세요.

5 6+1+2=□

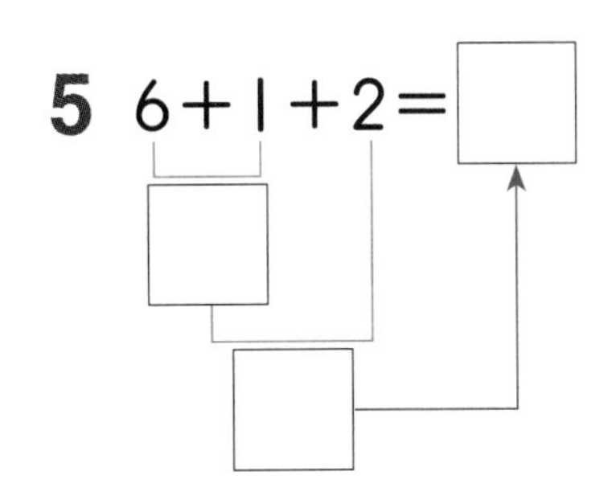

6 6+1+2=□

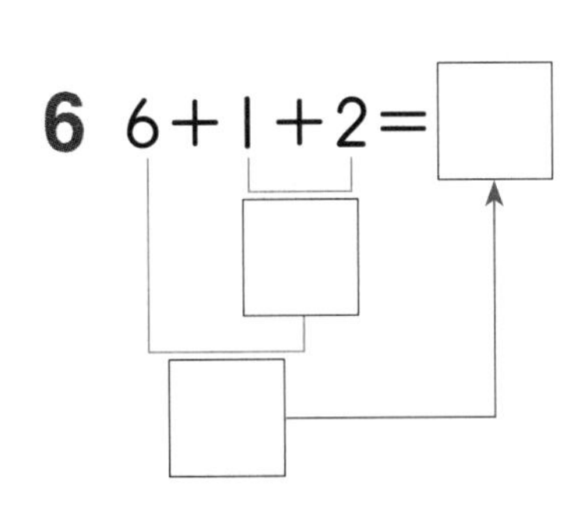

7 주어진 수만큼 ○를 그려서 세 수의 덧셈을 하세요.

2+3+2=□

8 수직선을 보고 □ 안에 알맞은 수를 써넣으세요.

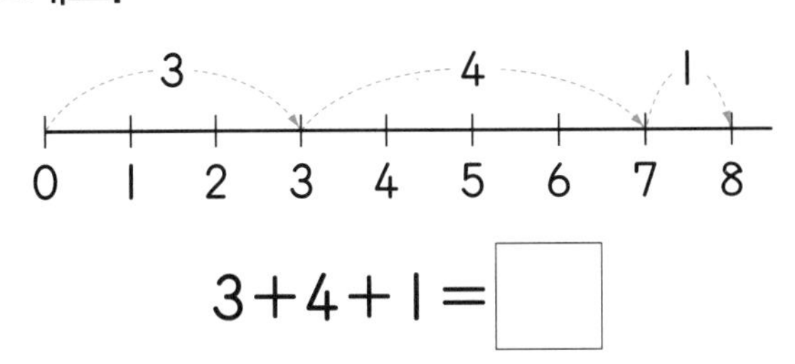

3+4+1=□

9 세 수의 합을 구하세요.

3 2 4

( )

10 합을 구하여 이어 보세요.

1+3+5 • • 8

4+2+2 • • 9

11 세 수의 합을 바르게 구한 것의 기호를 쓰세요.

㉠ 2+1+5=7
㉡ 2+3+3=8

( )

12 바구니에 오이가 3개, 당근이 2개, 호박이 1개 들어 있습니다. 바구니에 들어 있는 오이, 당근, 호박은 모두 몇 개인가요?

( )

개념의 힘 Power

② 세 수의 뺄셈

개념의 힘

1 세 수의 뺄셈을 식으로 나타내기

예 남은 종이컵의 수를 식으로 나타내기

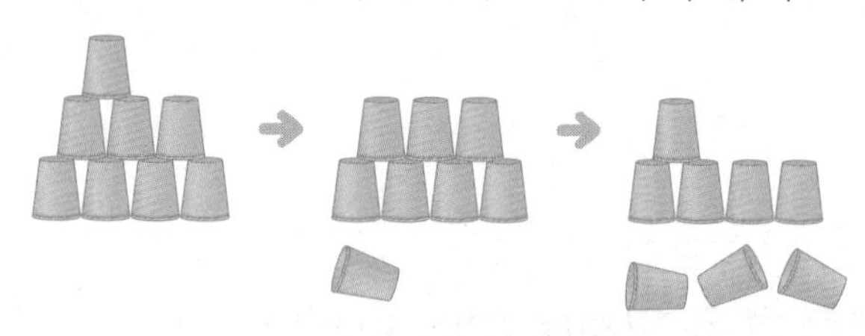

(1) 처음에 쌓여 있던 종이컵의 수: **8**개
첫 번째 넘어뜨린 종이컵의 수: **1**개
두 번째 넘어뜨린 종이컵의 수: **2**개

(2) 넘어뜨리고 남은 종이컵은 몇 개인지 식으로 나타내기

➔ (남은 종이컵의 수)=**8-1-2**

처음에 쌓여 있던 종이컵의 수에서 넘어뜨린 종이컵 수를 차례대로 빼면 돼.

2 세 수의 뺄셈 방법 알아보기

예 8-1-2의 계산

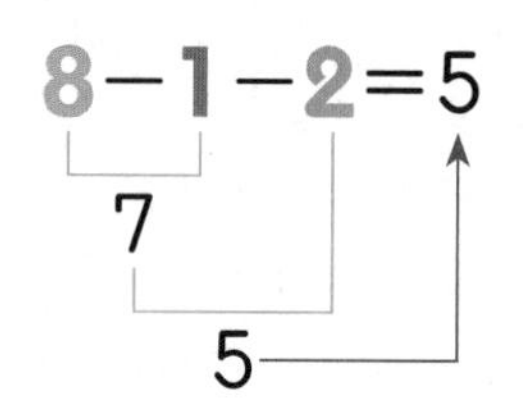

앞의 두 수를 먼저 빼고, 두 수를 빼서 나온 수에서 나머지 한 수를 뺍니다.

주의 세 수의 뺄셈은 앞에서부터 차례대로 계산해야 합니다.

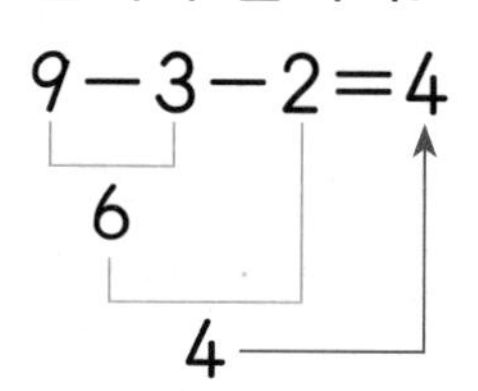

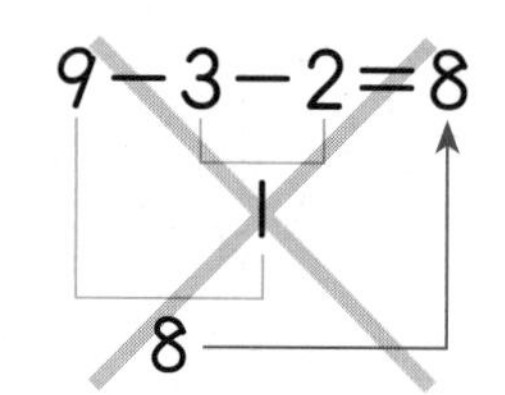

[1~2] 그림을 보고 물음에 답하세요.

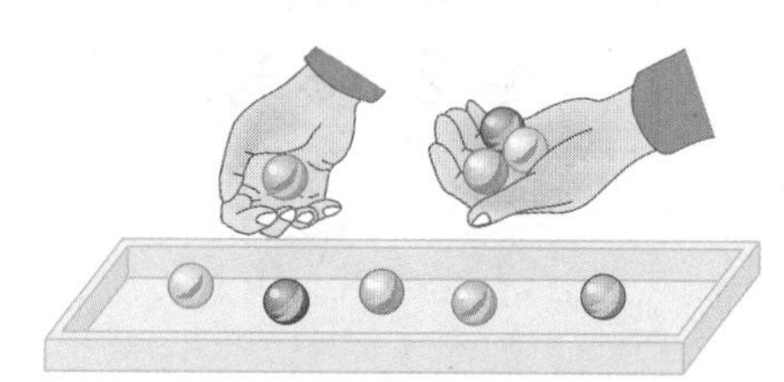

1 상자에 남은 구슬의 수를 구하는 식을 쓴 것입니다. □ 안에 알맞은 수를 써넣으세요.

9-1-□

2 위 **1**에서 구한 식에서 가장 먼저 계산해야 하는 식에 ○표 하세요.

9-1	1-3
( )	( )

[3~4] □ 안에 알맞은 수를 써넣으세요.

3 6-2-1=□

6-2=□

□-1=□

4 7-3-1=□

7-3=□

□-1=□

5 |보기|와 같이 세 수의 뺄셈을 하세요.

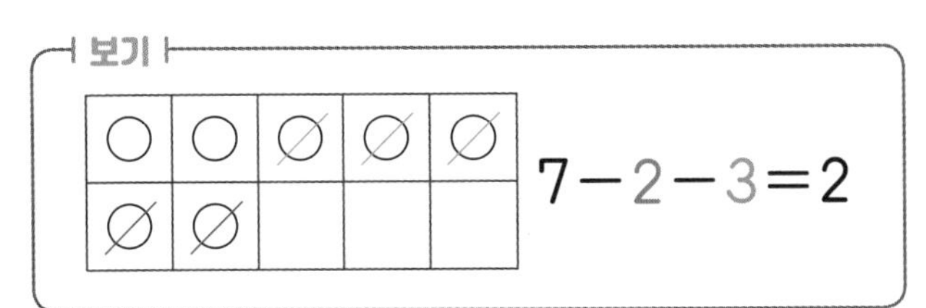

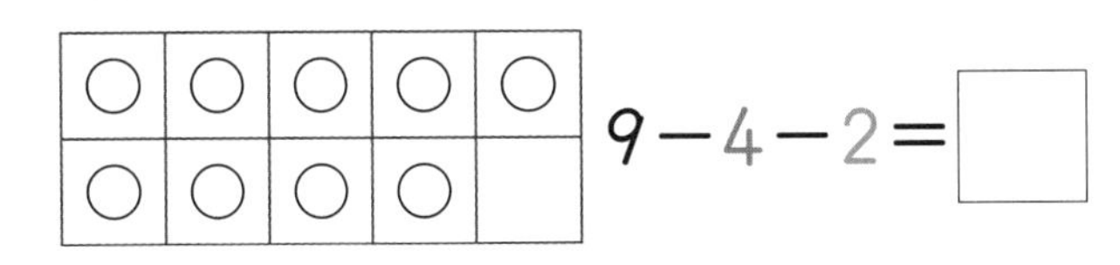

6 □ 안에 알맞은 수를 써넣으세요

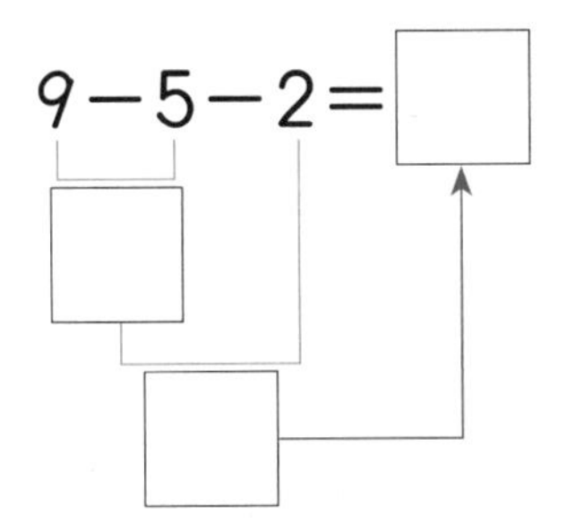

7 계산해 보세요.

(1) 8−3−3=□

(2) 6−4−1=□

8 잘못 계산한 것을 찾아 기호를 쓰세요.

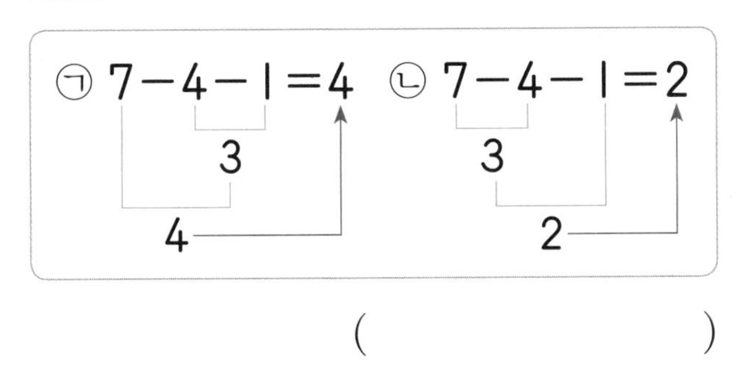

( )

9 빈 곳에 알맞은 수를 써넣으세요.

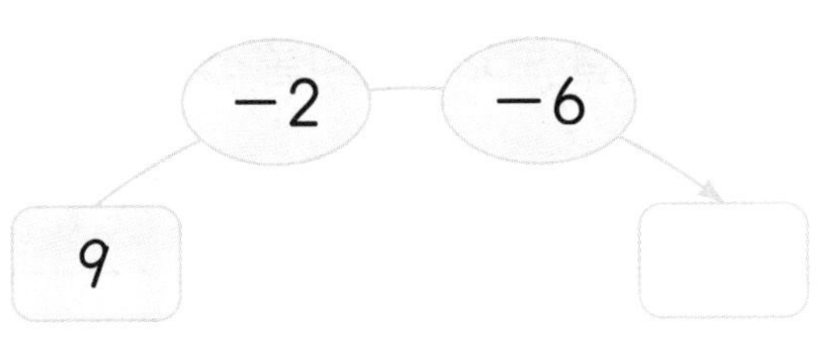

10 수직선을 보고 □ 안에 알맞은 수를 써넣으세요.

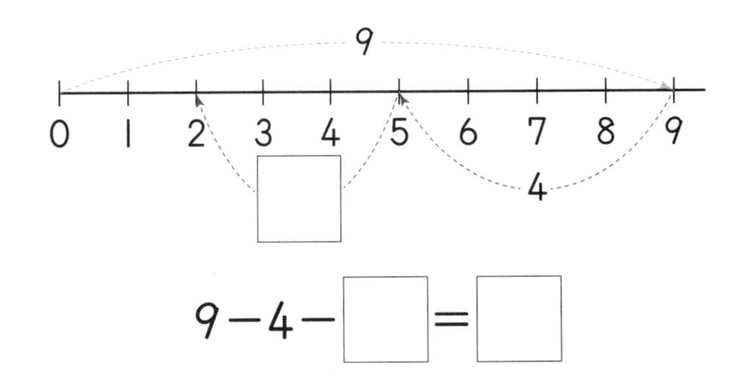

9−4−□=□

11 크기를 비교하여 ○ 안에 >, =, <를 알맞게 써넣으세요.

2 ○ 6−2−3

12 초콜릿이 8개 있습니다. 그중 진호에게 3개, 예지에게 2개를 주면 남은 초콜릿은 몇 개인가요?

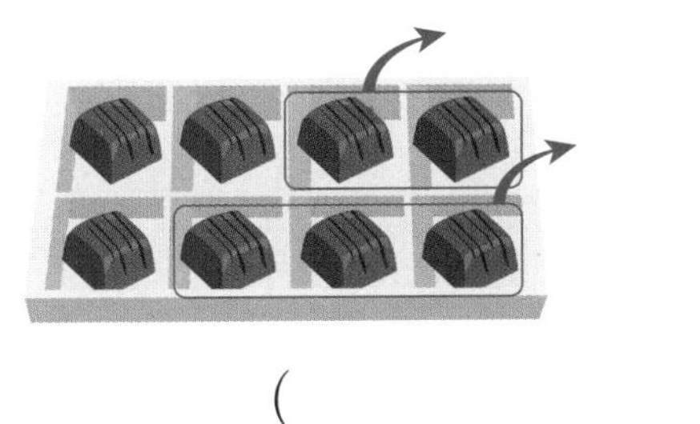

( )

2 단원 덧셈과 뺄셈(1)

개념의 힘 Power

①~② 세 수의 덧셈/세 수의 뺄셈

[1~2] 그림을 보고 덧셈식을 쓰세요.

1 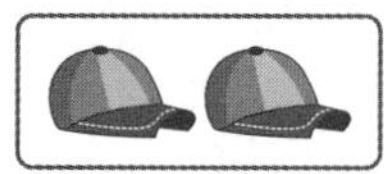  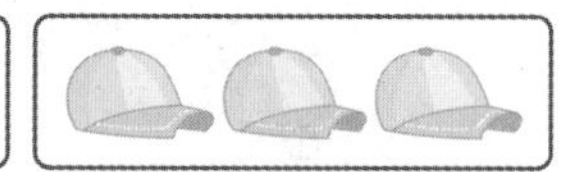

$2+1+3=\square$

2 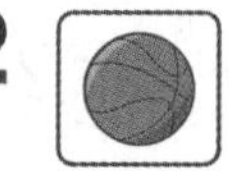  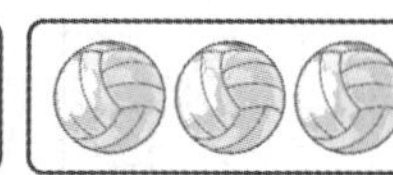

$1+4+\square=\square$

[3~4] 그림을 보고 뺄셈식을 쓰세요.

3 

$9-4-3=\square$

4 

$6-2-\square=\square$

[5~10] 계산해 보세요.

5 $3+5+1=\square$

6 $1+4+2=\square$

7 $2+3+2=\square$

8 $7-2-2=\square$

9 $9-5-2=\square$

10 $8-1-4=\square$

[11~12] 빈 곳에 알맞은 수를 써넣으세요.

11

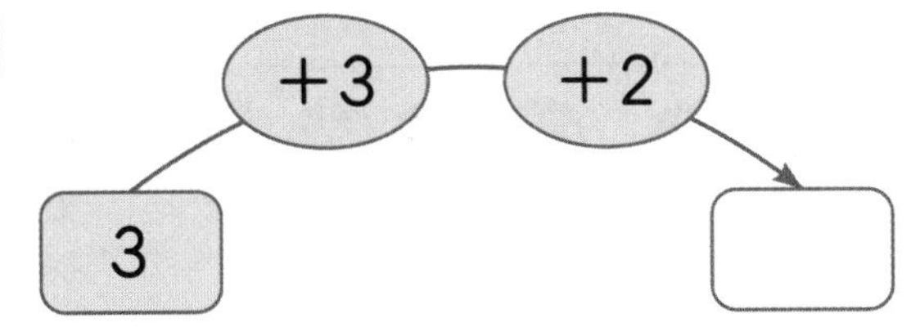

12

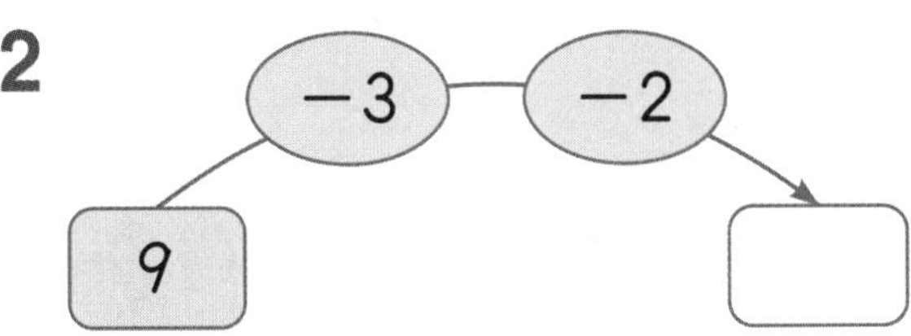

[13~14] 수를 세어 보고 계산해 보세요.

13 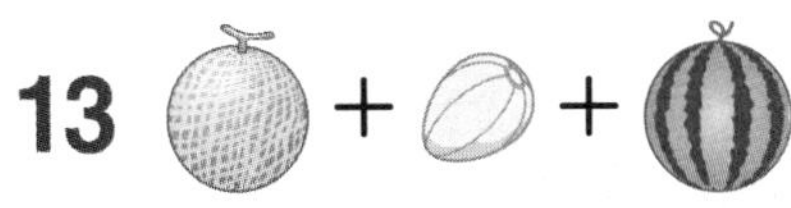

=2+□+□=□

14

=9−□−□=□

[15~16] 사다리 타기를 하여 도착한 곳에 계산 결과를 써넣으세요.

15

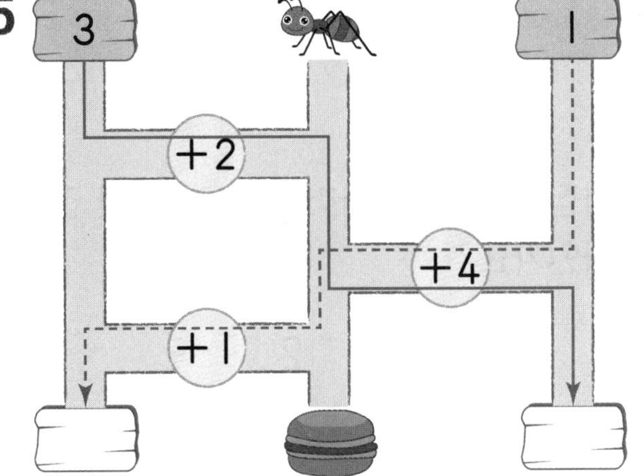

16

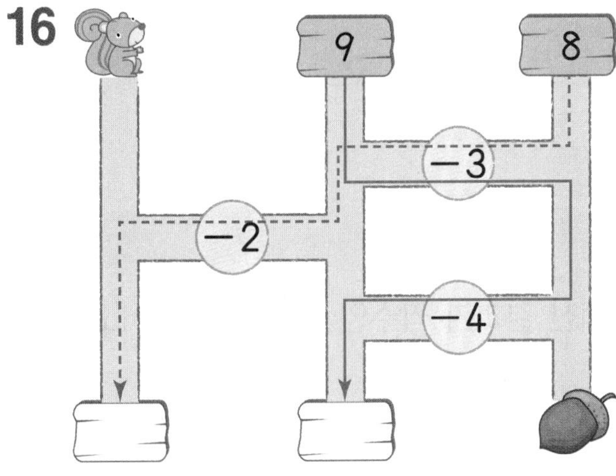

1 STEP 기본의 힘

[1~2] 그림을 보고 □ 안에 알맞은 수를 써넣으세요.

1

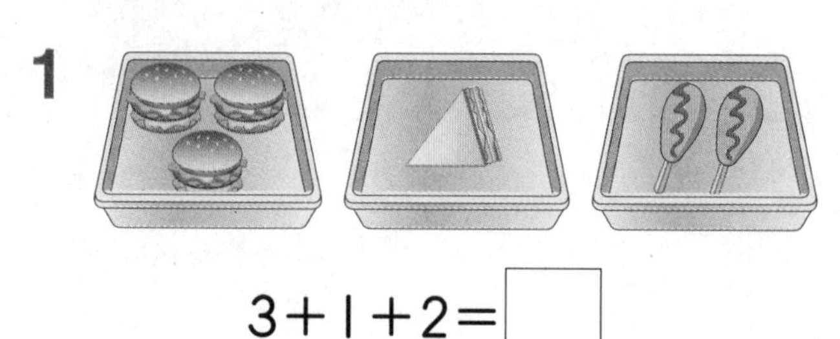

$3+1+2=\square$

2

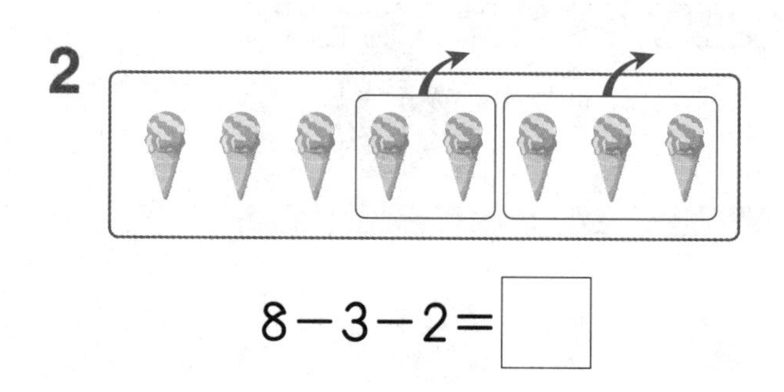

$8-3-2=\square$

3 |보기|와 같이 계산해 보세요.

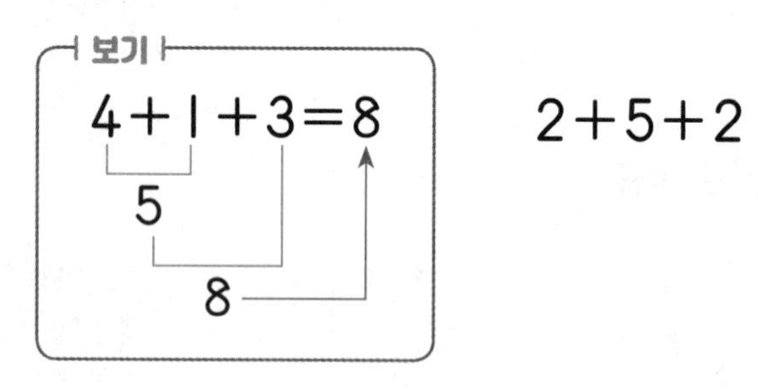

$2+5+2$

4 계산 결과가 짝수인 것에 ○표 하세요.

$1+3+2$ (　　　)

$7-1-3$ (　　　)

5 그림에 맞는 식과 수를 찾아 이어 보세요.

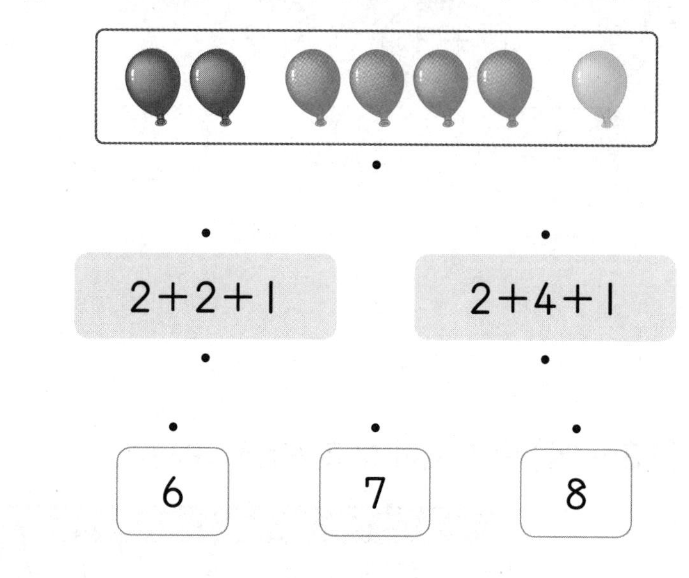

6 $8-4-1$의 계산에서 잘못된 곳을 찾아 바르게 계산해 보세요.

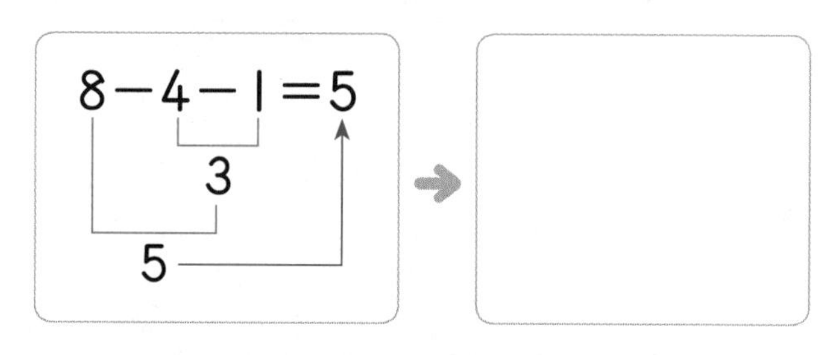

7 가장 큰 수에서 나머지 두 수를 뺀 값은 얼마인가요?

(　　　　　　)

8 고구마 8개 중에서 세호가 4개, 세호 동생이 2개 먹었습니다. 남아 있는 고구마는 몇 개인가요?

식 ______

답 ______

9 축구 경기에서 몇 골을 넣었는지 나타낸 것입니다. 1반이 넣은 골은 모두 몇 골인가요?

식 ______

답 ______

10 계산 결과가 더 큰 것을 찾아 기호를 쓰세요.

㉠ $5+2+2$ ㉡ $3+1+4$

( )

문제 해결

11 세 가지 색으로 구슬을 모두 색칠하고 색깔별 구슬 수로 덧셈식을 만들어 보세요.

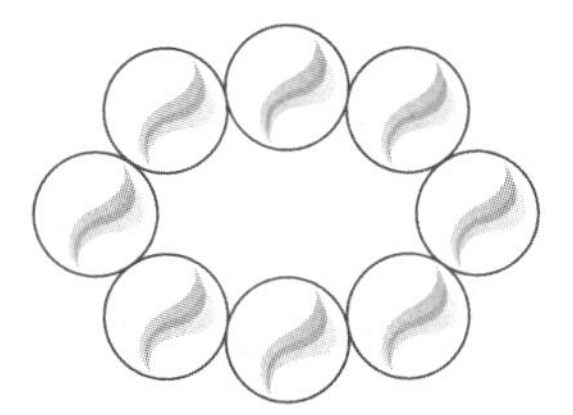

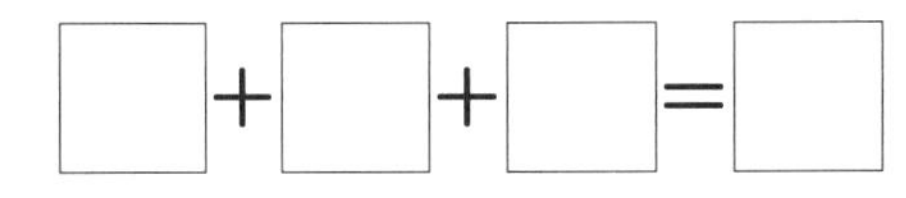

12 민지가 봉사 활동에 가져갈 피자를 주문했습니다. 민지가 주문한 피자는 모두 몇 판인가요?

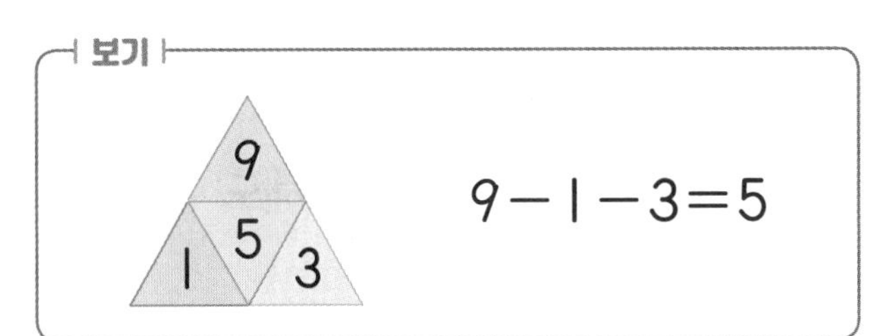

주문 확인서

최고 피자
연락처 02-3274-xxxx

주문자	종류	수량
김민지	불고기 피자	1판
	콤비네이션 피자	6판
	시카고 피자	2판

( )

추론

13 보기와 같이 계산하여 ★에 알맞은 수를 구하세요.

보기

$9-1-3=5$

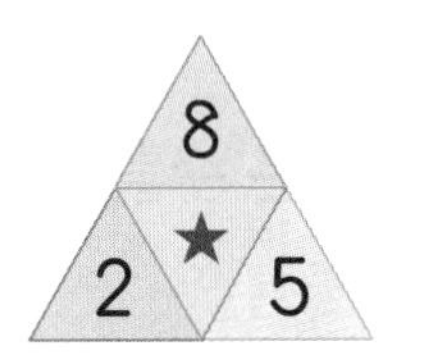

( )

14 지우는 음악 소리의 크기를 7칸에서 2칸을 줄이고 다시 3칸을 줄였습니다. 지금 듣고 있는 음악 소리의 크기만큼 칸을 색칠해 보세요.

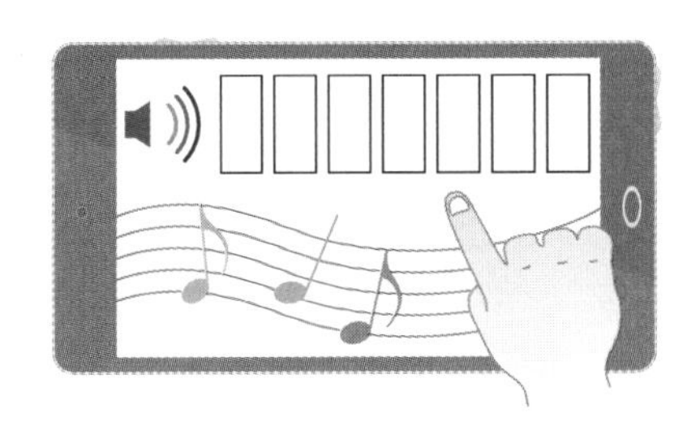

2 단원 덧셈과 뺄셈(1)

개념의 힘 Power ③ 10이 되는 더하기

개념의 힘

1 10이 되는 덧셈식으로 나타내기

(1) 이어 세기로 나타내기

4 5 6 7 8 9 10

4+6=10

6 7 8 9 10

6+4=10

(2) 십 배열판을 이용하여 나타내기

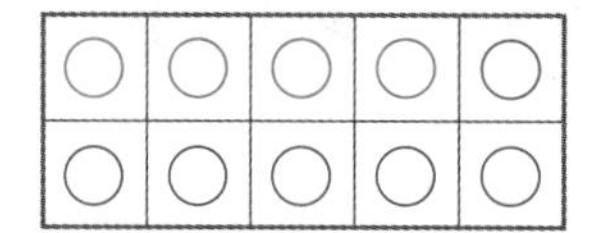

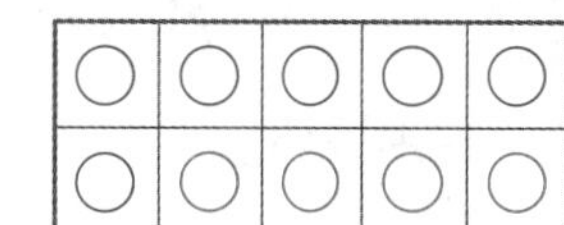

4+6=10 **6+4=10**

➔ 두 수를 서로 **바꾸어 더해도** 합은 10으로 **같습니다.**

2 10이 되는 여러 가지 덧셈식

	1+9=10
	2+8=10
	3+7=10
	4+6=10
	5+5=10
	6+4=10
	7+3=10
	8+2=10
	9+1=10

파란색 모형의 수에 빨간색 모형의 수를 이어서 세면 모두 10이 돼.

[1~2] 그림을 보고 □ 안에 알맞은 수를 써넣으세요.

1

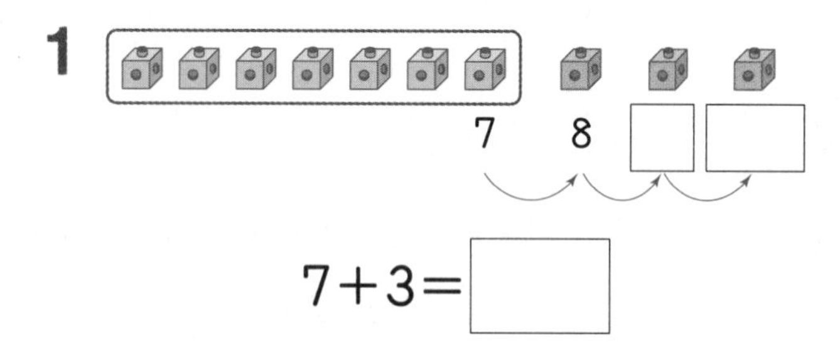

7 8 □ □

7+3=□

2

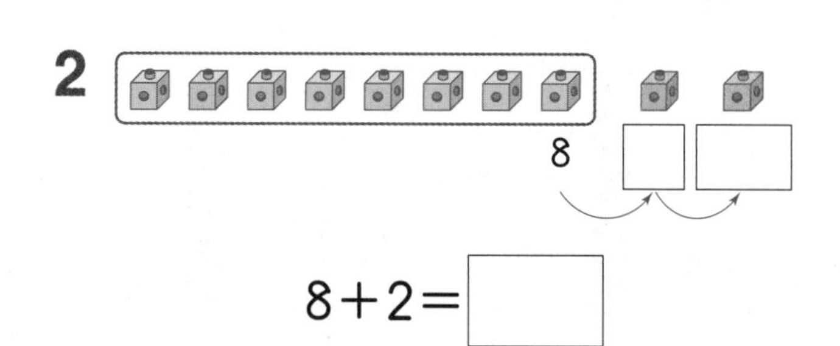

8 □ □

8+2=□

[3~4] 그림을 보고 □ 안에 알맞은 수를 써넣으세요.

3

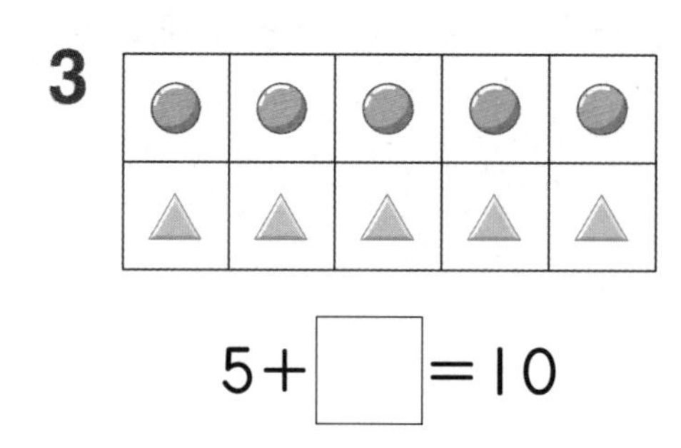

5+□=10

4

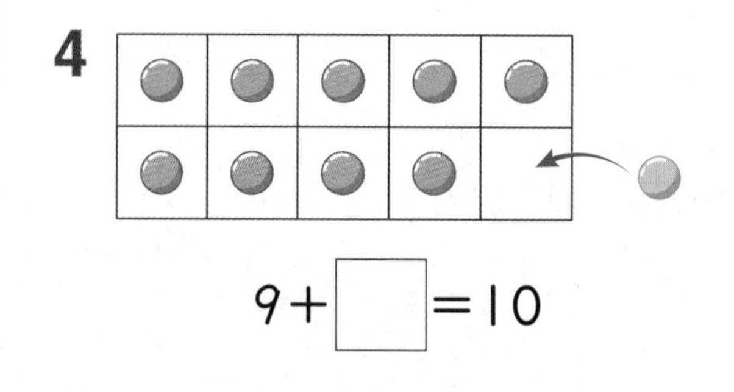

9+□=10

5 꿀벌은 모두 몇 마리인지 수만큼 ○를 더 그리고, 덧셈식을 쓰세요.

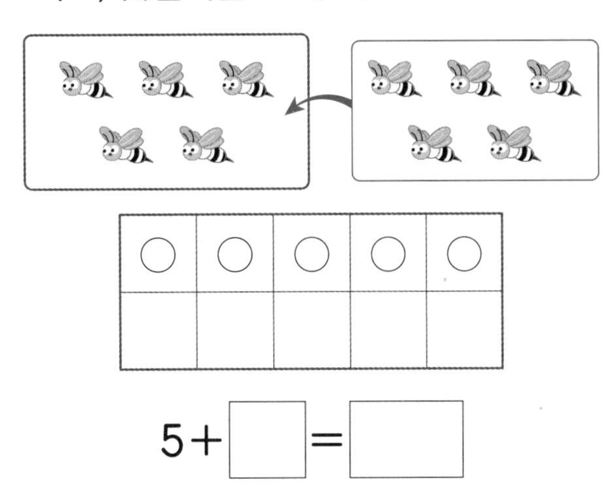

$5+\square=\square$

6 그림을 보고 덧셈식을 쓰세요.

$\square+\square=10$

7 두 수의 합이 10이 되도록 이어 보세요.

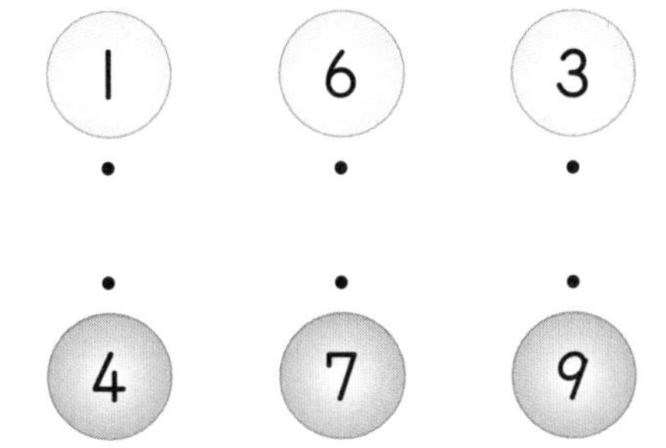

8 7+3과 계산 결과가 같은 식을 말한 사람의 이름을 쓰세요.

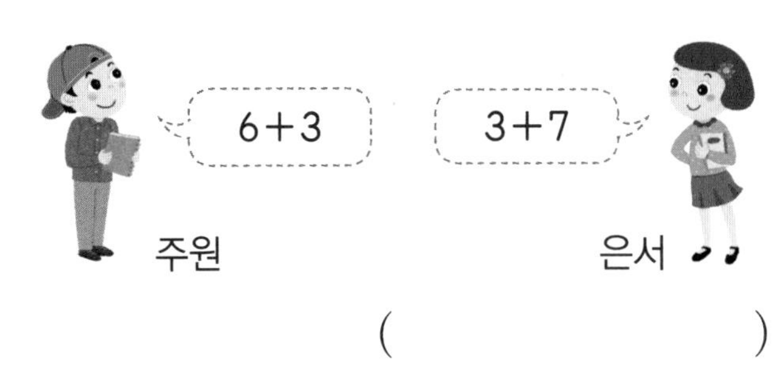

( )

9 두 가지 색으로 색칠하고 덧셈식을 만들어 보세요.

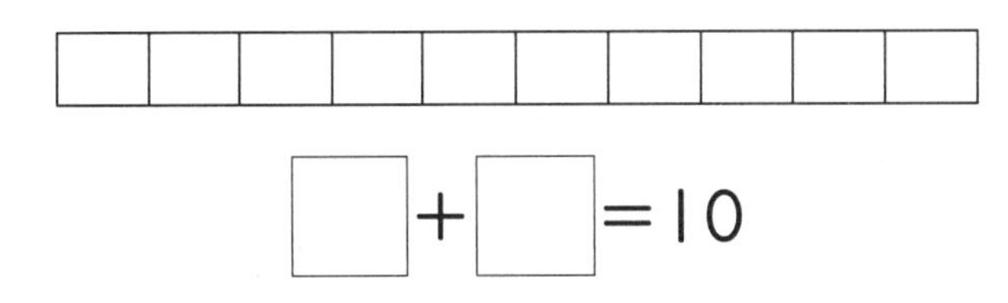

$\square+\square=10$

10 합이 10이 되도록 □ 안에 알맞은 수를 써넣으세요.

(1) $9+\square=10$

(2) $\square+7=10$

11 승주가 휴게소에서 핫도그를 4개, 감자튀김을 6개 샀습니다. 휴게소에서 산 핫도그와 감자튀김은 모두 몇 개인가요?

( )

2 단원

덧셈과 뺄셈(1)

Power ④ 10에서 빼기

개념의 힘

1 10에서 빼는 뺄셈식으로 나타내기

(1) 거꾸로 세기로 나타내기

7 8 9 10

10−3=7

3 4 5 6 7 8 9 10

10−7=3

(2) 십 배열판을 이용하여 나타내기

○	○	○	○	○
○	○	∅	∅	∅

10−3=7

○	○	○	∅	∅
∅	∅	∅	∅	∅

10−7=3

➜ **10**에서 빼는 수가 **3**이면 뺄셈 결과가 **7**, 빼는 수가 **7**이면 뺄셈 결과가 **3**입니다.

2 10에서 빼는 여러 가지 뺄셈식

	10−1=9
	10−2=8
	10−3=7
	10−4=6
	10−5=5
	10−6=4
	10−7=3
	10−8=2
	10−9=1

주스가 담긴 컵 10잔 중에서 1잔, 2잔, ..., 9잔을 마시면 9잔, 8잔, ..., 1잔이 남아.

[1~2] 그림을 보고 □ 안에 알맞은 수를 써넣으세요.

1

10−4=□

2

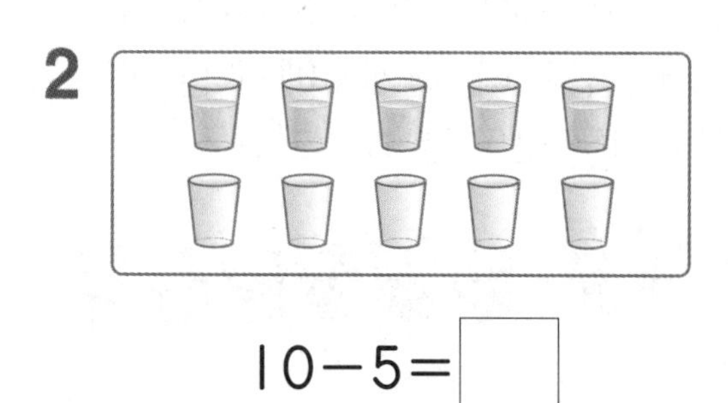

10−5=□

[3~4] 그림을 보고 □ 안에 알맞은 수를 써넣으세요.

3

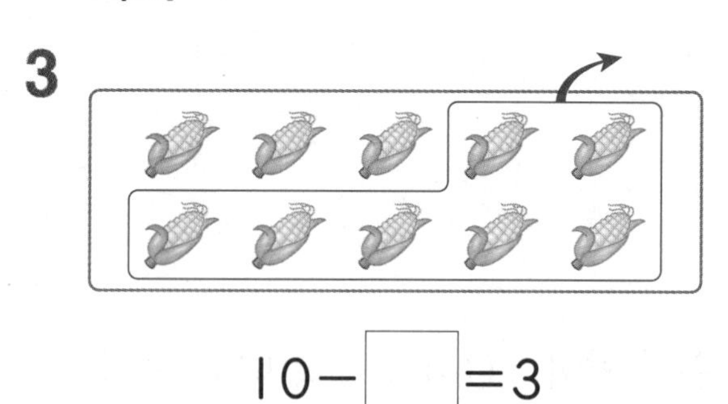

10−□=3

4

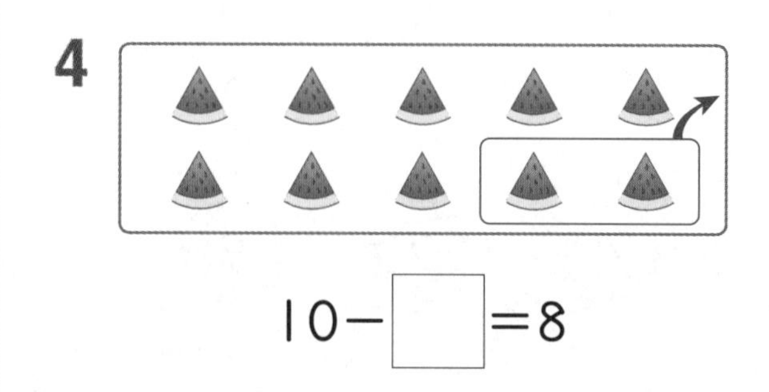

10−□=8

5 식에 맞게 ○를 /으로 지우고 □ 안에 알맞은 수를 써넣으세요.

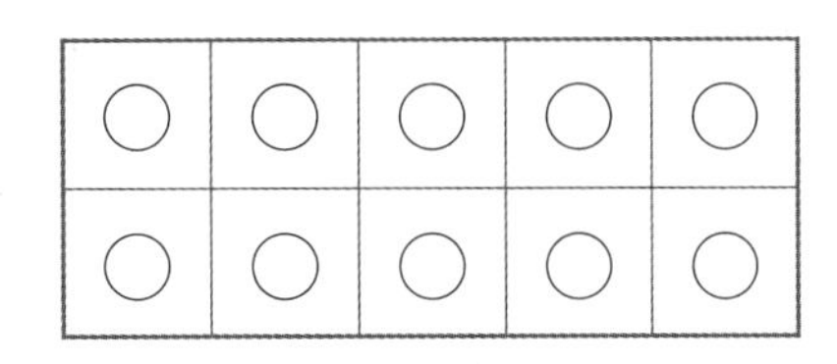

10－6＝□

6 □ 안에 알맞은 수를 써넣으세요.

10－2＝□

10－8＝□

7 빈 곳에 알맞은 수를 써넣으세요.

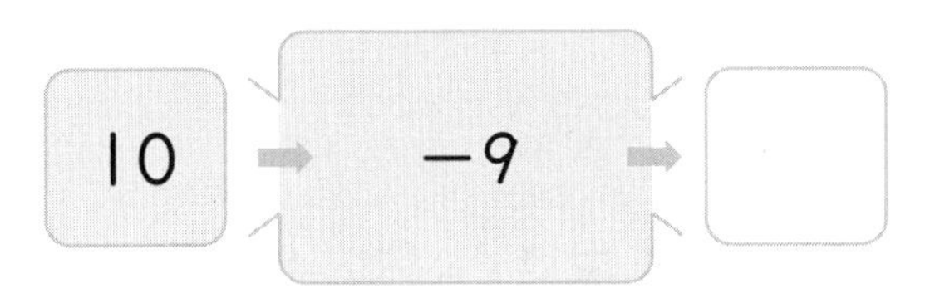

8 차를 구하여 이어 보세요.

10－5 •		• 9
10－1 •		• 7
		• 5

9 접은 손가락은 몇 개인지 뺄셈식을 쓰세요.

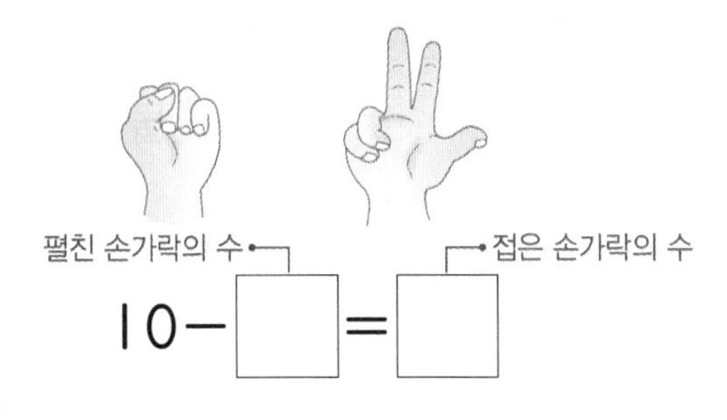

10 계산 결과가 더 큰 것에 ○표 하세요.

10－7	10－5
(　　)	(　　)

11 컵 10개 중에서 4개를 넘어뜨렸습니다. 남은 컵은 몇 개인가요?

(　　　　　)

12 빨간색 사탕은 노란색 사탕보다 몇 개 더 많은가요?

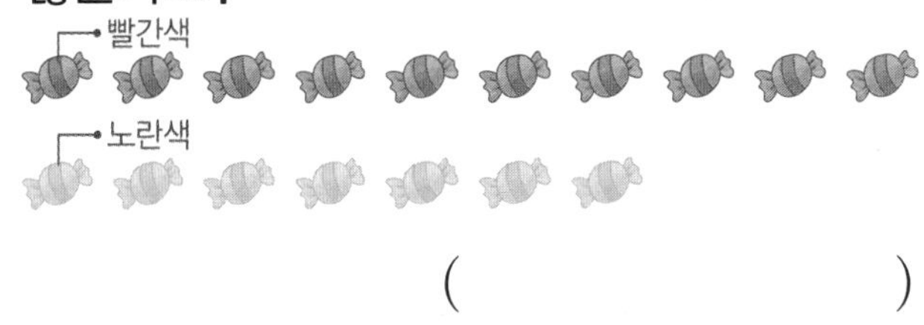

(　　　　　)

개념의 힘 Power

⑤ 10을 만들어 더하기

개념의 힘

1 앞의 두 수로 10을 만들어 더하기

예 8+2+3의 계산

10 11 12 13

① 연결 모형 8개와 2개를 연결하여 10개를 만듭니다.

② 만든 10개에 남은 모형 3개를 연결하면 모두 13개입니다.

8+2+3=10+3=13

① 앞의 두 수 8과 2를 더해 10을 만듭니다.

② 만든 10에 남은 수 3을 더합니다.

2 뒤의 두 수로 10을 만들어 더하기

예 2+7+3의 계산

방법1 앞에서부터 순서대로 더하기

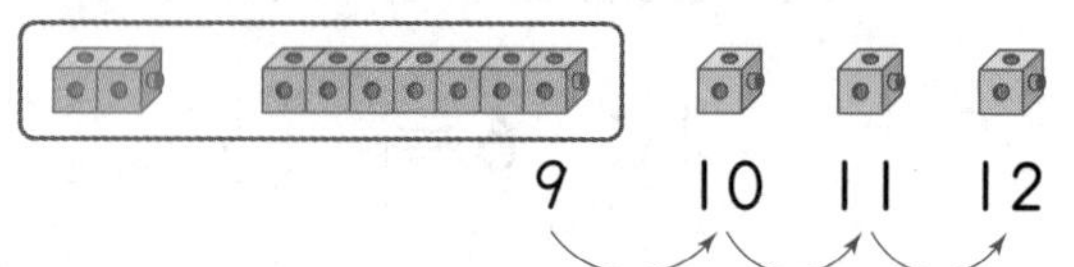

방법2 뒤의 두 수로 10을 만들어 더하기

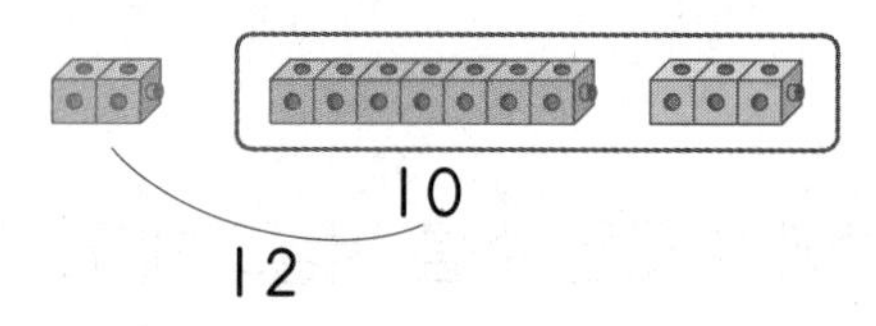

2+7+3=2+10=12

① 뒤의 두 수 7과 3을 더해 10을 만듭니다.

② 만든 10에 남은 수 2를 더합니다.

참고 양 끝의 두 수의 합이 10이 되는 경우에는 두 수를 먼저 더합니다.

4+5+6=10+5
① =15
②

[1~2] 그림을 보고 □ 안에 알맞은 수를 써넣으세요.

1

7+3+2=□+2=□

2

9+1+4=□+4=□

[3~4] 그림을 보고 □ 안에 알맞은 수를 써넣으세요.

3

4+7+3=4+□=□

4

2+6+4=2+□=□

[5~6] □ 안에 알맞은 수를 써넣으세요.

5 2+8+5=□

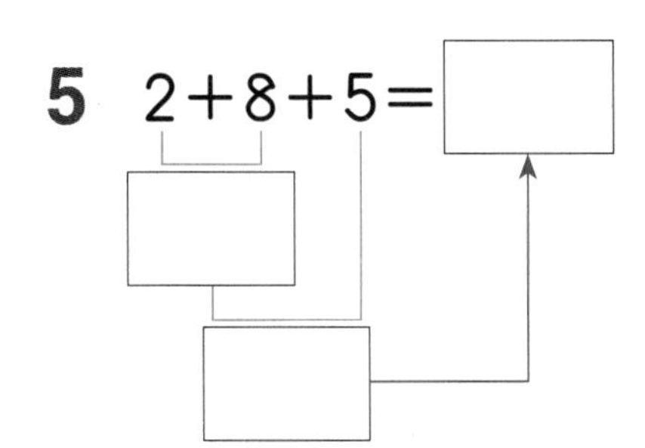

6 6+5+5=□

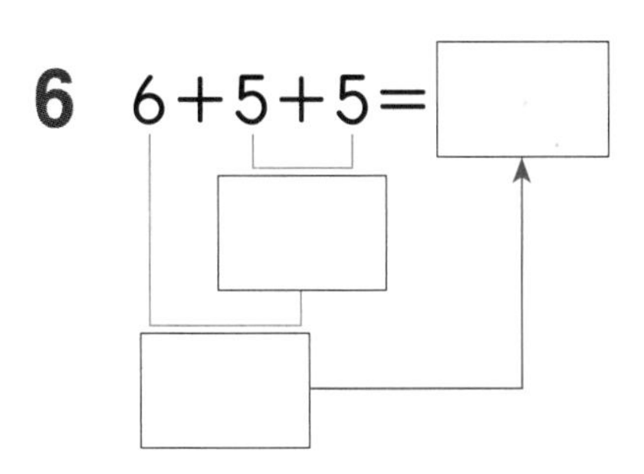

7 10을 만들어 더할 수 있는 식에 ○표 하세요.

2+5+4 ( ) 3+2+8 ( )

8 합이 같은 것끼리 이어 보세요.

6+4+9 •	• 7+10
7+5+5 •	• 10+9

9 도넛은 모두 몇 개인지 덧셈식을 쓰세요.

□+□+□=□

10 보기와 같이 합이 10이 되는 두 수를 묶고 덧셈을 해 보세요.

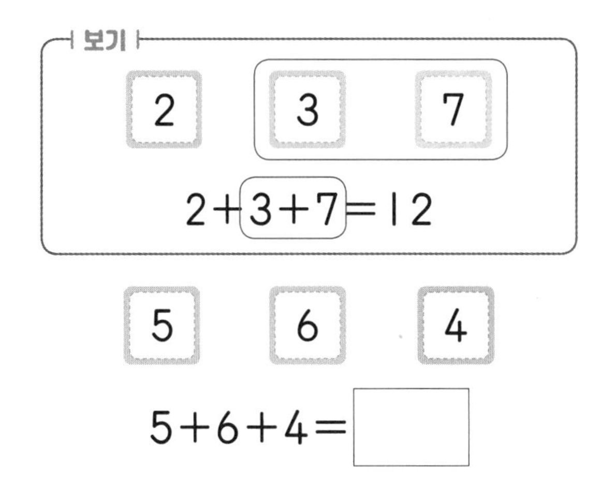

5+6+4=□

11 밑줄 친 두 수의 합이 10이 되도록 ○ 안에 알맞은 수를 써넣고 식을 완성해 보세요.

○+9+3=□

12 진아가 생선 가게에서 산 생선의 수입니다. 진아가 산 생선은 모두 몇 마리인가요?

갈치	고등어	꽁치
3마리	6마리	4마리

( )

③~⑤ 덧셈과 뺄셈 / 10을 만들어 더하기

[1~4] 그림을 보고 □ 안에 알맞은 수를 써넣으세요.

1

$8+2=\square$

2

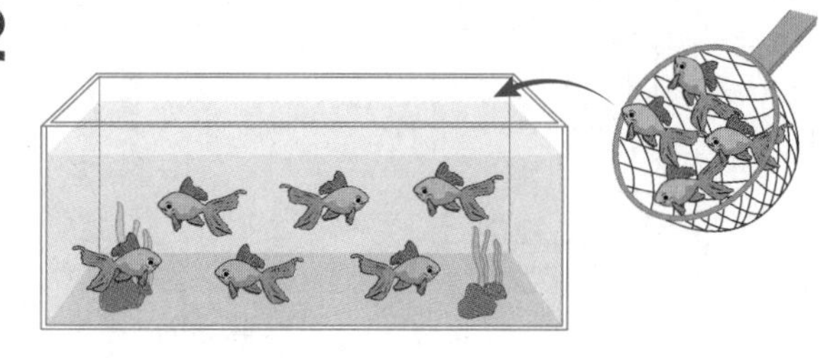

$6+4=\square$

3

$10-3=\square$

4

$10-5=\square$

[5~13] 계산해 보세요.

5 $4+6=\square$

6 $3+7=\square$

7 $2+8=\square$

8 $1+9=\square$

9 $10-8=\square$

10 $10-4=\square$

11 $10-1=\square$

12 $10-2=\square$

13 $10-7=\square$

[14~19] □ 안에 알맞은 수를 써넣으세요.

14 7+□=10

15 8+□=10

16 1+□=10

17 10−□=4

18 10−□=9

19 10−□=3

[20~21] 그림을 보고 □ 안에 알맞은 수를 써넣으세요.

20

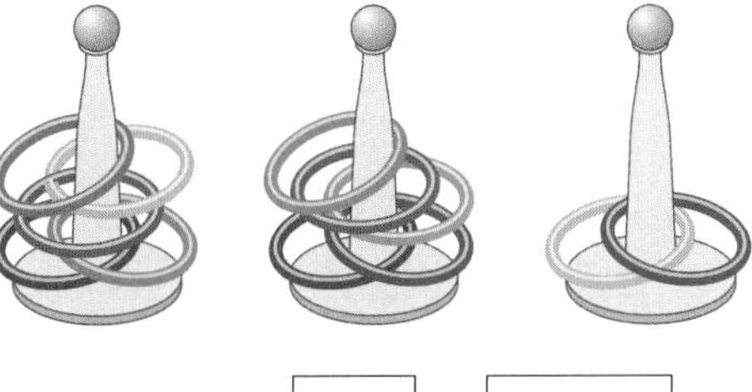

5+5+□=□

21

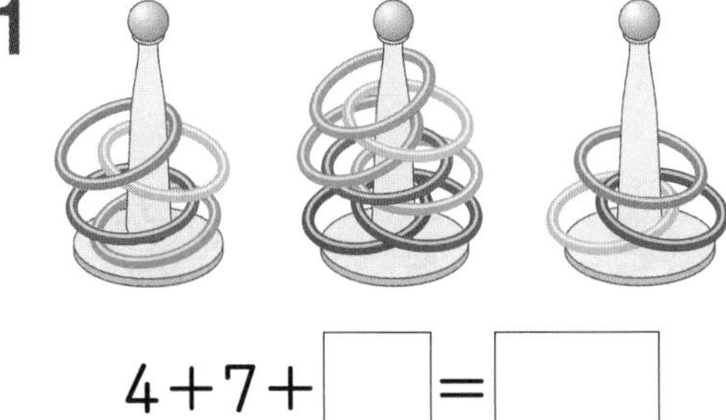

4+7+□=□

22 길을 따라 갔을 때의 뼈다귀의 수를 구하려고 합니다. □ 안에 알맞은 수를 써넣어 완성해 보세요.

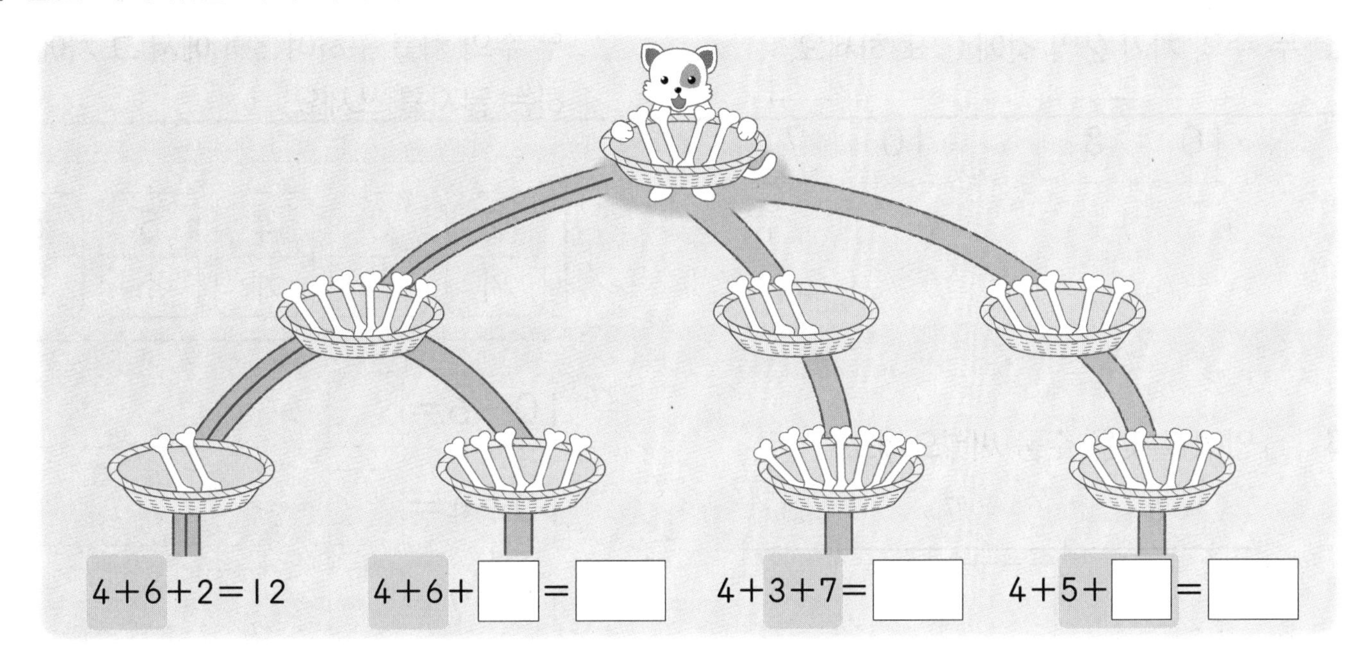

4+6+2=12　　4+6+□=□　　4+3+7=□　　4+5+□=□

1 STEP 기본의 힘

1 그림을 보고 □ 안에 알맞은 수를 써넣으세요.

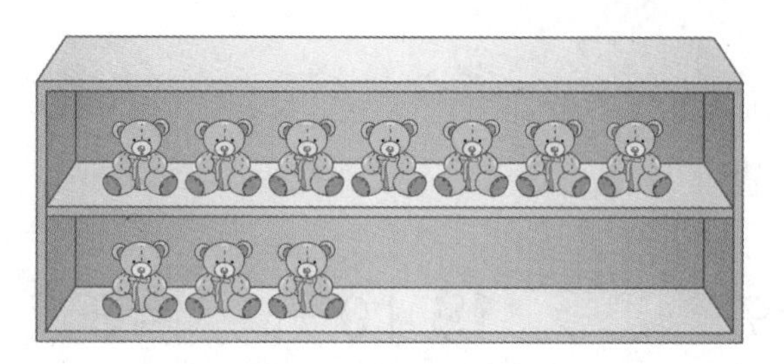

$7+3=$ □

2 그림을 보고 □ 안에 알맞은 수를 써넣으세요.

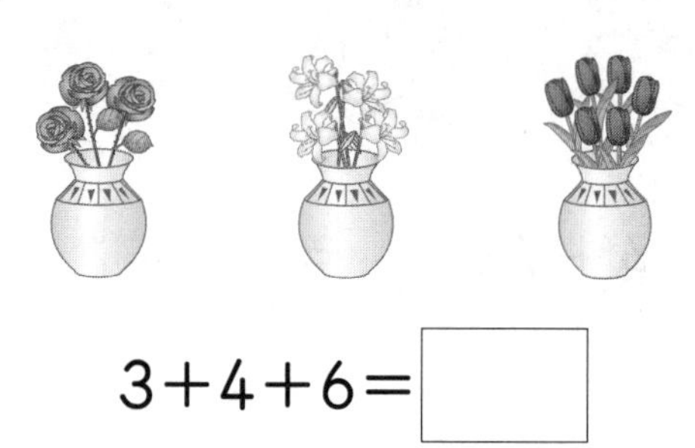

$3+4+6=$ □

3 두 수의 차가 2인 것에 ○표 하세요.

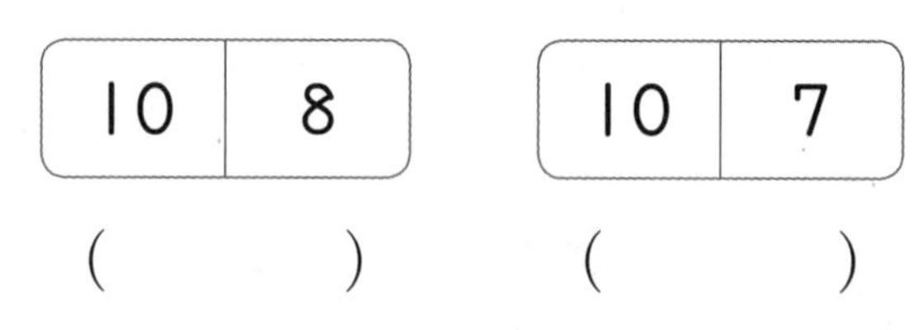

( ) ( )

4 □ 안에 알맞은 수를 써넣으세요.

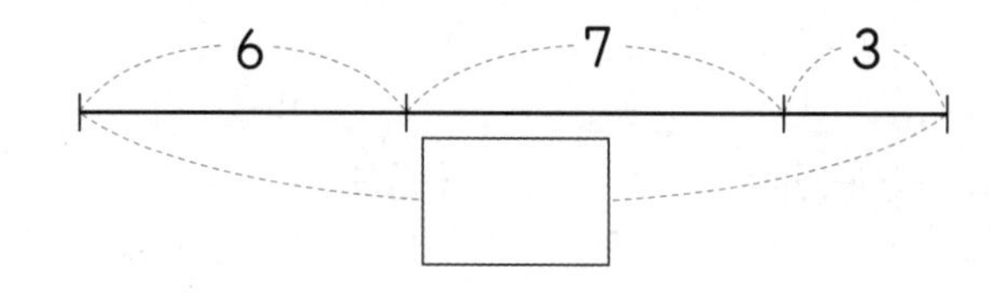

5 구슬 10개가 들어 있는 상자에서 손바닥 위의 수만큼 구슬을 꺼냈습니다. 상자에 남은 구슬은 몇 개인지 뺄셈식을 쓰세요.

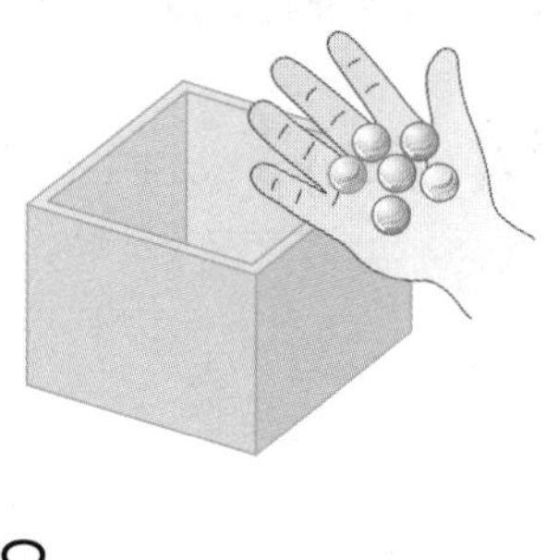

$10-$ □ $=$ □

6 두 수를 더해서 10이 되도록 빈칸에 알맞은 수를 써넣으세요.

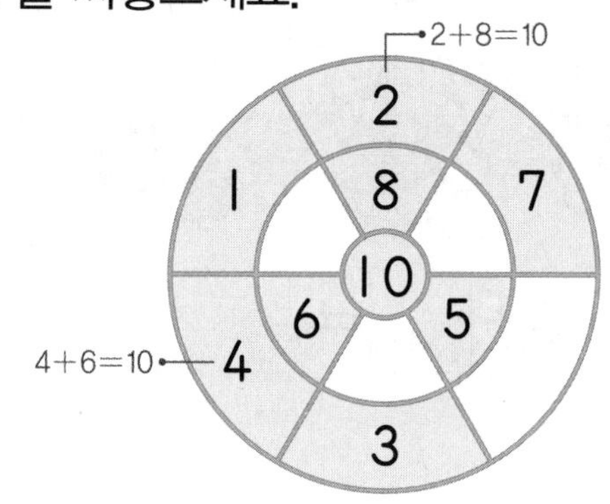

7 두 수의 차를 구하여 보기에서 그 차에 해당하는 글자를 쓰세요.

보기				
2	3	4	5	6
기	리	개	소	나

$10-6=$ □ ➜ ______

$10-4=$ □ ➜ ______

$10-7=$ □ ➜ ______

8 크기를 비교하여 ○ 안에 >, =, <를 알맞게 써넣으세요.

$3+1+9$ ○ 15

9 콩 주머니 던지기 놀이에서 세희가 10개, 은서가 8개를 넣었습니다. 세희는 은서보다 몇 개 더 많이 넣었나요?

식 ______

답 ______

10 선우가 종이학을 10개 접으려고 합니다. 선우가 지금까지 5개를 접었다면 앞으로 더 접어야 할 종이학은 몇 개인가요?

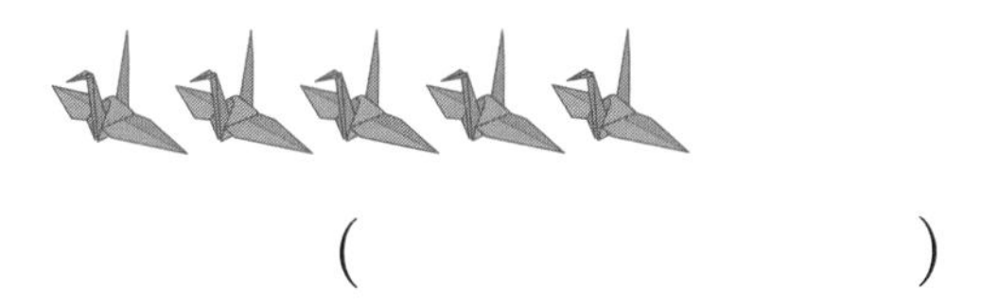

( )

11 식에 맞게 빈 접시에 붕어빵의 수만큼 ○를 그리고, □ 안에 알맞은 수를 써넣으세요.

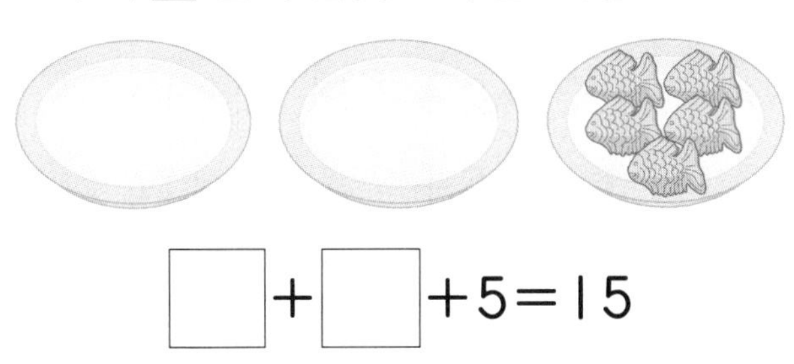

□+□+5=15

추론

12 합이 10이 되는 두 수를 모두 찾아 ⬭표 하고, 덧셈식을 3개 쓰세요.

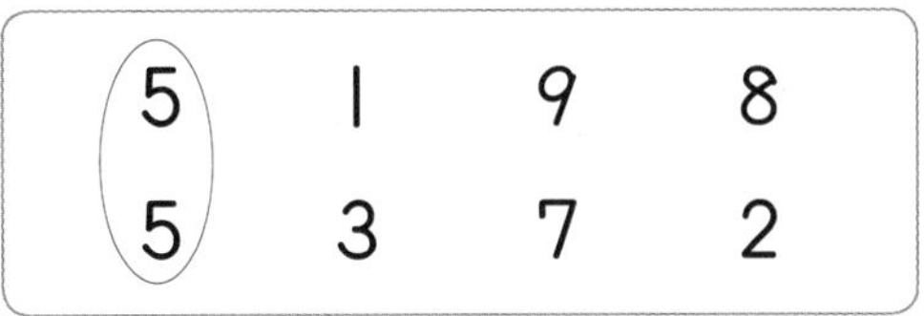

5	1	9	8
5	3	7	2

$5+5=10$, ______

______

실생활 연결

13 계산기로 9, +, 1, +, 6, =를 차례대로 누르면 얼마가 표시되나요?

( )

14 유미, 수정, 연희가 식목일에 심은 꽃의 종류입니다. 세 사람이 심은 꽃의 종류는 모두 몇 가지인가요?

유미	수정	연희
해바라기, 금잔화	장미, 무궁화, 백합	봉숭아, 팬지, 개나리, 튤립, 나팔꽃, 국화, 맨드라미

( )

2 STEP 응용의 힘

응용 1 10이 되는 더하기에서 모르는 수 구하기

더해서 10이 되는 수를 찾습니다.

예 9+□=10에서 9+1=10이므로 □ 안에 알맞은 수는 1입니다.

[1~2] 빈 곳에 알맞게 ●를 그리고, □ 안에 알맞은 수를 써넣으세요.

1 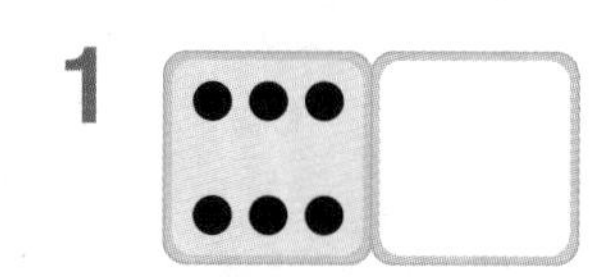 6+□=10

2 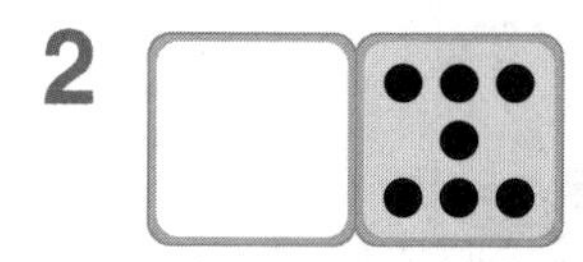 □+7=10

3 두 식의 계산 결과가 같도록 □ 안에 알맞은 수를 써넣으세요.

9+1　　□+8

4 ㉠과 ㉡에 알맞은 수 중에서 더 작은 것을 찾아 기호를 쓰세요.

㉠+4=10, 5+㉡=10

(　　　　　　)

응용 2 10을 만들어 더하기

10이 되는 두 수를 먼저 더합니다.

예 2+8+4=10+4=14
1+4+6=1+10=11

[5~6] 합이 10이 되는 두 수를 ◯로 묶고, 세 수의 합을 □ 안에 써넣으세요.

5 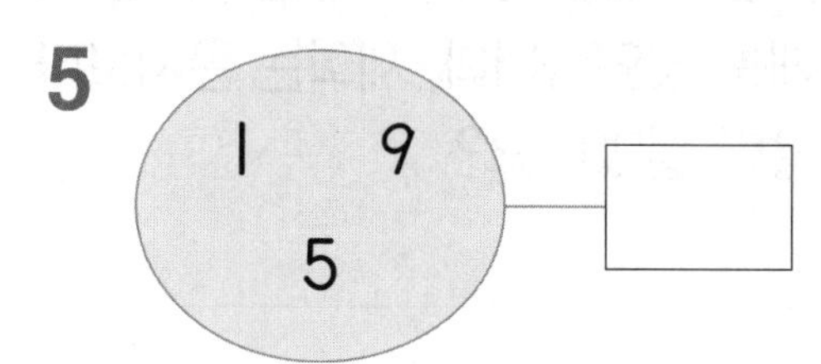

6 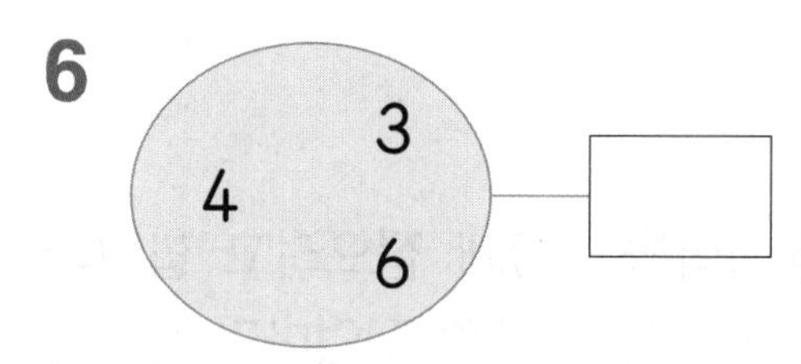

7 밑줄 친 두 수의 합이 10이 되도록 ◯ 안에 알맞은 수를 써넣고 계산해 보세요.

7+◯+6=□

8 □ 안에 공통으로 들어갈 수를 구하세요.

- 2+8+□=14
- 5+□+5=14

(　　　　　　)

응용 3 사용한 모양의 수 구하기

신의 한수

종류별 또는 색깔별로 개수를 세어 본 후 세 수의 합을 구합니다.

9 같은 종류의 빵끼리 상자에 담으려고 합니다. 종류별로 빵은 각각 몇 개인가요?

(식빵) (　　　　　　)
(크루아상) (　　　　　　)

10 같은 색깔의 색종이끼리 봉지에 담으려고 합니다. 색깔별로 색종이는 각각 몇 장인가요?

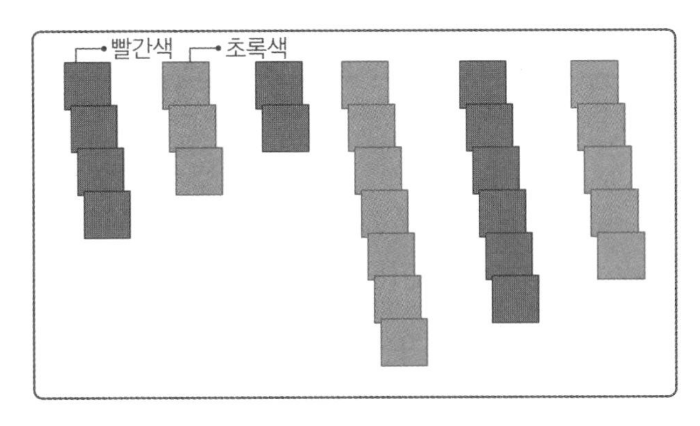

빨간색 (　　　　　　)
초록색 (　　　　　　)

응용 4 규칙을 찾아 빈 곳에 알맞은 수 써넣기

신의 한수

수를 더하거나 빼서 수가 나오는 규칙을 찾습니다.

예

	4	
1	2	1

1+2+1=4

	9	
3	2	4

3+2+4=9

→ 아래의 세 수를 더한 값이 위의 수가 됩니다.

11 규칙을 찾아 빈 곳에 알맞은 수를 써넣으세요.

1	4
3	8

2	2
3	7

5	1
2	8

3	2
4	

12 규칙을 찾아 빈 곳에 알맞은 수를 써넣으세요.

5	2
2	1

6	1
2	3

7	2
4	1

8	4
1	

13 규칙을 찾아 ㉠과 ㉡에 알맞은 수를 각각 구하세요.

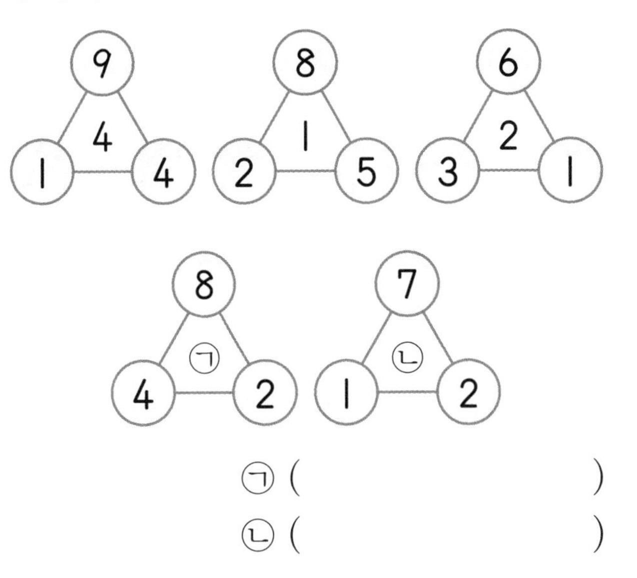

㉠ (　　　　　　)
㉡ (　　　　　　)

응용 5 수 카드로 덧셈식(뺄셈식) 만들기

신의 한수

먼저 식에서 주어진 수를 이용하여 식을 간단히 만듭니다.

예 ●+▲+1=6에서 ●+▲=5이므로 더해서 5가 되는 두 수를 찾습니다.

14 수 카드 2장을 골라 덧셈식을 완성해 보세요.

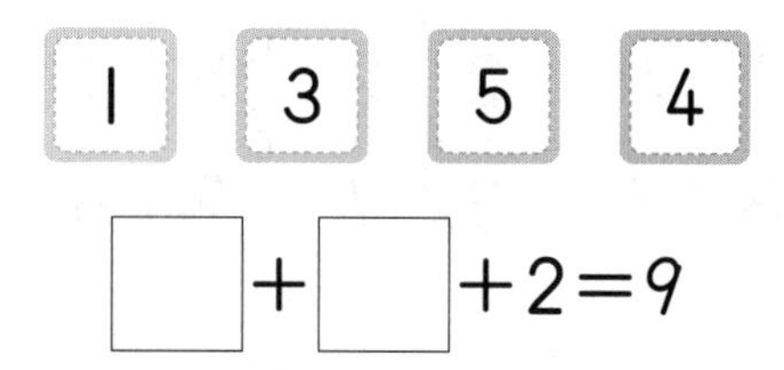

□+□+2=9

15 수 카드 2장을 골라 뺄셈식을 완성해 보세요.

4 3 1 2

9−□−□=3

16 1부터 9까지의 수 중 덧셈식의 ■와 ●에 알맞은 수를 넣어서 덧셈식을 4개 만들어 보세요.

2+■+●=12

__________, __________

__________, __________

응용 6 덧셈과 뺄셈의 활용

신의 한수

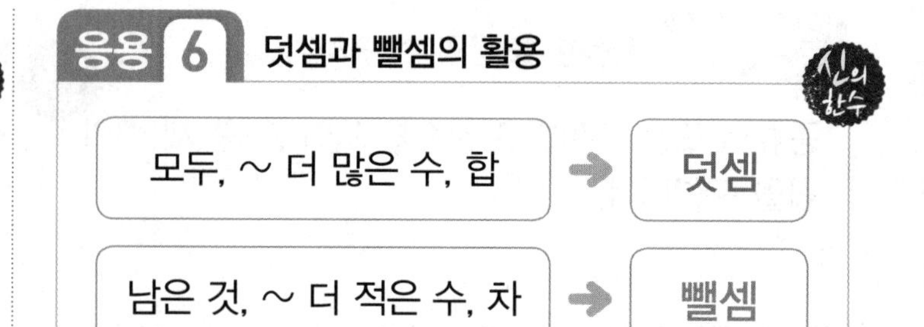

17 서윤이는 빨간색 풍선 4개와 노란색 풍선 6개를 가지고 있습니다. 그중에서 3개를 동생에게 주었다면 남은 풍선은 몇 개인가요?

(　　　　　　)

18 지윤이는 고기만두 5개와 김치만두 5개를 샀습니다. 그중에서 4개를 먹었다면 남은 만두는 몇 개인가요?

(　　　　　　)

19 지석이의 나이는 7살이고 은채의 나이는 6살입니다. 소희의 나이는 은채보다 2살 적을 때 세 사람의 나이의 합은 몇 살인가요?

(　　　　　　)

응용 7 □ 안에 들어갈 수 있는 수 구하기

신의 한수

먼저 주어진 식을 계산하여 식을 간단히 한 후 □ 안에 들어갈 수 있는 수를 구합니다.

20 1부터 9까지의 수 중에서 □ 안에 공통으로 들어갈 수 있는 수를 구하세요.

㉠ $8-1-3<\square$

㉡ $10-4>\square$

(　　　　　　　　)

21 1부터 9까지의 수 중에서 □ 안에 공통으로 들어갈 수 있는 수를 구하세요.

㉠ $9-2-2<\square$

㉡ $10-3>\square$

(　　　　　　　　)

22 1부터 5까지의 수 중에서 □ 안에 공통으로 들어갈 수 있는 수를 구하세요.

㉠ $7-3-1>\square$

㉡ $6-1-\square<4$

(　　　　　　　　)

응용 8 모양이 나타내는 수 구하기

알 수 있는 모양의 수부터 차례대로 구합니다.

예 ●가 1일 때 ♥ 구하기

• ●+●=■ ➔ 1+1=2이므로 ■=2

• ■+4=♥ ➔ 2+4=6이므로 ♥=6

23 같은 모양은 같은 수를 나타낼 때 ♥에 알맞은 수를 구하세요.

• 9−4−3=▲

• ▲+▲+▲=★

• 4+▲+★=♥

1 ▲에 알맞은 수를 구하세요.

(　　　　　　　　)

2 ★에 알맞은 수를 구하세요.

(　　　　　　　　)

3 ♥에 알맞은 수를 구하세요.

(　　　　　　　　)

24 같은 모양은 같은 수를 나타낼 때 ♥에 알맞은 수를 구하세요.

• 8−3−2=●

• ●+●+●=★

• 1+★+●=♥

(　　　　　　　　)

3 STEP 서술형의 힘

연습 문제 풀기

연습 1 아이스크림을 은찬이는 3개, 지웅이는 1개, 유하는 2개를 샀습니다. 세 사람이 산 아이스크림은 모두 몇 개인가요?

식 ______________________

답 ______________

연습 2 버스에 8명이 타고 있었습니다. 이번 정류장에서 2명이 더 탔다면 지금 버스에 타고 있는 사람은 몇 명인가요? (단, 버스에서 내린 사람은 없습니다.)

식 ______________________

답 ______________

연습 3 장미 10송이 중에서 7송이를 화병에 꽂았습니다. 화병에 꽂고 남은 장미는 몇 송이인가요?

식 ______________________

답 ______________

연습 4 주차장에 검은색 자동차가 5대, 빨간색 자동차가 2대, 흰색 자동차가 5대 있습니다. 주차장에 있는 자동차는 모두 몇 대인가요?

식 ______________________

답 ______________

정답 및 풀이 13쪽

대표 유형 1 세 사람이 펼친(접은) 손가락의 수 구하기

진경, 상우, 하연이가 가위바위보를 하였습니다. 세 사람이 펼친 손가락은 모두 몇 개인가요?

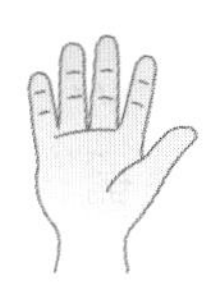
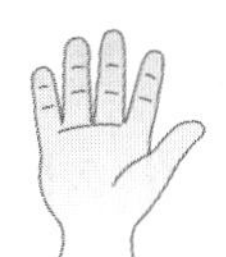

진경 상우 하연

해결 방법

1 펼친 손가락의 수 세어 보기: 진경 5개, 상우 ☐개, 하연 ☐개

2 (세 사람이 펼친 손가락의 수)$=5+☐+☐$

$=10+☐=☐$(개)

답 ____________

유형 코칭

	✌	✊	🖐
펼친 손가락의 수(개)	2	0	5
접은 손가락의 수(개)	3	5	0

✓ 위의 해결 방법을 따라 풀이를 쓰고 답을 구하세요.

1-1 가은, 태연, 현주가 가위바위보를 하였습니다. 세 사람이 펼친 손가락은 모두 몇 개인가요?

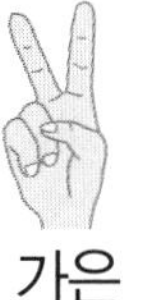

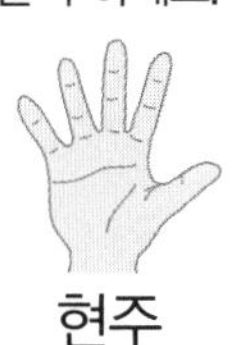

가은 태연 현주

풀이

답 ____________

1-2 재훈, 영우, 송호가 가위바위보를 하였습니다. 세 사람이 접은 손가락은 모두 몇 개인가요?

재훈 영우 송호

풀이

답 ____________

대표 유형 2 어느 것이 몇 개 더 많이 남았는지 구하기

달걀 10개와 치즈 10개가 있었습니다. 오믈렛을 만드는 데 달걀 8개와 치즈 6개를 사용하였습니다. 달걀과 치즈 중에서 어느 것이 몇 개 더 많이 남았나요?

해결 방법

1 (남은 달걀의 수)=10−□=□(개)

2 (남은 치즈의 수)=10−□=□(개)

3 (달걀 , 치즈)이/가 □−□=□(개) 더 많이 남았습니다.

알맞은 말에 ○표 하기

답 ______, ______

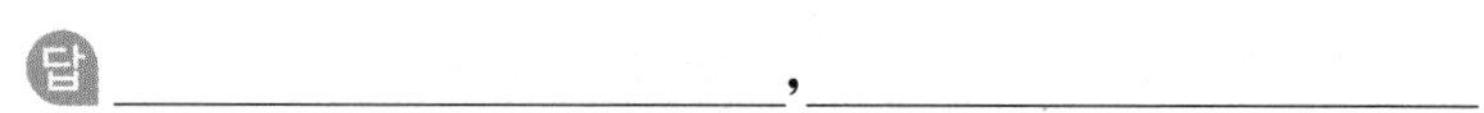

유형 코칭 어느 것이 몇 개 더 많이 남았는지 구하려면 큰 수에서 작은 수를 뺍니다.

위의 해결 방법을 따라 풀이를 쓰고 답을 구하세요.

2-1 마트에 오렌지주스 10병과 사과주스 10병이 있었습니다. 그중에서 오렌지주스 3병과 사과주스 7병을 팔았습니다. 마트에 오렌지주스와 사과주스 중에서 어느 것이 몇 병 더 많이 남았나요?

풀이

답 ______, ______

2-2 구슬을 은찬이는 10개, 소현이는 7개 가지고 있었습니다. 은찬이는 친구에게 구슬을 4개 주었고, 소현이는 친구에게서 구슬을 3개 받았습니다. 지금 가지고 있는 구슬은 은찬이와 소현이 중 누가 몇 개 더 많은가요?

풀이

답 ______, ______

대표 유형 3 모르는 수를 구하여 문제 해결하기

재연이는 붙임딱지 10장 중에서 몇 장을 친구에게 주고 나머지는 동생과 똑같이 나누어 가졌습니다. 재연이가 가진 붙임딱지가 3장이라면 친구에게 준 붙임딱지는 몇 장인가요?

해결 방법

1. 재연이가 동생과 똑같이 나누어 가졌으므로
   재연이와 동생은 붙임딱지를 각각 □장씩 가진 것입니다.
2. (재연이와 동생이 가진 붙임딱지의 수)＝3＋□＝□(장)
3. 친구에게 준 붙임딱지의 수를 ●장이라 하면 10－●＝□에서 ●＝□입니다.
   ➔ 친구에게 준 붙임딱지의 수: □장

답 ____________

유형 코칭 (재연이가 가진 붙임딱지의 수)＝(동생이 가진 붙임딱지의 수)이고 친구에게 준 붙임딱지의 수를 ●장이라 하여 식을 세운 후 ●에 알맞은 수를 구합니다.

2 단원

덧셈과 뺄셈 (1)

위의 해결 방법을 따라 풀이를 쓰고 답을 구하세요.

3-1 수아는 지우개 10개 중에서 몇 개를 친구에게 주고 나머지는 동생과 똑같이 나누어 가졌습니다. 수아가 가진 지우개가 2개라면 친구에게 준 지우개는 몇 개인가요?

풀이

답 ____________

3-2 윤영이는 색연필 10자루 중에서 몇 자루를 필통에 넣고 나머지는 언니와 똑같이 나누어 가졌습니다. 언니가 가진 색연필이 4자루라면 윤영이가 필통에 넣은 색연필은 몇 자루인가요?

풀이

답 ____________

단원평가

점수

1 그림을 보고 □ 안에 알맞은 수를 써넣으세요.

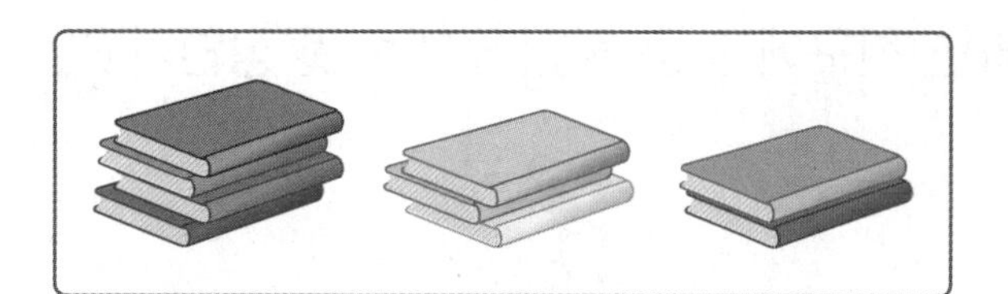

$4+3+2=\square$

2 그림을 보고 □ 안에 알맞은 수를 써넣으세요.

$10-4=\square$

3 수직선을 보고 □ 안에 알맞은 수를 써넣으세요.

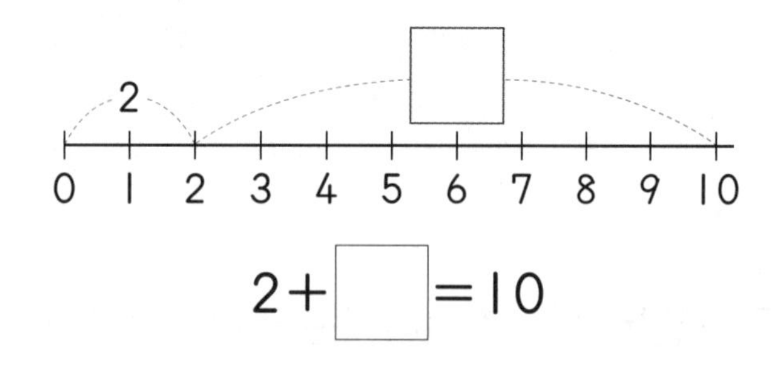

$2+\square=10$

4 두 수의 합이 10인 것에 ○표 하세요.

4+5	5+5
(　　)	(　　)

5 계산을 바르게 한 것을 찾아 기호를 쓰세요.

㉠ $10-3=7$
㉡ $10-5=6$

(　　　　　)

6 합이 10이 되는 두 수를 ⬭로 묶고, 세 수의 합을 □ 안에 써넣으세요.

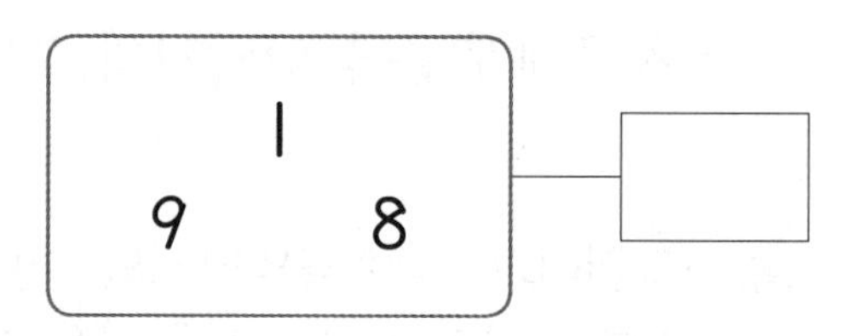

7 합이 같은 것끼리 이어 보세요.

3+5+5 •	• 10+5
6+4+5 •	• 3+10
4+2+8 •	• 4+10

8 빈 곳에 세 수의 합을 써넣으세요.

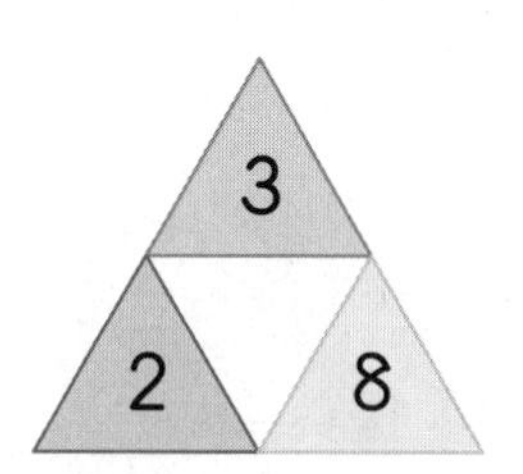

9 가장 큰 수에서 나머지 두 수를 뺀 값을 구하세요.

4　1　7

(　　　　　　)

10 그림을 보고 쓰러지지 않은 볼링 핀은 몇 개인지 뺄셈식을 쓰세요.

10－□＝□

11 밑줄 친 두 수의 합이 10이 되도록 ○ 안에 알맞은 수를 써넣고 계산해 보세요.

○＋5＋6＝□

12 현우는 과학책을 어제는 3쪽 읽었고 오늘은 7쪽 읽었습니다. 현우가 어제와 오늘 읽은 과학책은 모두 몇 쪽인가요?

식 ______________________

답 ______________

13 ㉠과 ㉡에 알맞은 수 중에서 더 큰 것을 찾아 기호를 쓰세요.

㉠＋6＝10, 8＋㉡＝10

(　　　　　　)

14 오늘 다람쥐는 도토리를 아침에 2개, 점심에 4개, 저녁에 3개 먹었습니다. 오늘 다람쥐가 먹은 도토리는 모두 몇 개인가요?

(　　　　　　)

추론

15 규칙을 찾아 빈 곳에 알맞은 수를 써넣으세요.

8	3
3	2

7	4
2	1

6	3
1	2

9	5
2	

추론

16 수 카드 2장을 골라 뺄셈식을 완성해 보세요.

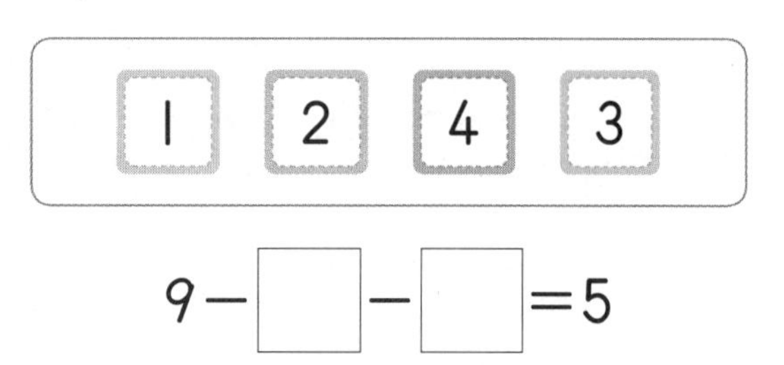

9－□－□＝5

17 사탕 10개와 초콜릿 10개가 있었습니다. 친구에게 사탕 4개와 초콜릿 7개를 주었습니다. 사탕과 초콜릿 중에서 어느 것이 몇 개 더 많이 남았나요?

(　　　　　　), (　　　　　　)

18 같은 모양은 같은 수를 나타낼 때 ♥에 알맞은 수를 구하세요.

- 7－4－1＝▲
- ▲＋▲＋▲＝★
- ★＋▲＋8＝♥

(　　　　　　)

서술형

19 국화빵을 유리는 4개, 재연이는 6개 먹었습니다. 준수는 재연이보다 1개 더 많이 먹었을 때 세 사람이 먹은 국화빵은 모두 몇 개인지 풀이 과정을 쓰고 답을 구하세요.

풀이

답

서술형

20 1부터 9까지의 수 중에서 □ 안에 공통으로 들어갈 수 있는 수를 구하려고 합니다. 풀이 과정을 쓰고 답을 구하세요.

㉠ 7－2－1<□

㉡ 10－4>□

풀이

답

창의·사고력의 힘!

세 수의 합을 모두 같게 만들기

1 1부터 5까지의 수를 한 번씩만 사용하여 선으로 나란히 연결된 세 수의 합이 모두 같도록 만들려고 합니다. 빈 곳에 알맞은 수를 써넣으세요.

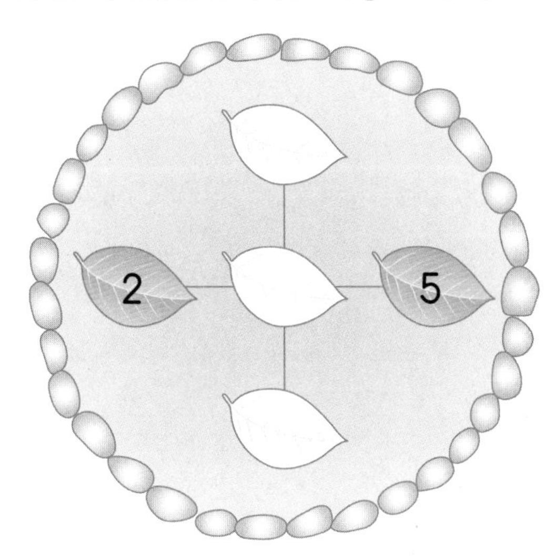

2 1부터 9까지의 수를 한 번씩만 사용하여 선으로 나란히 연결된 세 수의 합이 모두 같도록 만들려고 합니다. 빈 곳에 알맞은 수를 써넣으세요.

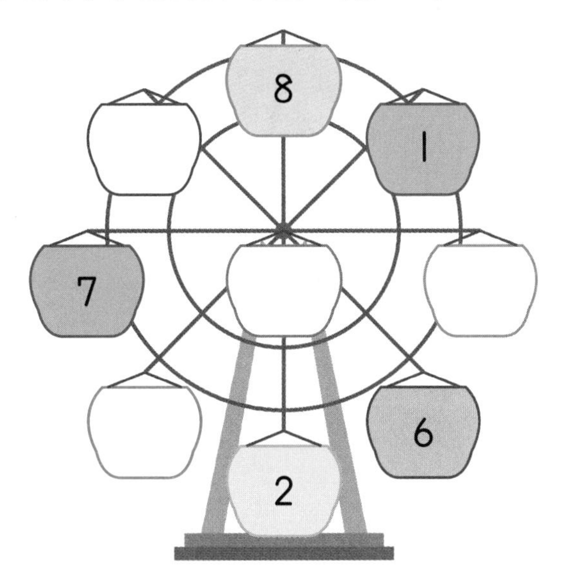

3

모양과 시각

주변에서 ■, ▲, ● 모양을 찾고 각 모양의 특징을 알아보자.
또, 몇 시, 몇 시 30분의 시각을 읽고 시각을 이용한 다양한 문제를 해결해 보자.

이전에 배운 내용

1-1

여러 가지 모양

- ▢, ▢, ● 모양 찾기
- ▢, ▢, ● 모양 알아보기
- 여러 가지 모양 만들기

이번에 배울 내용

1. 여러 가지 모양 찾기
2. 여러 가지 모양 알아보기
3. 여러 가지 모양 만들기
4. 몇 시
5. 몇 시 30분

이후에 배울 내용

2-1

여러 가지 도형

- △, □, ○ 알아보고 찾기
- 칠교판으로 모양 만들기
- 쌓은 모양 알아보기
- 여러 가지 모양으로 쌓기

개념의 힘 Power

① 여러 가지 모양 찾기

개념의 힘

1 ■, ▲, ● 모양 찾기

(1) ■ 모양 찾기

(2) ▲ 모양 찾기

(3) ● 모양 찾기

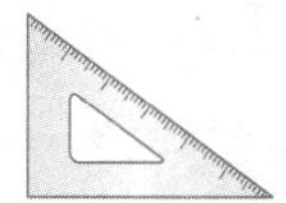

■ 모양은 네모 모양, ▲ 모양은 세모 모양, ● 모양은 동그라미 모양이라고 부르면 좋겠어.

2 ■, ▲, ● 모양의 물건을 찾아 같은 모양끼리 모으기

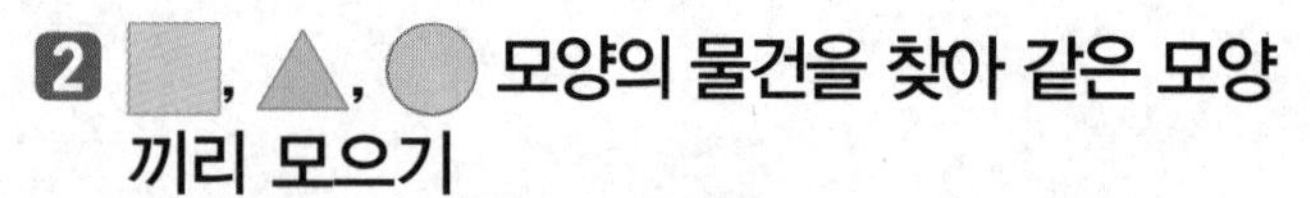
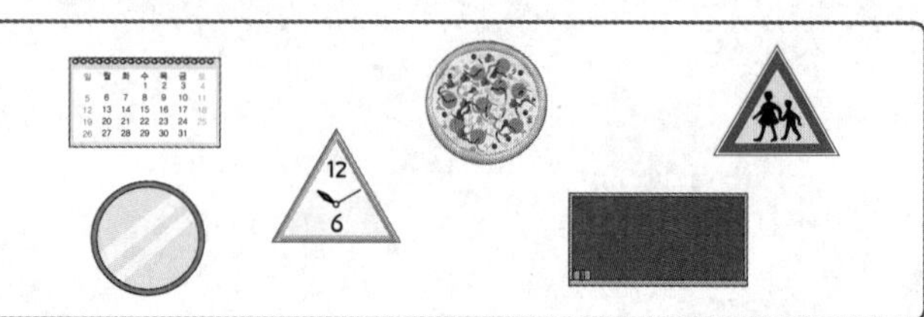
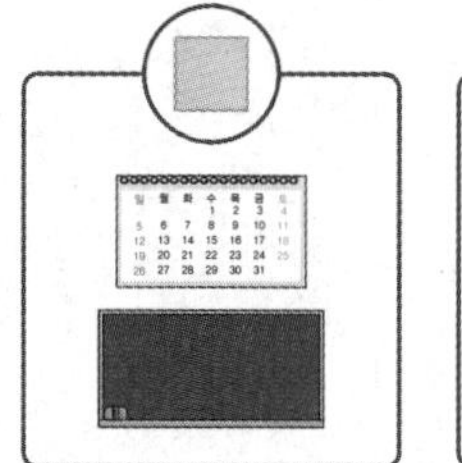
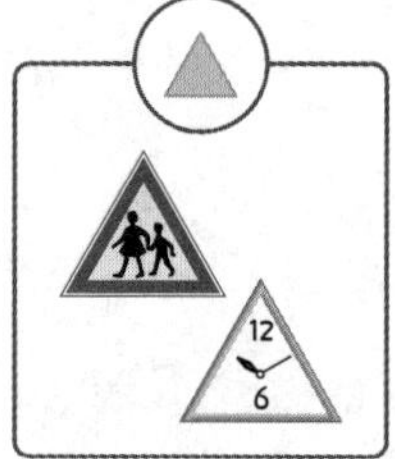
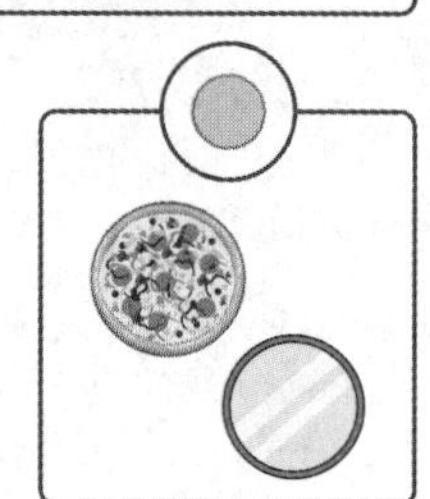

3 주변에서 ■, ▲, ● 모양을 찾아 말하기

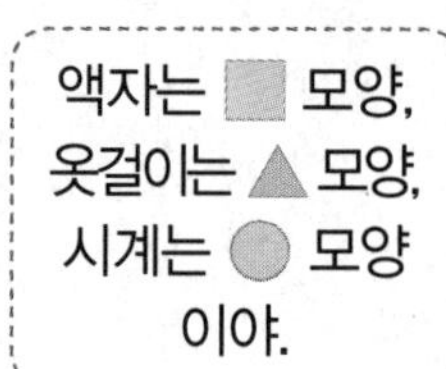
액자는 ■ 모양, 옷걸이는 ▲ 모양, 시계는 ● 모양이야.

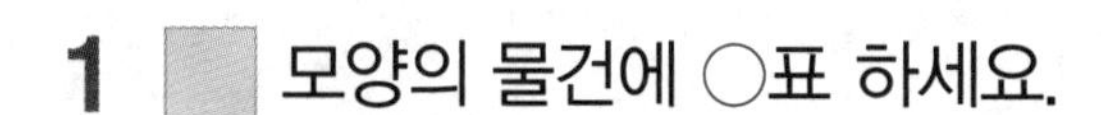

1 ■ 모양의 물건에 ○표 하세요.

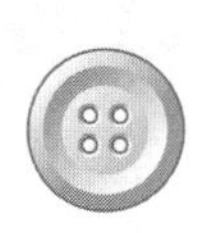

(   ) (   ) (   )

2 알맞은 모양에 ○표 하세요.

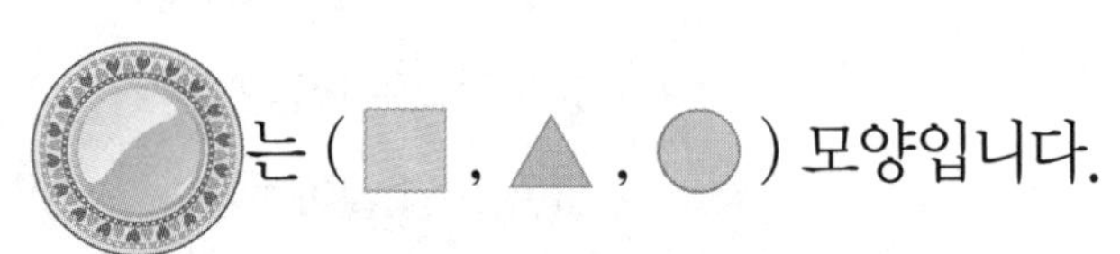

는 (■ , ▲ , ●) 모양입니다.

3 ▲ 모양을 찾아 그 모양을 따라 그려 보세요.

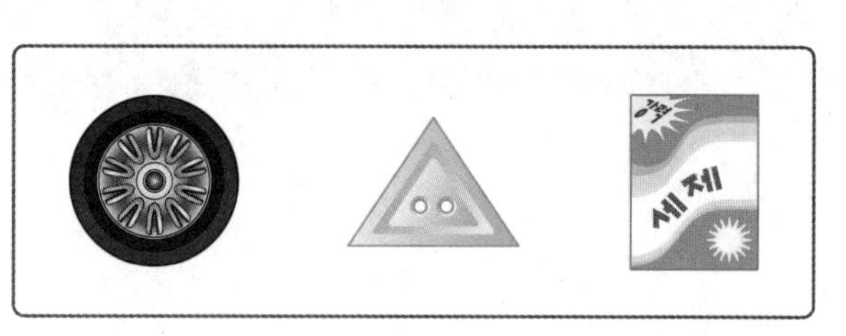

4 ■ 모양을 찾아 색칠해 보세요.

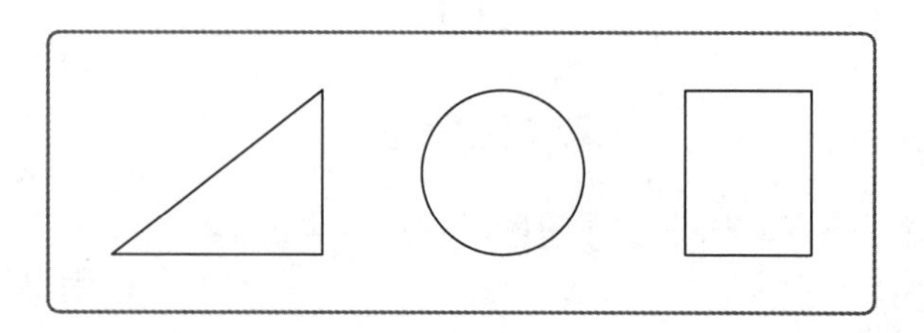

5 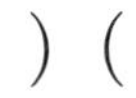 모양에 □표, △ 모양에 △표, ◯ 모양에 ◯표 하세요.

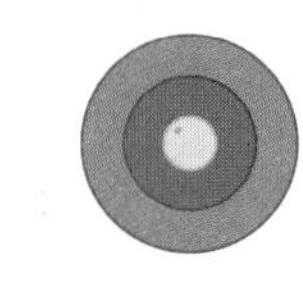

( ) ( ) ( )

[6~7] 왼쪽 모양과 같은 모양의 물건에 ◯표 하세요.

6

( )( )( )

7

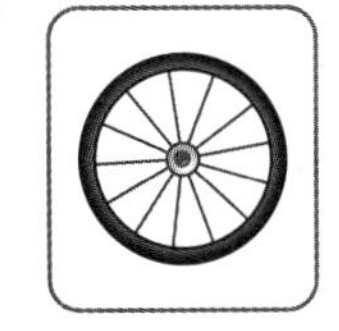
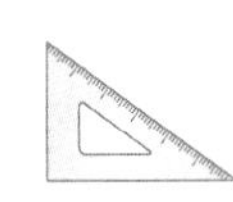

( )( )( )

8 어떤 모양의 물건을 모은 것인지 알맞은 모양에 ◯표 하세요.

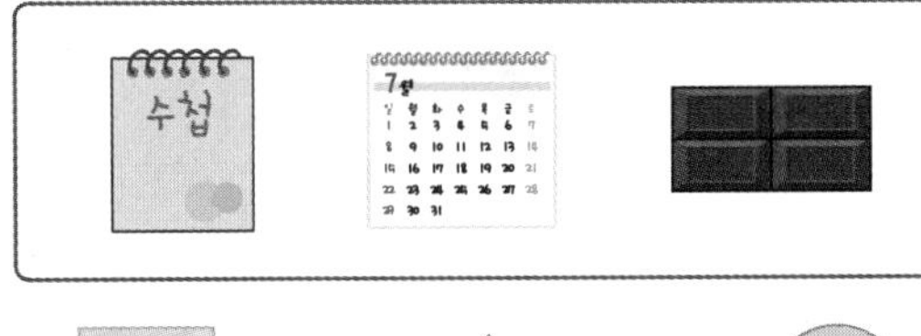

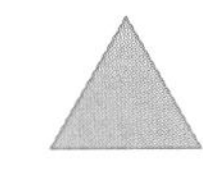

( ) ( ) ( )

9 같은 모양끼리 이어 보세요.

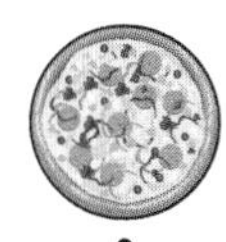

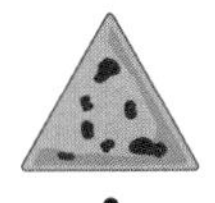

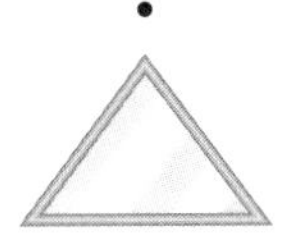

10 같은 모양끼리 모은 것에 ◯표 하세요.

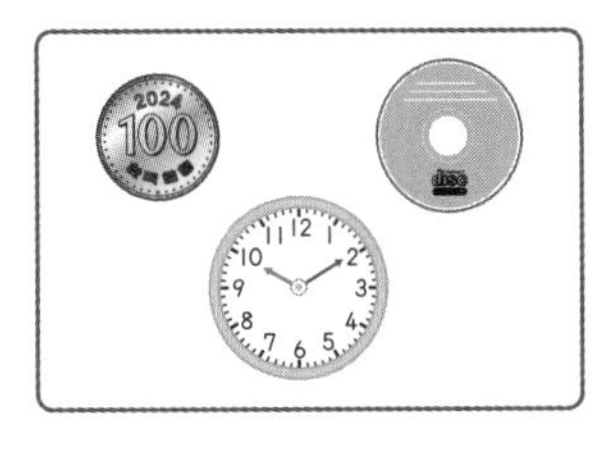
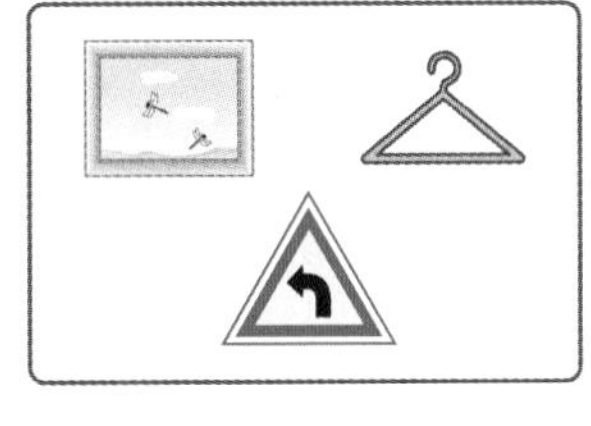

( ) ( )

11 윤지의 방에 있는 물건들입니다. □ 모양은 모두 몇 개인가요?

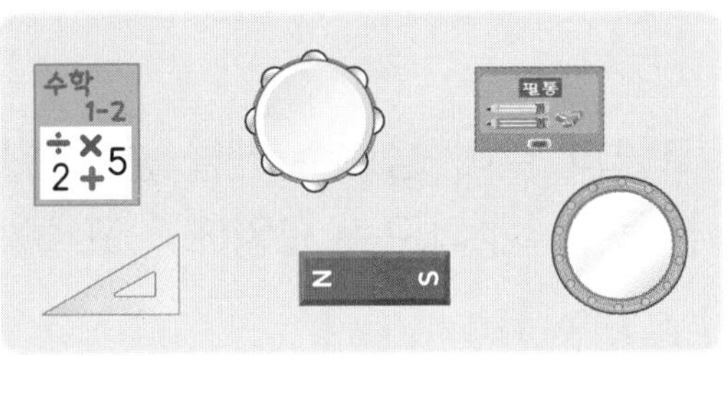

( )

Power ② 여러 가지 모양 알아보기

개념의 힘

1 여러 가지 방법으로 □, △, ○ 모양 나타내기

(1) 종이 위에 본뜨기

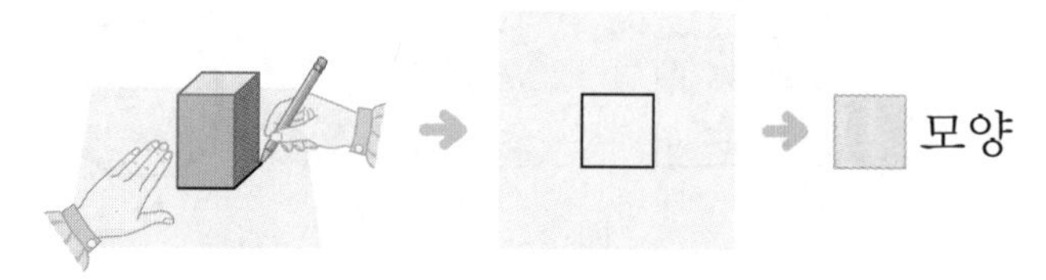

(2) 고무찰흙 위에 찍기

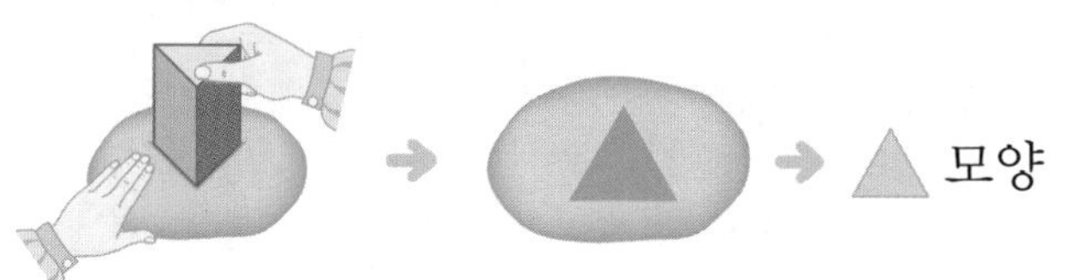

(3) 물감을 묻혀 찍기

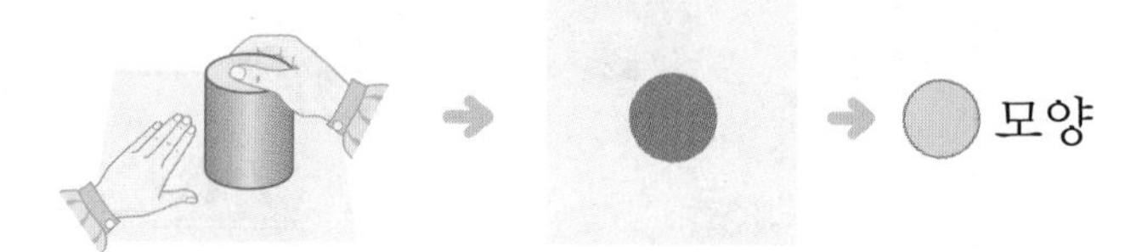

2 몸으로 □, △, ○ 모양 표현하기

3 □, △, ○ 모양의 특징

모양	특징
□	• 뾰족한 부분이 4군데입니다. • 곧은 선이 4개입니다.
△	• 뾰족한 부분이 3군데입니다. • 곧은 선이 3개입니다.
○	• 뾰족한 부분이 없습니다. • 곧은 선이 없고 둥근 부분만 있습니다.

1 오른쪽 그림과 같이 주사위를 고무찰흙 위에 찍었을 때 나오는 모양에 ○표 하세요.

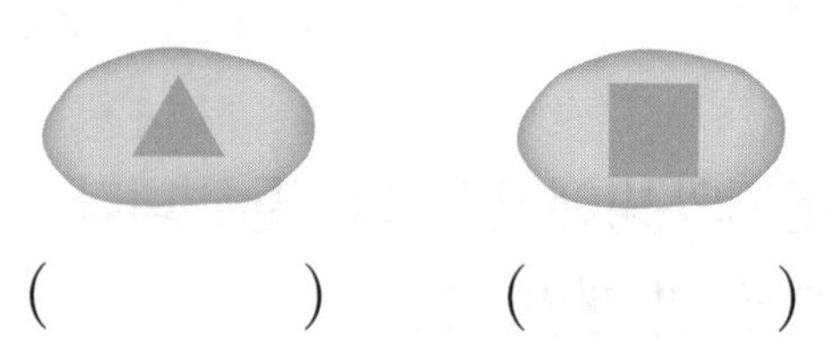

( ) ( )

2 그림과 같이 음료수 캔을 종이 위에 대고 본을 뜰 때 나오는 모양에 ○표 하세요.

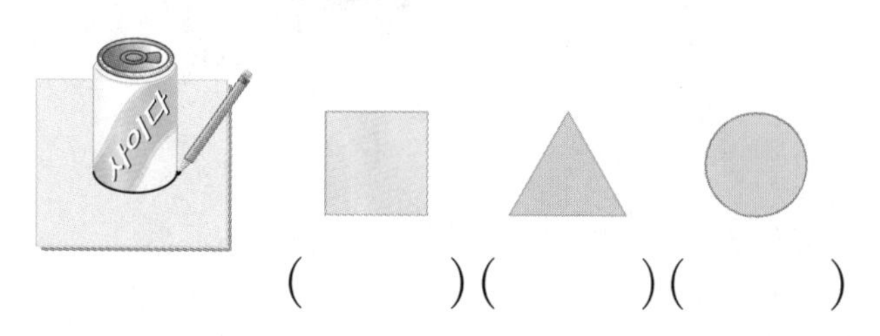

( )( )( )

[3~4] 설명에 맞는 모양에 ○표 하세요.

3

뾰족한 부분이 3군데입니다.

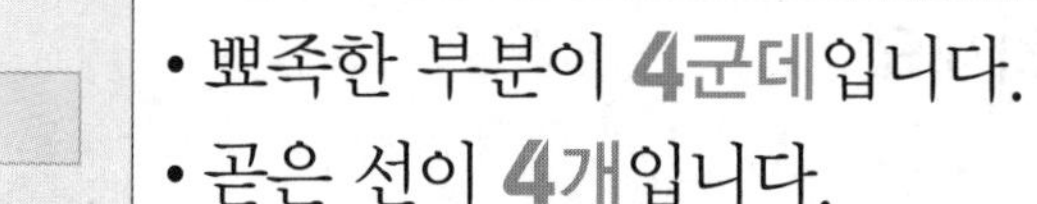

( ) ( ) ( )

4

둥근 부분만 있습니다.

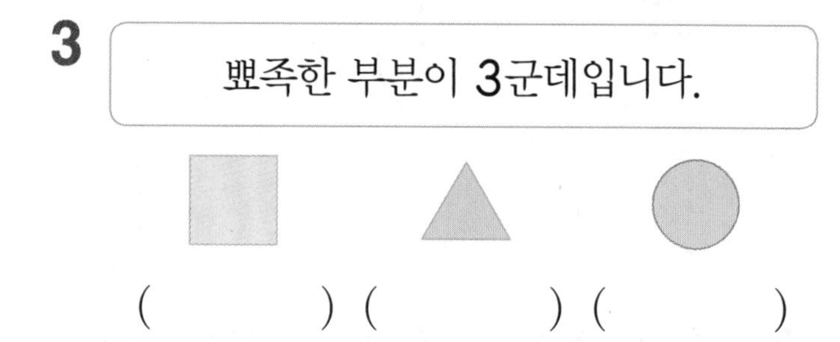

( ) ( ) ( )

5 그림과 같이 두부를 잘랐을 때 나오는 모양에 ○표 하세요.

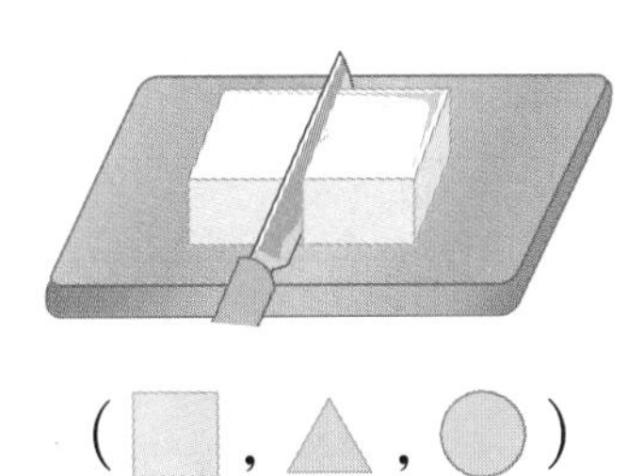

(□ , △ , ○)

6 손을 이용하여 □ 모양을 만든 사람은 누구인가요?

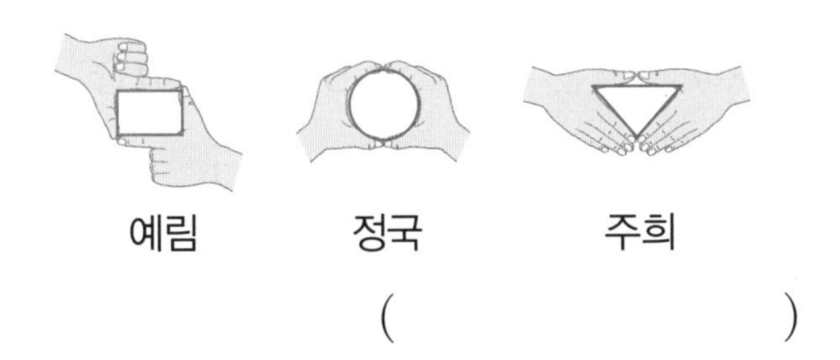

( )

7 본뜬 모양을 찾아 알맞게 이어 보세요.

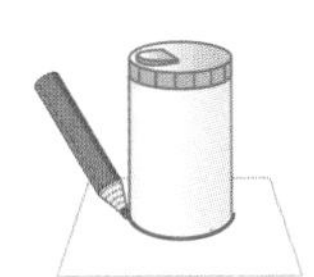
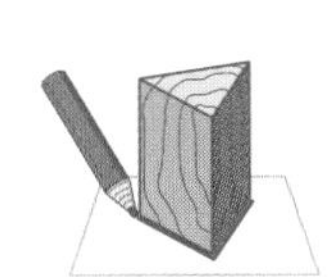

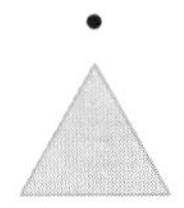

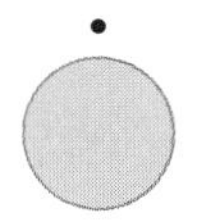

8 오른쪽은 어떤 모양의 일부분을 나타낸 것입니다. 어떤 모양인지 ○표 하세요.

9 점판 위의 빨간색 점을 순서대로 곧은 선으로 이으면 어떤 모양이 그려지는지 찾아 기호를 쓰세요.

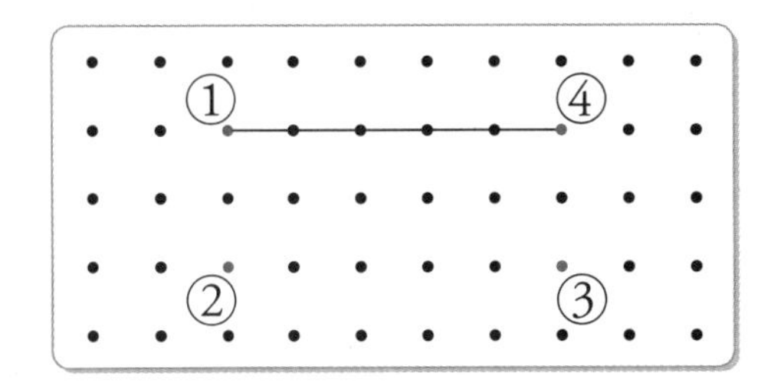

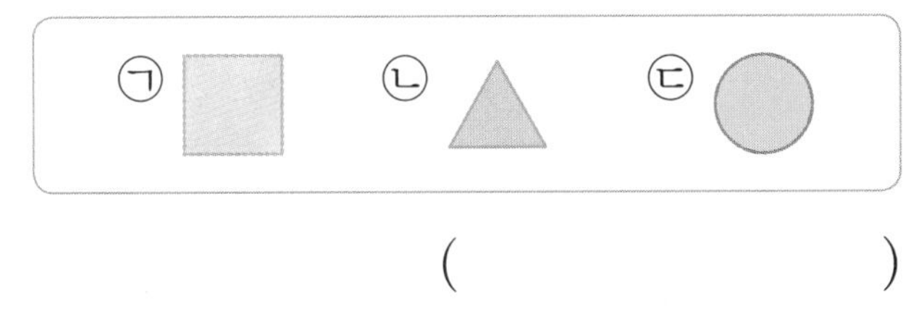

( )

10 은서가 설명하는 모양으로 알맞은 물건을 찾아 기호를 쓰세요.

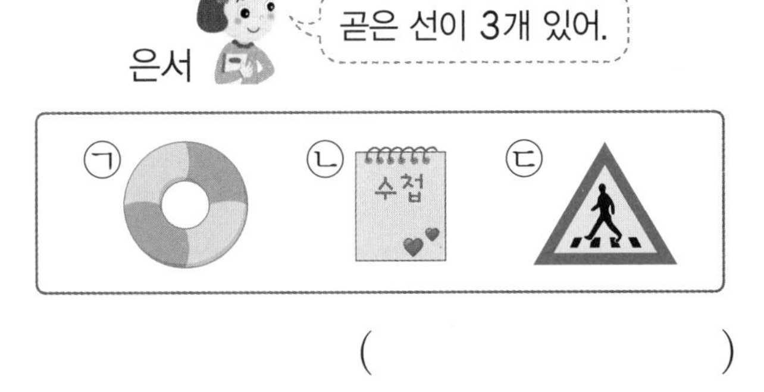

( )

11 뾰족한 부분이 없는 과자는 모두 몇 개인가요?

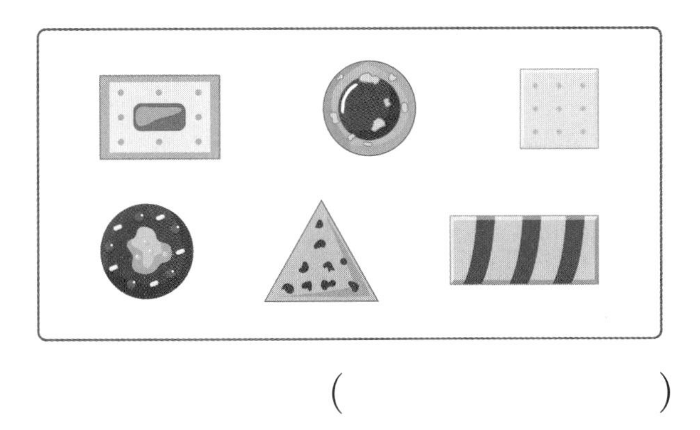

( )

③ 여러 가지 모양 만들기

개념의 힘

1 만든 모양에서 □, △, ○ 모양의 수 세어 보기

예

□ 모양	△ 모양	○ 모양
7개	4개	5개

빠뜨리거나 두 번 세지 않도록
같은 모양끼리 표시를 하면서 세어 봐.

2 모양을 꾸민 방법 설명하기

예

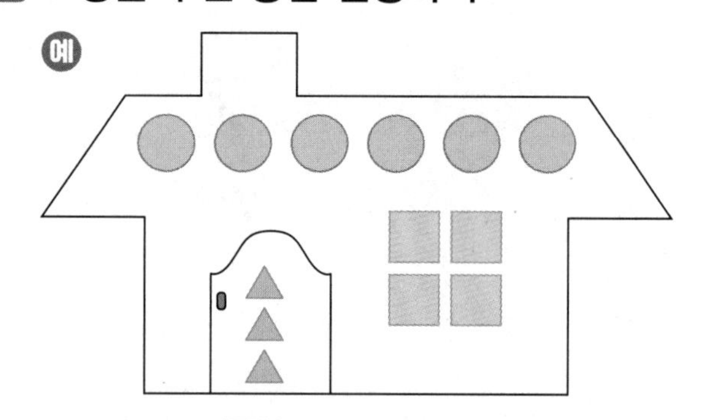

(1) 창문은 □ 모양 4개로 꾸몄습니다.

(2) 문은 △ 모양 3개로 꾸몄습니다.

(3) 지붕은 ○ 모양 6개로 꾸몄습니다.

○ 모양을 가장 많이 이용하고,
△ 모양을 가장 적게 이용했네.

[1~2] 모양을 만드는 데 이용한 모양에 ○표 하세요.

1

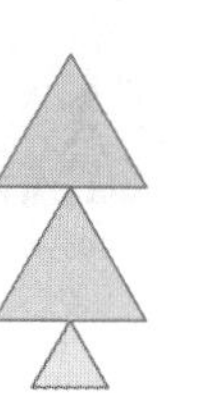
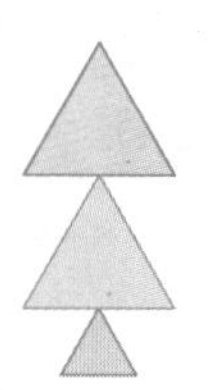

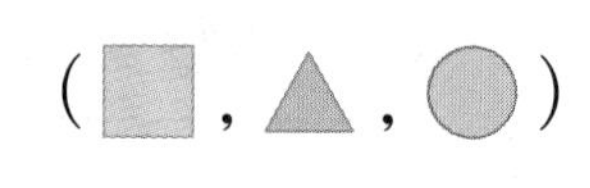

(□ , △ , ○)

2

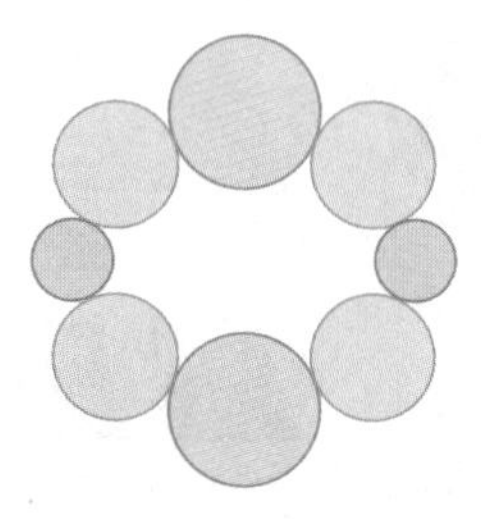

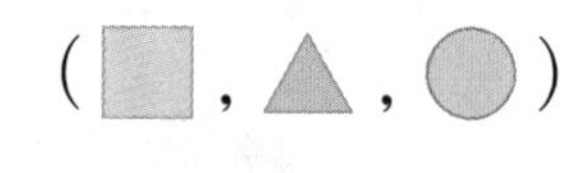

(□ , △ , ○)

[3~4] □, △, ○ 모양을 이용하여 눈사람을 꾸몄습니다. 물음에 답하세요.

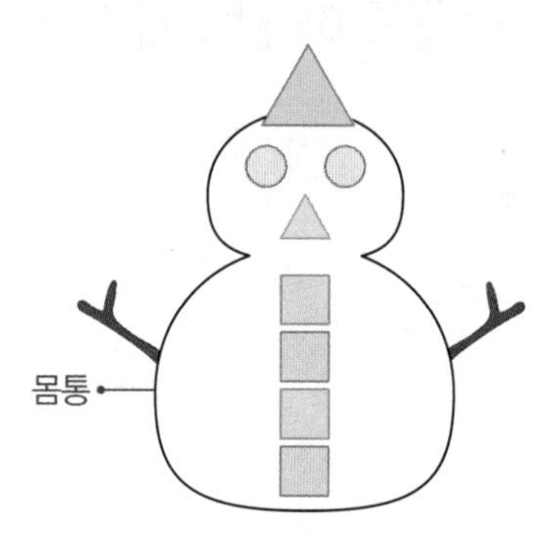

3 눈사람의 몸통 부분을 꾸미는 데 이용한 모양을 찾아 ○표 하세요.

(□ , △ , ○)

4 이용한 □ 모양은 모두 몇 개인가요?

(　　　　　　　　)

5 부채를 ■, ▲, ● 모양으로 꾸몄습니다. 이용한 모양은 각각 몇 개인지 쓰세요.

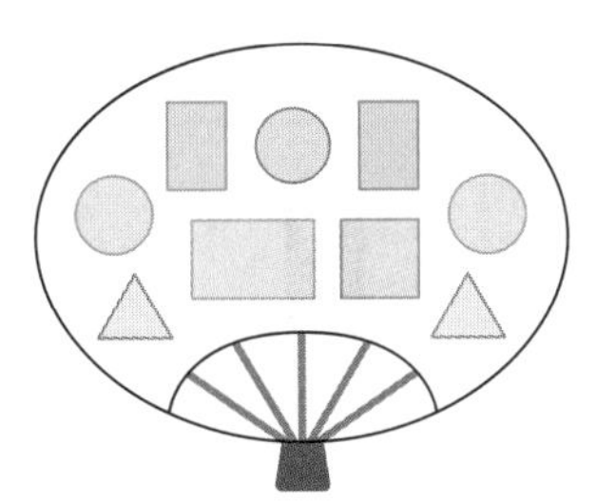

■ 모양	▲ 모양	● 모양
□개	□개	□개

[6~7] 스케치북에 ■, ▲, ● 모양을 붙여 만든 낙타입니다. 알맞은 모양에 ○표 하고, □ 안에 알맞은 수를 써넣으세요.

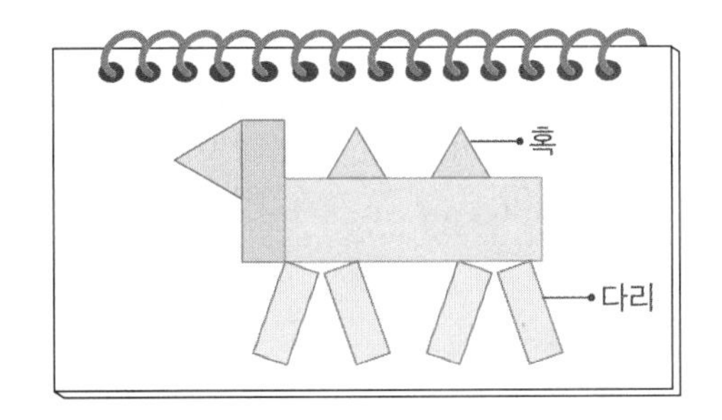

6 낙타의 다리는 (■ , ▲ , ●) 모양 □개로 꾸몄습니다.

7 낙타의 혹은 (■ , ▲ , ●) 모양 □ 개로 꾸몄습니다.

8 티셔츠를 꾸미는 데 이용하지 않은 모양에 ×표 하세요.

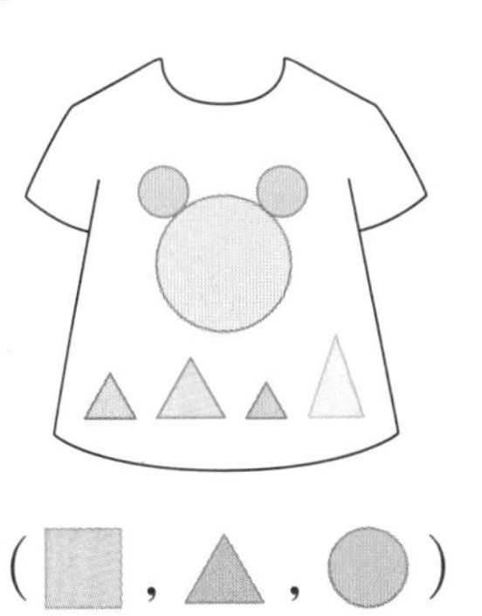

(■ , ▲ , ●)

9 액자를 꾸민 모양에서 ● 모양에 모두 색칠해 보세요.

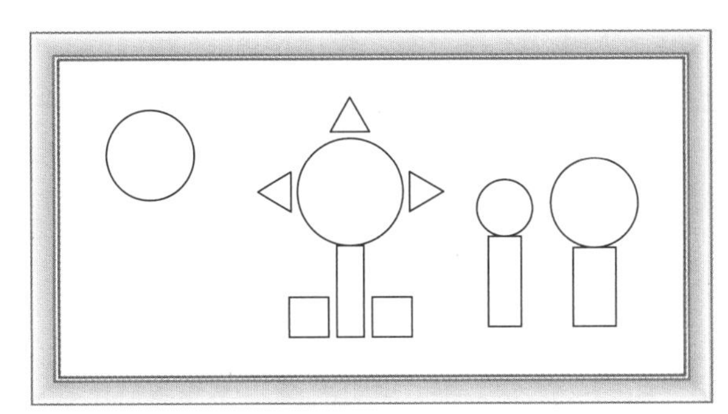

10 로켓을 ■, ▲, ● 모양으로 꾸몄습니다. 바르게 설명한 사람의 이름을 쓰세요.

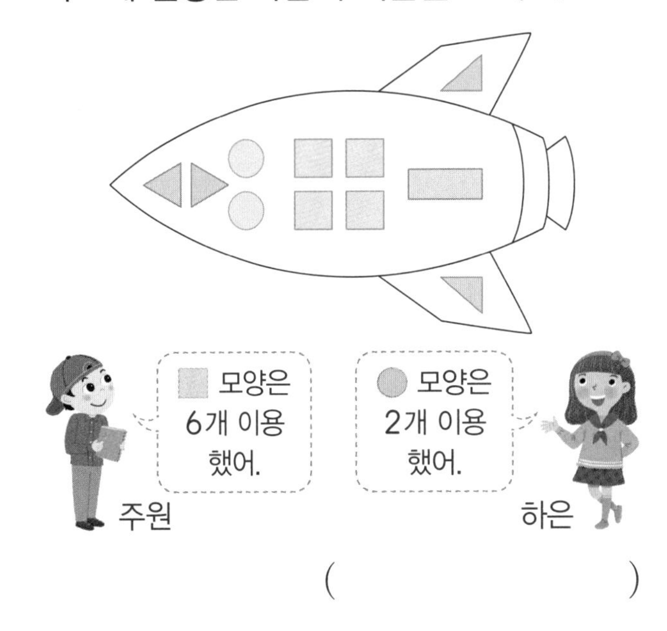

(　　　　　　)

3 단원 모양과 시각

1 STEP 기본의 힘

[1~2] 그림을 보고 물음에 답하세요.

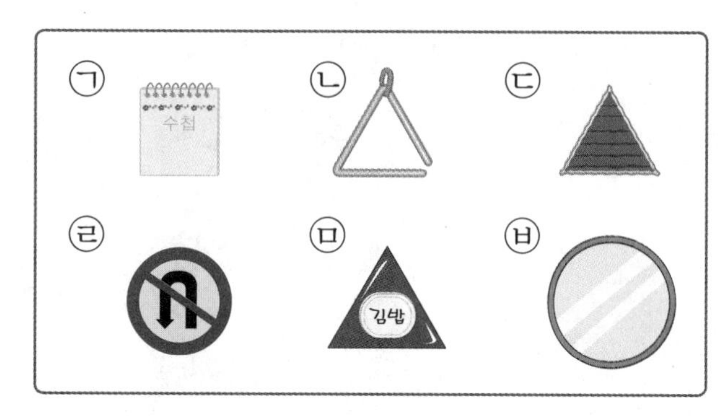

1 ○ 모양의 물건을 모두 찾아 기호를 쓰세요.

( )

2 △ 모양의 물건은 모두 몇 개인가요?

( )

3 책상 위에 있는 물건 중에서 ○ 모양을 찾아 그 모양을 따라 그려 보세요.

4 모양을 만드는 데 이용한 △ 모양은 몇 개인가요?

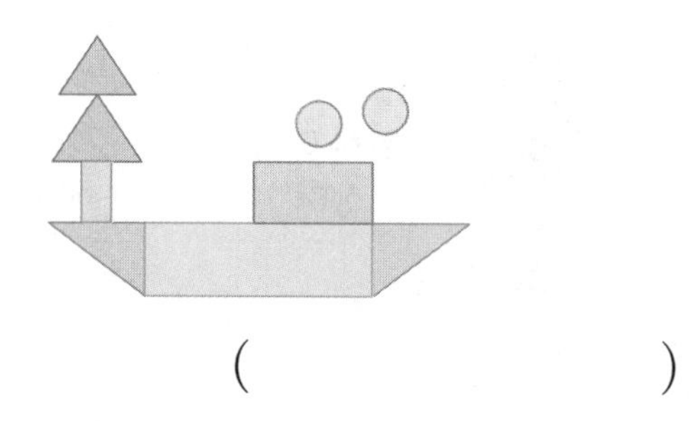

( )

5 같은 모양끼리 모은 것입니다. 잘못 모은 것에 ×표 하세요.

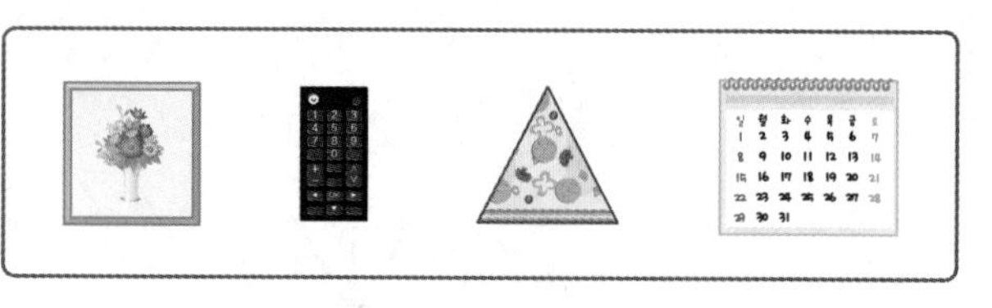

6 오른쪽은 어떤 모양의 일부분을 나타낸 것인지 ○표 하세요.

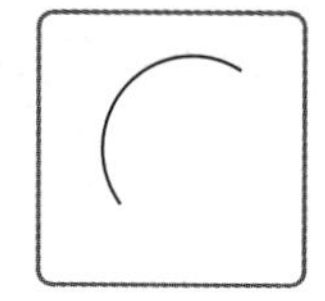

(□ , △ , ○)

7 바르게 말한 동물의 이름을 쓰세요.

( )

추론

8 오른쪽 나무 블록에 물감을 묻혀 찍을 때 나올 수 있는 모양에 모두 ○표 하세요.

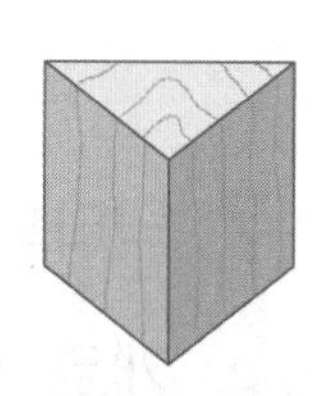

(□ , △ , ○)

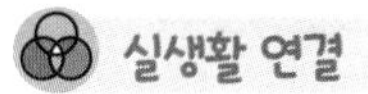

9 어떤 모양을 만든 것인지 이어 보세요.

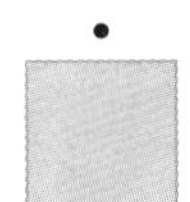
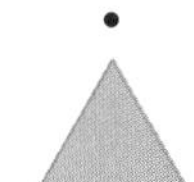

10 화분을 □, △, ○ 모양을 이용하여 꾸민 것입니다. 이용한 모양은 각각 몇 개인지 쓰세요.

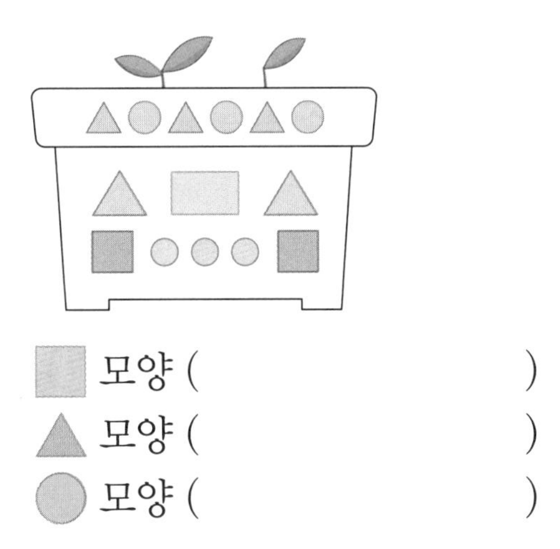

□ 모양 (　　　　　)
△ 모양 (　　　　　)
○ 모양 (　　　　　)

11 선우가 먹은 샌드위치와 모양이 같은 것은 모두 몇 개인가요?

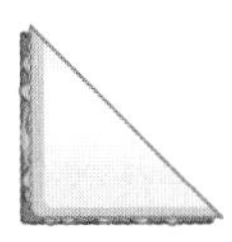

(　　　　　)

12 □, △, ○ 모양을 모두 이용하여 우산을 꾸며 보세요.

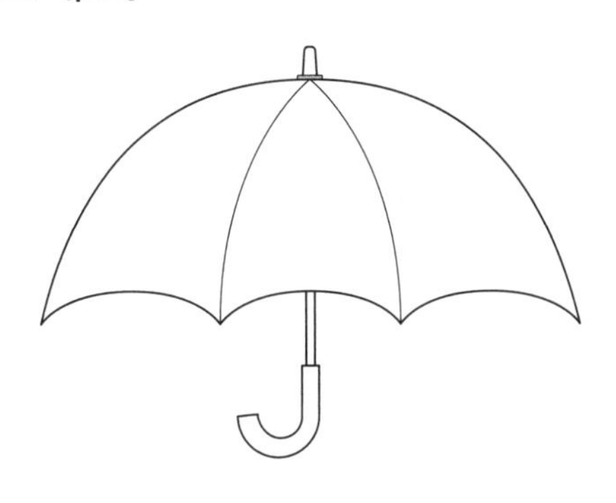

13 지호의 방에 있는 물건을 보고 바르게 이야기한 사람의 이름을 쓰세요.

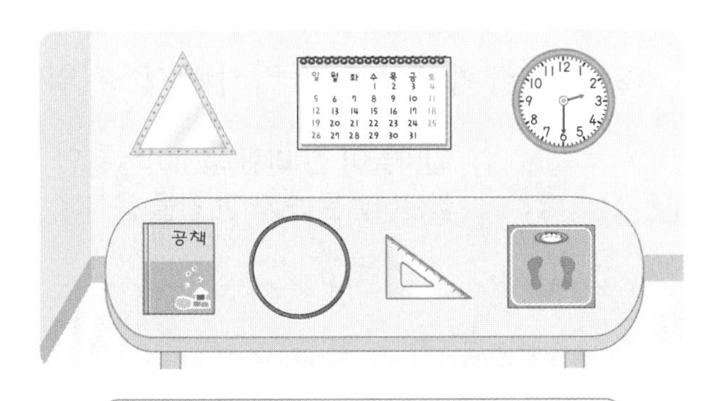

- 지윤: □ 모양이 없어.
- 예서: ○ 모양이 2개 있어.
- 민준: △ 모양이 3개 있어.

(　　　　　)

14 □, △, ○ 모양으로 꾸민 모양입니다. 가장 많이 이용한 모양에 ○표 하세요.

(□ , △ , ○)

3 단원 모양과 시각

개념의 힘 Power

④ 몇 시

개념의 힘

1 몇 시 알아보기

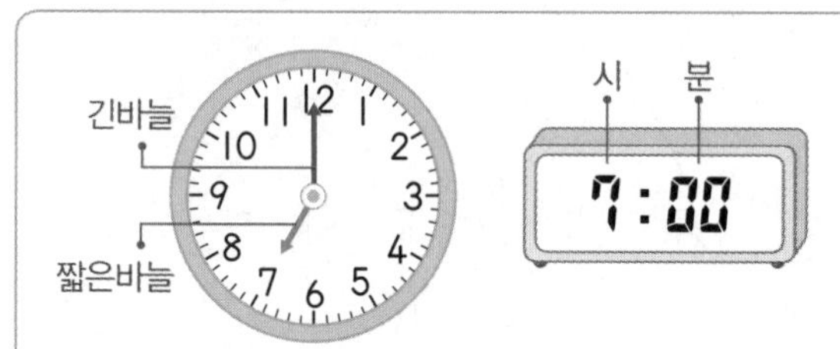

짧은바늘이 7, 긴바늘이 12를 가리킬 때 시계는 **7시**를 나타내고 **일곱 시**라고 읽습니다.

(1) 7시, 9시 등을 **시각**이라고 합니다.
(2) 긴바늘이 **12**를 가리키면 **몇 시**입니다.

긴바늘이 한 바퀴 움직이는 동안 짧은바늘은 숫자 한 칸을 움직여.

2 시계에 몇 시 나타내기

예 시계에 6시 나타내기
(1) 짧은바늘이 **6**을 가리키도록 그립니다.
(2) 긴바늘이 **12**를 가리키도록 그립니다.

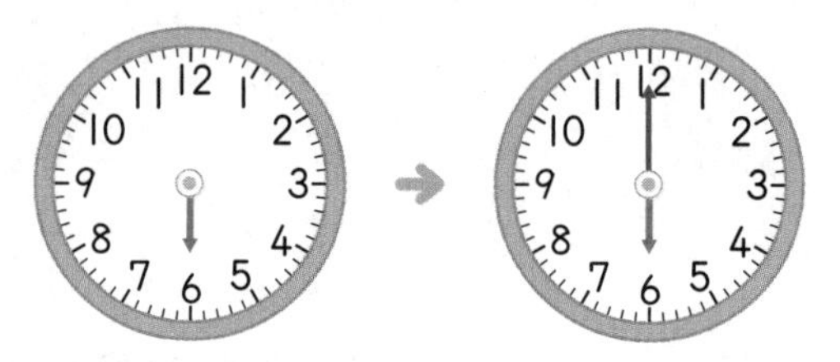

시계의 짧은바늘과 긴바늘의 길이가 구분되도록 그려야 해.

참고 같은 6시라도 하루 중 아침과 저녁으로 표현할 수 있습니다.

1 오른쪽 시계를 보고 □ 안에 알맞은 수를 써넣으세요.

짧은바늘이 3, 긴바늘이 □을/를 가리키므로 시계가 나타내는 시각은 □시입니다.

2 시각을 쓰세요.

□시

3 11시를 나타내는 시계에 ○표 하세요.

( ) ( )

4 시각에 맞게 짧은바늘을 그려 넣으세요.

9시 →

5 7시에 시곗바늘이 가리키는 수를 각각 쓰세요.

짧은바늘 (　　　　　　)
긴바늘 (　　　　　　)

6 5시를 시계에 나타내 보세요.

7 시윤이가 친구와 만나기로 한 시각을 시계에 나타내 보세요.

8 오른쪽 시각을 시계에 바르게 나타낸 사람은 누구인가요?

4:00

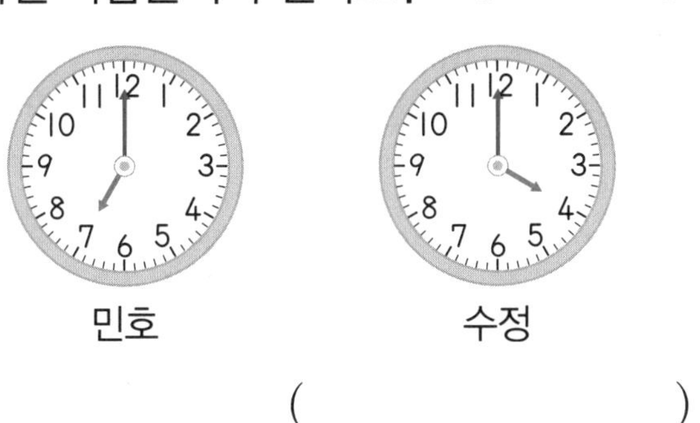

(　　　　　　)

9 같은 시각끼리 이어 보세요.

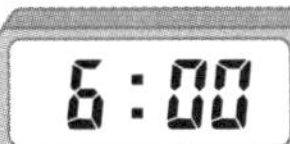

10 그림을 보고 □ 안에 알맞은 수를 써넣으세요.

□시에 저녁 식사를 하고, □시에 숙제를 했습니다.

11 이야기에 나오는 시각을 시계에 나타내 보세요.

2시에 산 정상에 올라갔습니다.

⑤ 몇 시 30분

개념의 힘

1 몇 시 30분 알아보기

2:30

짧은바늘이 2와 3의 가운데, 긴바늘이 6을 가리킬 때 시계는 **2시 30분**을 나타내고 **두 시 삼십 분**이라고 읽습니다.

(1) 2시 30분, 6시 30분 등을 **시각**이라고 합니다.

(2) 긴바늘이 **6**을 가리키면 **몇 시 30분**입니다.

(3) 짧은바늘이 두 수의 가운데를 가리키면 **앞의 숫자**를 보고 몇 시 30분이라고 읽습니다.

2 시계에 몇 시 30분 나타내기

예 시계에 8시 30분 나타내기

(1) 짧은바늘이 **8**과 **9**의 **가운데**를 가리키도록 그립니다.

(2) 긴바늘이 **6**을 가리키도록 그립니다.

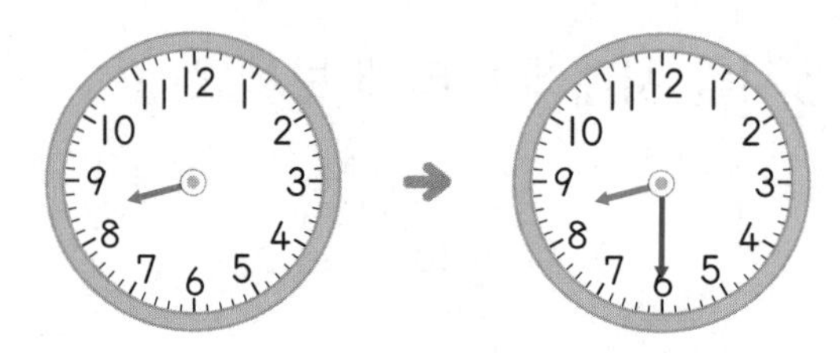

2시 30분, 8시 30분은 모두 긴바늘이 6을 가리켜.

시계의 짧은바늘은 '몇 시'를, 긴바늘은 '몇 분'을 나타내.

주의 짧은바늘과 긴바늘이 가리키는 방향이 바뀌지 않도록 주의합니다.

1 오른쪽 시계를 보고 □ 안에 알맞은 수를 써넣으세요.

짧은바늘이 4와 5의 가운데, 긴바늘이 □을/를 가리키므로 □시 30분입니다.

2 시각을 쓰세요.

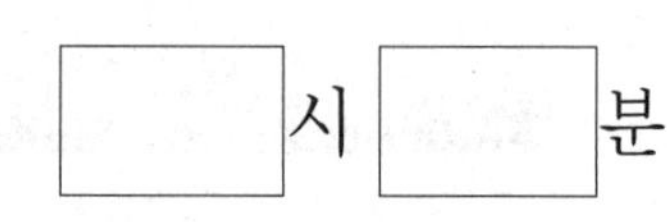

□시 □분

3 시각에 맞게 짧은바늘을 그려 넣으세요.

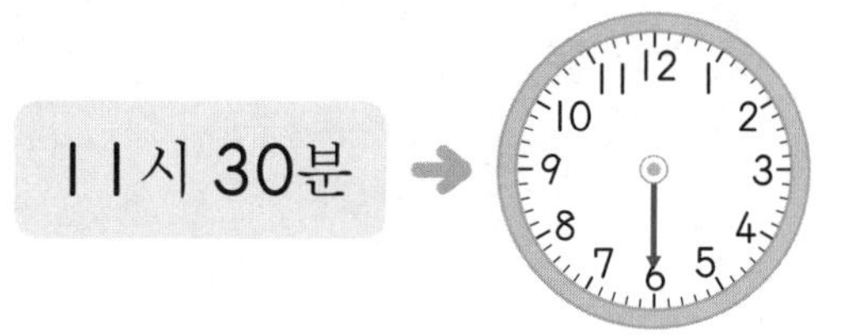

4 오른쪽 시계를 보고 몇 시 몇 분인지 찾아 색칠해 보세요.

7시 30분	6시 30분

5 1시 30분을 시계에 나타내 보세요.

6 지민이는 3시 30분에 인형극을 보러 갔습니다. 지민이가 인형극을 보러 간 시각을 찾아 이어 보세요.

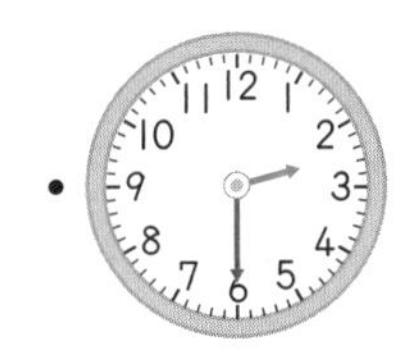

7 시곗바늘이 다음과 같이 가리킬 때의 시각을 쓰세요.

- 짧은바늘: 9와 10의 가운데
- 긴바늘: 6

( )

8 기차가 출발한 시각입니다. 기차는 몇 시 몇 분에 출발했나요?

( )

9 시곗바늘이 잘못 그려진 것을 찾아 ×표 하세요.

( ) ( )

10 재윤이가 영어 공부를 시작한 시각과 끝낸 시각을 나타낸 것입니다. 시각을 각각 쓰세요.

시작한 시각

끝낸 시각

시작한 시각 ( )
끝낸 시각 ( )

11 상황에 맞도록 시각을 시계에 나타내 보세요.

2시 30분에 승마 연습을 했고,
5시 30분에 수영을 했습니다.

1 STEP 기본의 힘

1 시각을 쓰세요.

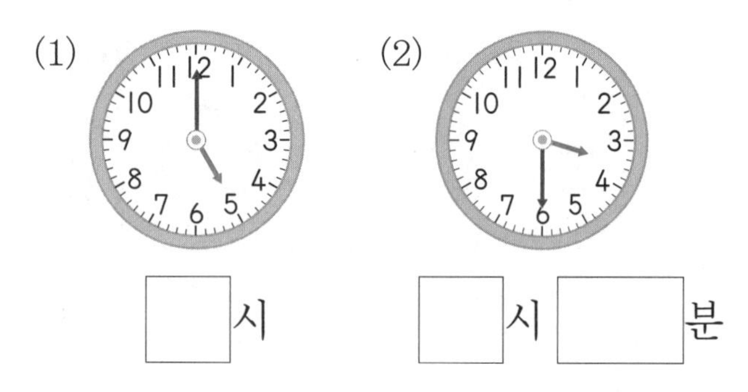

(1) □시

(2) □시 □분

2 시각에 맞게 긴바늘을 그려 넣으세요.

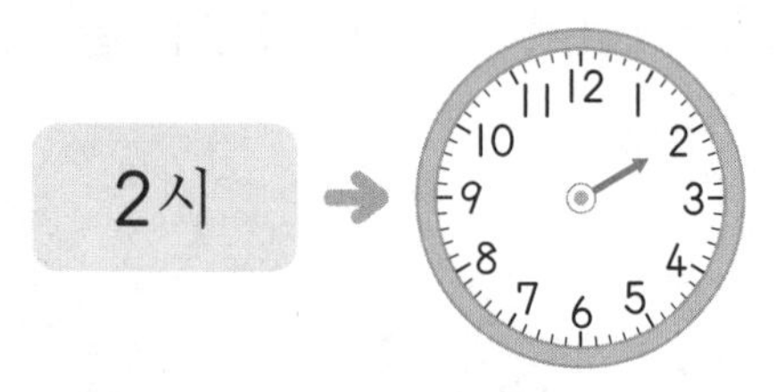

3 설명이 맞으면 ○표, 틀리면 ×표 하세요.

8시 30분을 시계에 나타낼 때 짧은바늘이 6을 가리키게 그려야 합니다.

( )

4 그림을 보고 □ 안에 알맞은 수를 써넣으세요.

□시 □분에 꽃을 심었습니다.

5 시각을 시계에 나타내 보세요.

6 세 사람이 줄넘기를 한 시각입니다. 2시 30분에 줄넘기를 한 사람은 누구인가요?

( )

7 시계의 긴바늘이 12를 가리키는 시각을 모두 찾아 기호를 쓰세요.

㉠ 6시 ㉡ 9시 30분
㉢ 11시 30분 ㉣ 10시

( )

8 지윤이는 2시 30분에 그림 그리기를 했습니다. 지윤이가 그림 그리기를 한 시각을 오른쪽 시계에 나타내 보세요.

9 시곗바늘이 다음과 같이 가리킬 때의 시각을 □ 안에 써넣고, 시곗바늘을 그려 넣으세요.

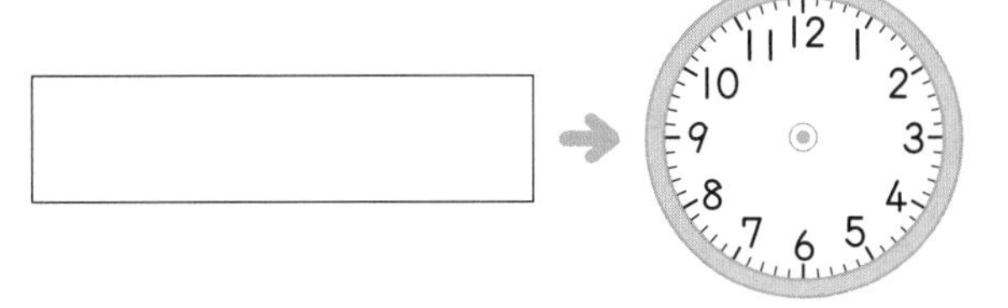

10 시각이 다른 하나를 찾아 ×표 하세요.

I시

(　　　) (　　　) (　　　)

11 오른쪽 시각에서 시계의 긴바늘이 한 바퀴 돌면 짧은 바늘은 어떤 숫자를 가리키나요?

(　　　　　)

12 계획표를 보고 알맞게 이어 보세요.

	시각
청소하기	9시
공원에서 꽃 사진 찍기	11시 30분
친구와 햄버거 가게 가기	1시 30분

 • 　　　• 

 • 　　　• 

 • 　　　• 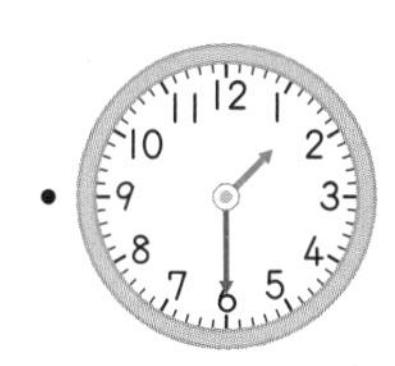

실생활 연결

13 영화 상영 시작 시각과 끝난 시각을 시계에 각각 나타내 보세요.

시작 시각	5 : 30
끝난 시각	8 : 00

시작 시각

끝난 시각

2 STEP 응용의 힘

응용 1 설명하는 모양 찾기

신의 한수

	뾰족한 부분	곧은 선	둥근 부분
■	4군데	4개	없음.
▲	3군데	3개	없음.
●	없음.	없음.	있음.

1 설명하는 모양을 찾아 ○표 하세요.

뾰족한 부분이 없고 둥근 부분이 있습니다.

(■ , ▲ , ●)

2 유준이가 설명하는 모양을 찾아 ○표 하세요.

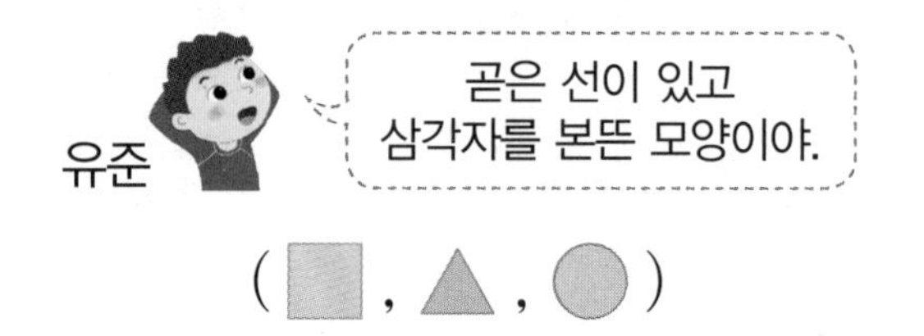

(■ , ▲ , ●)

3 은서가 설명하는 모양으로 알맞은 물건을 찾아 기호를 쓰세요.

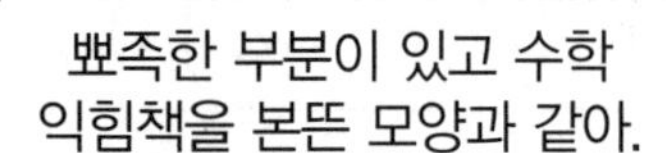

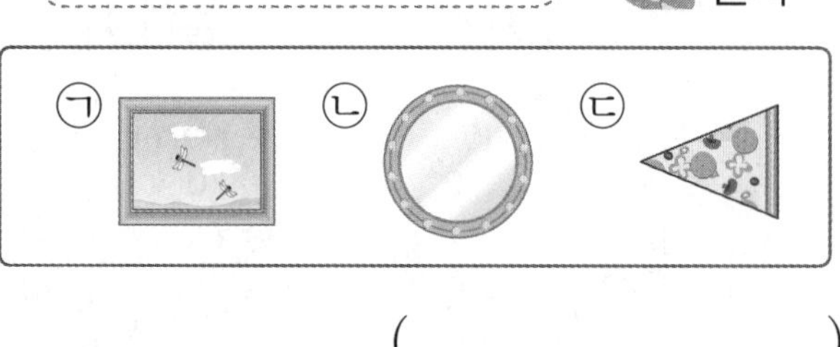

( )

응용 2 주어진 시각에 한 일 구하기

신의 한수

긴바늘이 **12**를 가리키면 몇 시, 긴바늘이 **6**을 가리키면 몇 시 **30**분입니다.

4 재호와 진희가 수학 학원에 도착한 시각을 나타낸 것입니다. 5시에 수학 학원에 도착한 사람은 누구인가요?

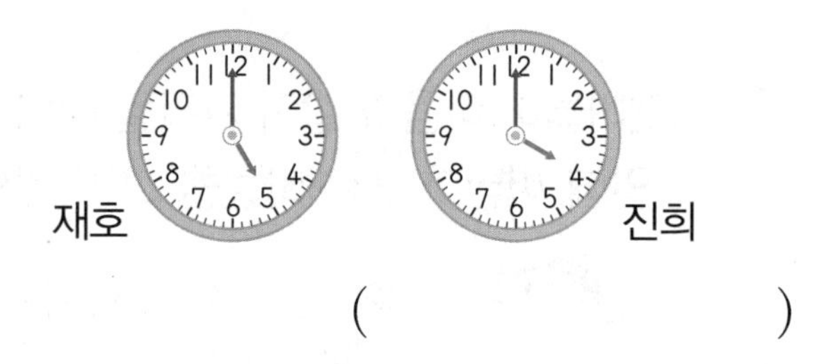

( )

5 세 사람이 오늘 아침 식사를 한 시각을 나타낸 것입니다. 9시 30분에 아침 식사를 한 사람은 누구인가요?

( )

6 승재가 오늘 한 일과 시각을 나타낸 것입니다. 시각을 시계에 나타낼 때 긴바늘이 6을 가리키는 시각에 한 일을 모두 찾아 쓰세요.

1:00	식사	2:30	게임
5:30	책 읽기	8:00	청소

( )

응용 3 모양의 수 구하기

같은 모양을 찾을 때에는 색깔이나 크기와 관계없이 모양이 같은 것만 생각합니다.

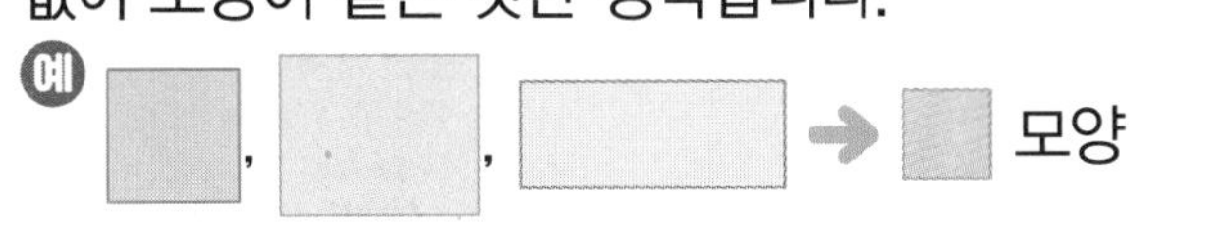

7 ■ 모양의 단추는 모두 몇 개인가요?

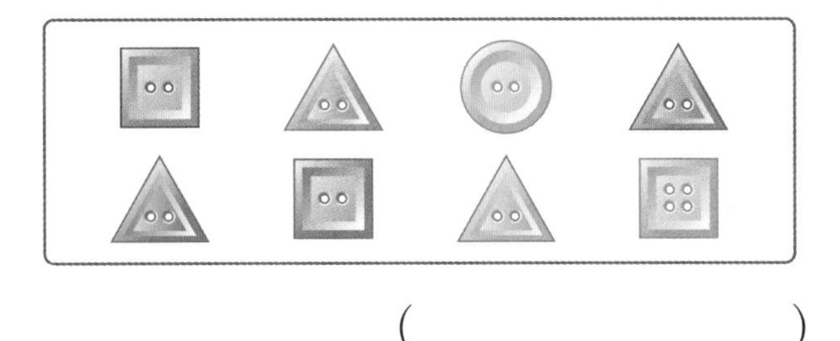

( )

8 ▲ 모양의 과자는 모두 몇 개인가요?

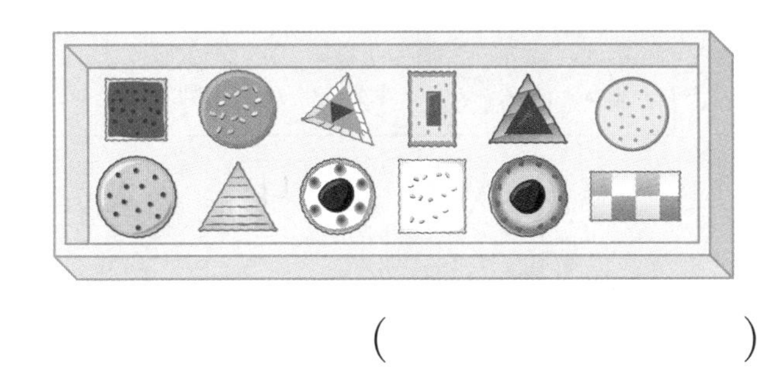

( )

9 ■, ▲, ● 모양으로 각각 같은 모양끼리 물건을 모았을 때, 개수가 적은 것부터 차례로 1, 2, 3을 쓰세요.

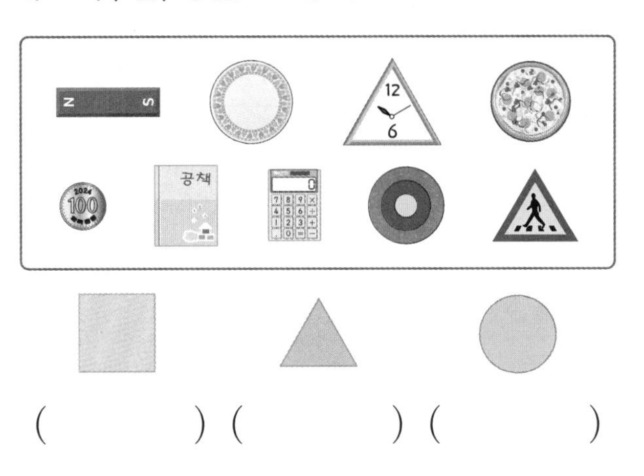

( ) ( ) ( )

응용 4 부분을 보고 모양 찾기

모양의 일부분에서 뾰족한 부분, 곧은 선, 둥근 부분이 있는지 확인하고 ■, ▲, ● 모양 중에서 알맞은 모양을 찾습니다.

10 본뜬 모양의 일부분이 오른쪽 모양이 될 수 있는 물건을 모두 찾아 기호를 쓰세요.

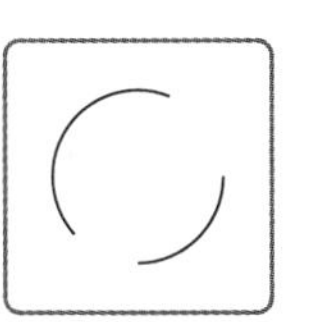

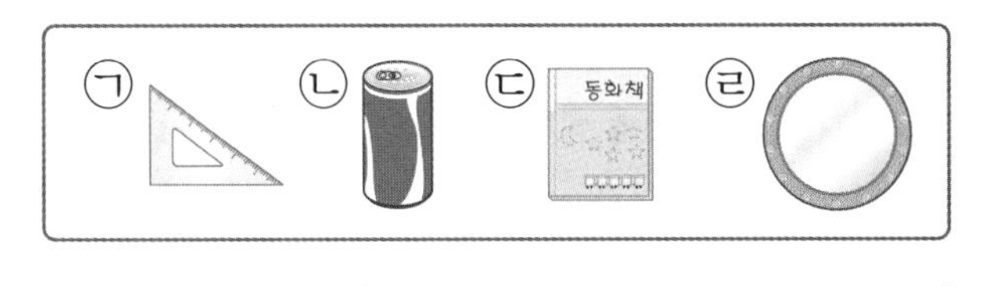

( )

11 본뜬 모양의 일부분이 오른쪽 모양이 될 수 있는 물건을 모두 찾아 기호를 쓰세요.

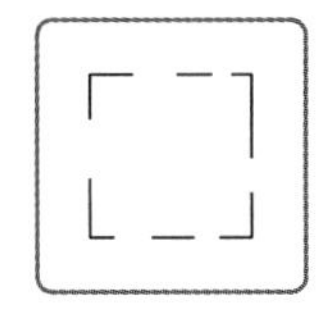

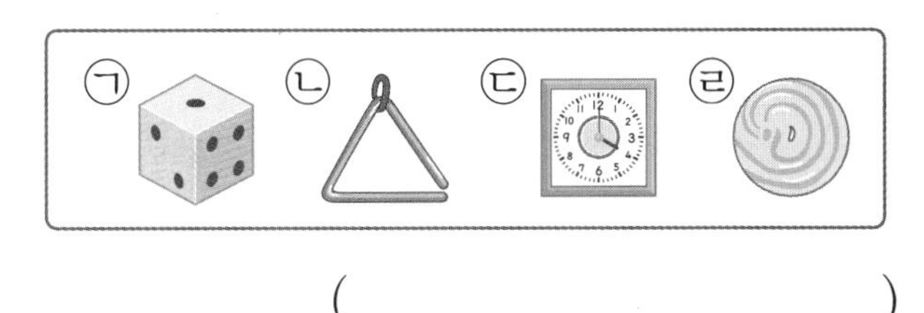

( )

12 수첩을 꾸미는 데 본뜬 모양의 일부분이 오른쪽과 같은 모양을 몇 개 이용했는지 구하세요.

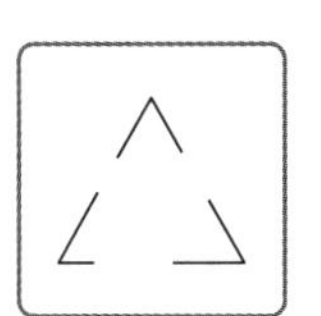

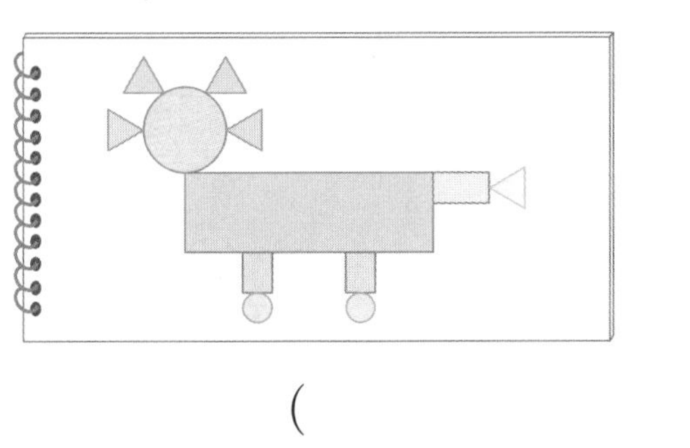

( )

3 단원 모양과 시각

2 STEP 응용의 힘

응용 5 시각의 순서 알아보기

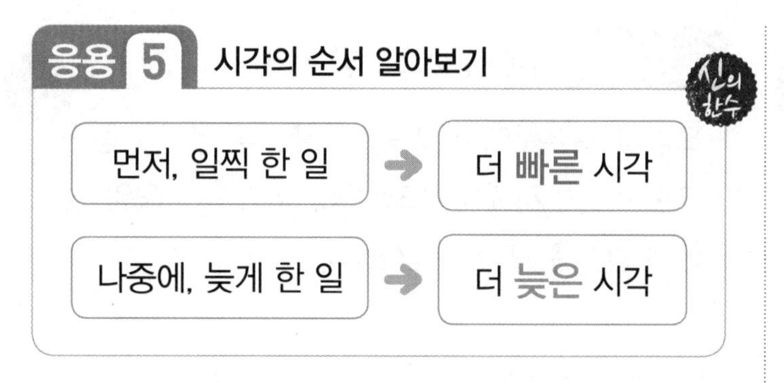

13 윤진이와 재현이가 오늘 아침에 학교에 도착한 시각을 나타낸 것입니다. 학교에 더 늦게 도착한 사람은 누구인가요?

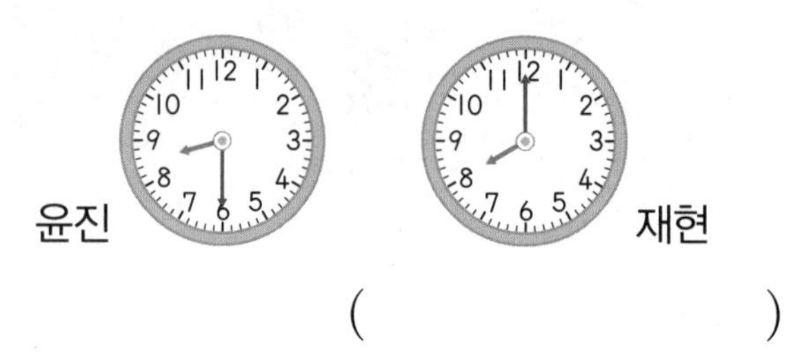

(　　　　　　　)

14 주호네 가족이 오늘 아침에 일어난 시각을 나타낸 것입니다. 가장 일찍 일어난 사람은 누구인가요?

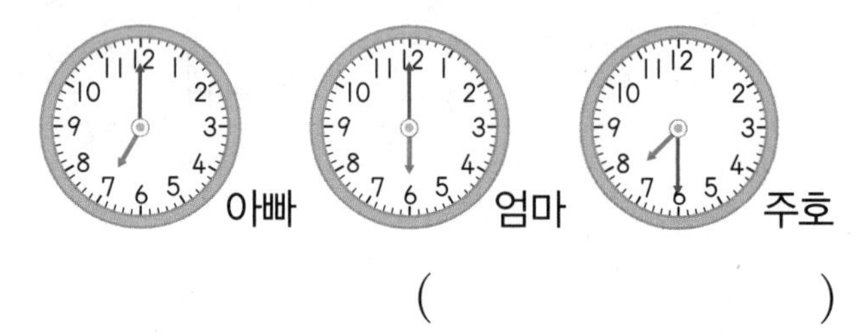

(　　　　　　　)

15 승재가 오늘 낮에 한 일과 시각을 나타낸 것입니다. 먼저 한 일부터 차례대로 쓰세요.

(　　　　　　　)

응용 6 주어진 모양으로 모양 만들기

신의 한수

주어진 모양 조각과 만든 모양의 개수가 같은 것을 찾습니다.

16 ■ 모양 2개, ▲ 모양 4개, ● 3개로 만든 것을 찾아 기호를 쓰세요.

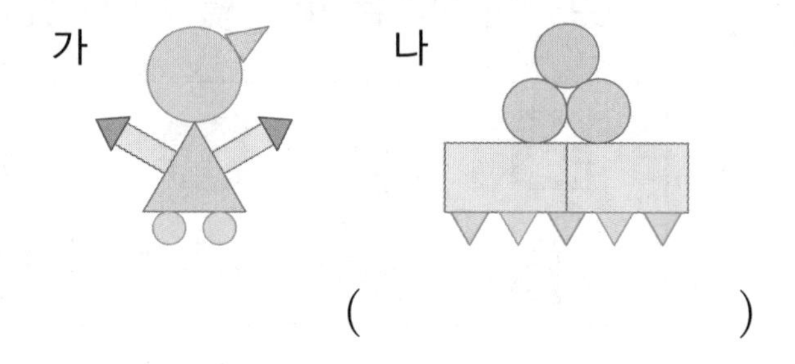

(　　　　　　　)

17 주어진 모양 조각을 모두 이용하여 만든 것을 찾아 기호를 쓰세요.

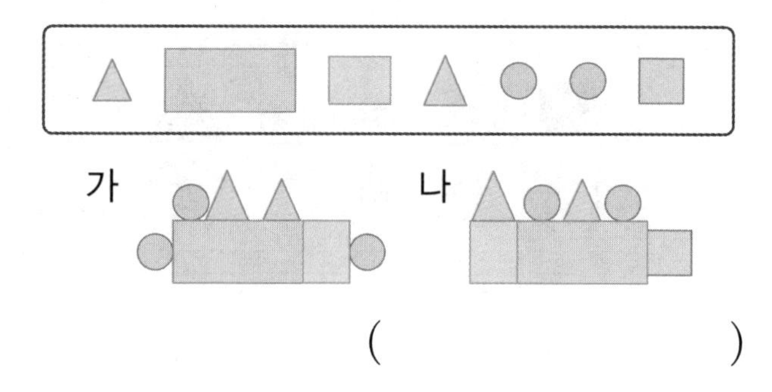

(　　　　　　　)

18 주어진 모양 조각을 모두 이용하여 만든 사람은 누구인가요?

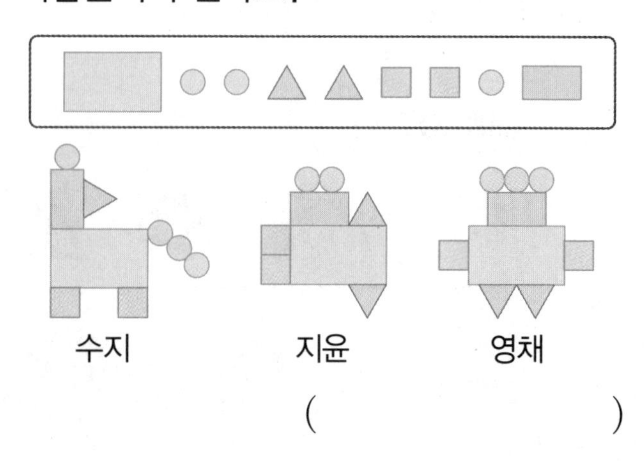

(　　　　　　　)

응용 7 설명하는 시각 구하기

짧은바늘과 긴바늘이 가리키는 숫자를 찾아 시각을 구합니다.

예 2시와 4시 사이의 시각
➔ 2시보다 늦고 4시보다 빠른 시각

19 설명하는 시각을 구하세요.

- 9시와 10시 사이의 시각입니다.
- 시계의 긴바늘은 6을 가리킵니다.

( )

20 설명하는 시각을 구하세요.

- 1시와 3시 사이의 시각입니다.
- 시계의 긴바늘은 12를 가리킵니다.

( )

21 설명하는 시각을 구하세요.

- 5시와 8시 사이의 시각입니다.
- 시계의 긴바늘은 6을 가리킵니다.
- 6시보다 빠른 시각입니다.

( )

응용 8 이용한 모양의 수 비교하기

■, ▲, ● 모양에 각각 V표나 ○표 등을 하면서 개수를 세어 봅니다.

예 ■ 모양: 1개 → 가장 적은 모양
▲ 모양: 2개
● 모양: 5개 → 가장 많은 모양

22 옷을 꾸미는 데 이용한 ■, ▲, ● 모양 중에서 가장 많은 모양은 가장 적은 모양보다 몇 개 더 많은가요?

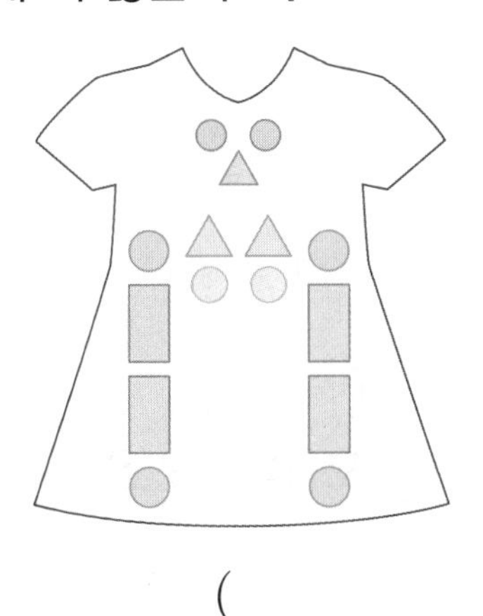

( )

23 복주머니를 꾸미는 데 이용한 ■, ▲, ● 모양 중에서 가장 많은 모양은 둘째로 많은 모양보다 몇 개 더 많은가요?

( )

3 단원 모양과 시각

3 STEP 서술형의 힘

연습 문제 풀기

연습 1 유하는 짧은바늘이 10과 11의 가운데, 긴바늘이 6을 가리킬 때 청소를 했습니다. 유하가 청소를 한 시각을 쓰세요.

( )

연습 2 ■, ▲, ● 모양으로 만든 기차 모양을 보고 바르게 설명한 사람은 누구인지 쓰세요.

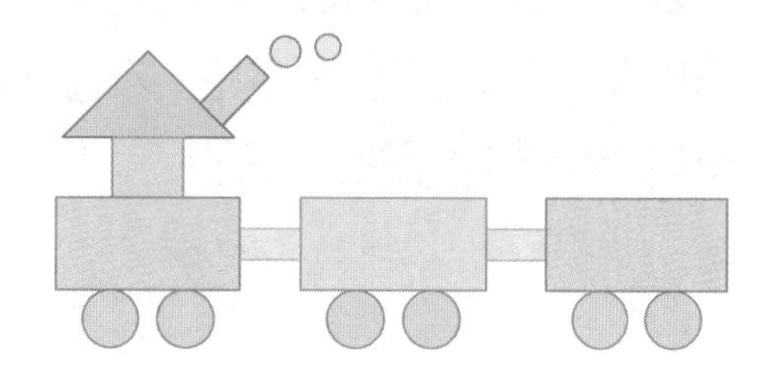

- 혜지: 기차를 ■ 모양과 ▲ 모양으로만 만들었습니다.
- 지훈: 기차의 바퀴는 ● 모양으로 만들었습니다.

( )

연습 3 ● 모양의 물건은 ■ 모양의 물건보다 몇 개 더 많은가요?

( )

연습 4 그림을 보고 시각을 넣어 이야기를 만들어 보세요.

이야기 지아는

대표 유형 1 거울에 비친 시계의 시각 알아보기

예진이가 피아노 치기를 끝내고 거울에 비친 시계를 보았더니 오른쪽과 같았습니다. 예진이가 피아노 치기를 끝낸 시각을 쓰세요.

해결 방법

1 시계의 짧은바늘이 [ ], 긴바늘이 [ ]을/를 가리킵니다.

2 피아노 치기를 끝낸 시각: ______________

답 ______________

유형 코칭

원래 시계

거울에 비친 시계

➔ 거울에 비친 시계는 왼쪽과 오른쪽이 바뀌어 보이지만 시계의 짧은바늘과 긴바늘이 가리키는 숫자는 바뀌지 않습니다.

위의 해결 방법을 따라 풀이를 쓰고 답을 구하세요.

1-1 서윤이가 욕실에서 거울에 비친 시계를 본 것입니다. 서윤이가 거울을 본 시각을 쓰세요.

풀이

답 ______________

1-2 오늘 낮에 민서와 지후가 각자 숙제를 끝내고 거울에 비친 시계를 보았더니 오른쪽과 같았습니다. 민서와 지후 중 숙제를 더 먼저 끝낸 사람의 이름을 쓰세요.

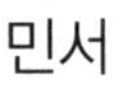
민서

지후

풀이

답 ______________

대표 유형 2 어떤 도형이 몇 개 더 많은지 구하기

오른쪽 종이를 선을 따라 모두 자르면 ■ 모양과 ▲ 모양 중에서 어떤 모양이 몇 개 더 많이 생기는지 구하세요.

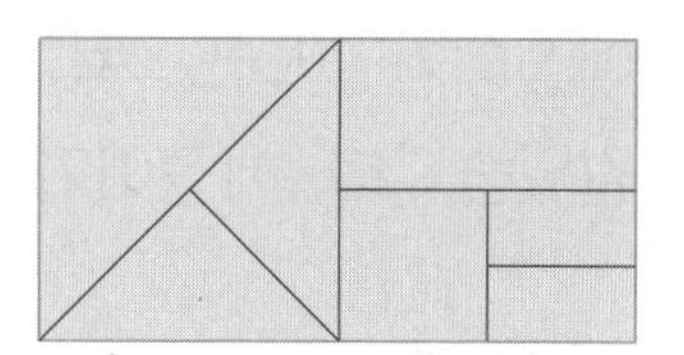

해결 방법

1 종이를 선을 따라 모두 자르면 ■ 모양이 □개, ▲ 모양이 □개 생깁니다.

2 (■ , ▲) 모양이 □ − □ = □(개) 더 많습니다.

알맞은 모양에 ○표 하기

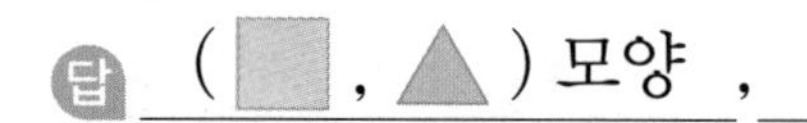

답 (■ , ▲) 모양 , ______

유형 코칭 자른 모양에서 ■ 모양과 ▲ 모양의 수를 각각 세어 봅니다.

예 → → ■ 모양 1개, ▲ 모양 2개

위의 해결 방법을 따라 풀이를 쓰고 답을 구하세요.

2-1 오른쪽 종이를 선을 따라 모두 자르면 ■ 모양과 ▲ 모양 중에서 어떤 모양이 몇 개 더 많이 생기는지 구하세요.

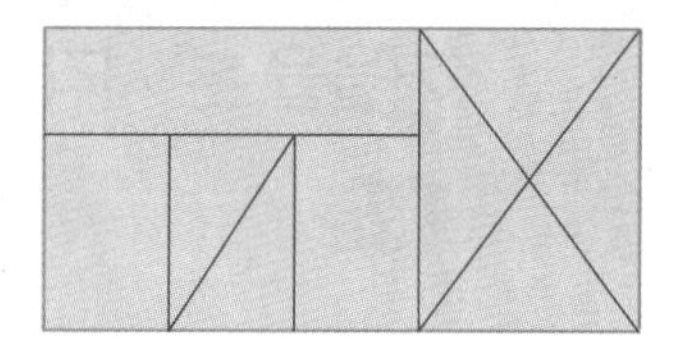

풀이

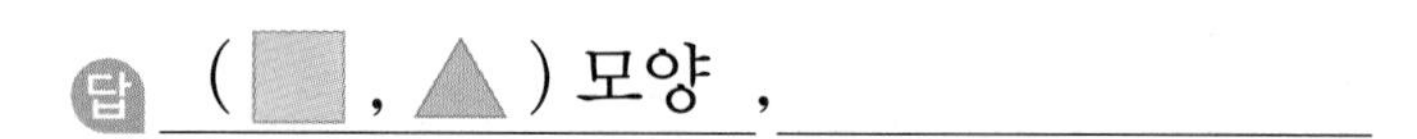

답 (■ , ▲) 모양 , ______

2-2 오른쪽 그림과 같이 색종이를 3번 접어 펼친 다음 접은 선을 따라 모두 자르면 ■ 모양과 ▲ 모양 중에서 어떤 모양이 몇 개 더 많이 생기는지 구하세요.

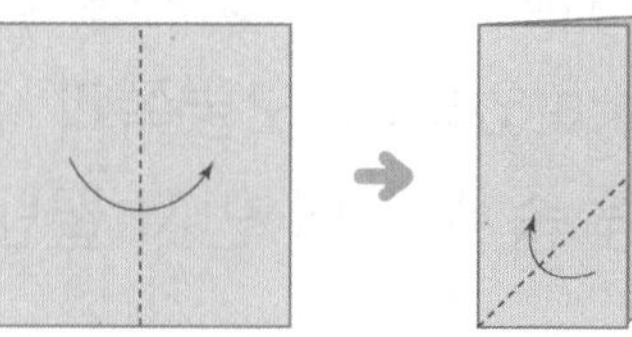

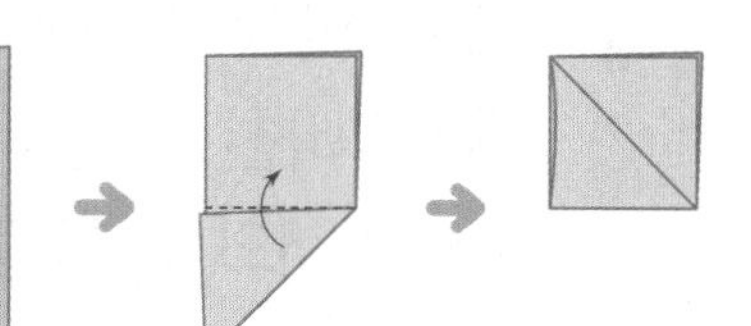

풀이

답 (■ , ▲) 모양 , ______

정답 및 풀이 21쪽

대표 유형 3 크고 작은 모양의 수 구하기

오른쪽 그림에서 찾을 수 있는 크고 작은 ■ 모양은 모두 몇 개인가요?

①②
③

해결 방법

1 ■ 모양 1개짜리: ①, ②, □ ➔ □개

■ 모양 2개짜리: ①+②, □+□ ➔ □개

2 그림에서 찾을 수 있는 크고 작은 ■ 모양의 개수: □+□=□(개)

답 ____________

유형 코칭 그림에서 찾을 수 있는 ■ 모양 1개짜리, ■ 모양 2개짜리를 모두 찾습니다.

위의 해결 방법을 따라 풀이를 쓰고 답을 구하세요.

3-1 오른쪽 그림에서 찾을 수 있는 크고 작은 ▲ 모양은 모두 몇 개인가요?

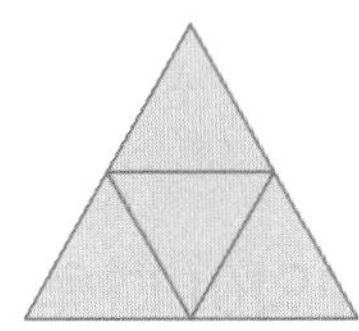

풀이

답 ____________

3-2 오른쪽 그림에서 찾을 수 있는 크고 작은 ■ 모양은 모두 몇 개인가요?

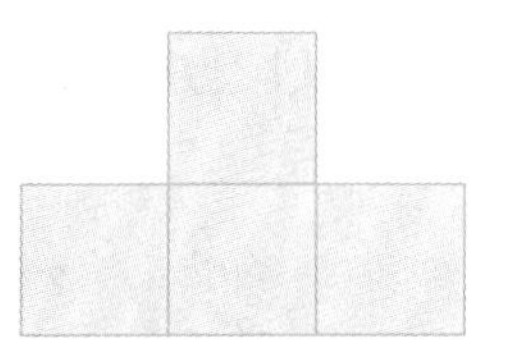

풀이

답 ____________

단원평가

점수

1 시각을 쓰세요.

( )

2 ■ 모양의 물건에 ○표 하세요.

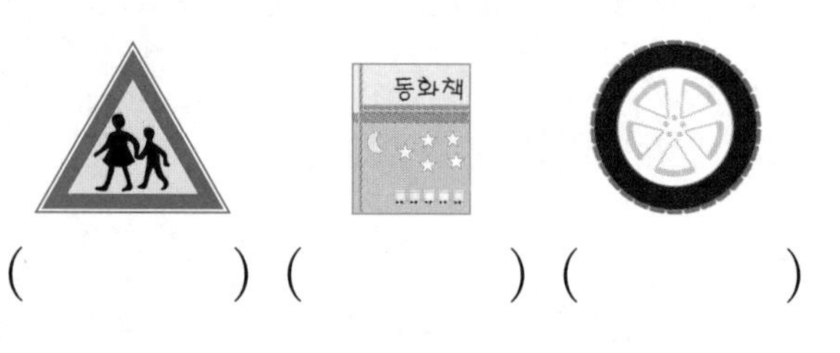

( ) ( ) ( )

3 모양이 다른 하나를 찾아 기호를 쓰세요.

( )

4 같은 시각끼리 이어 보세요.

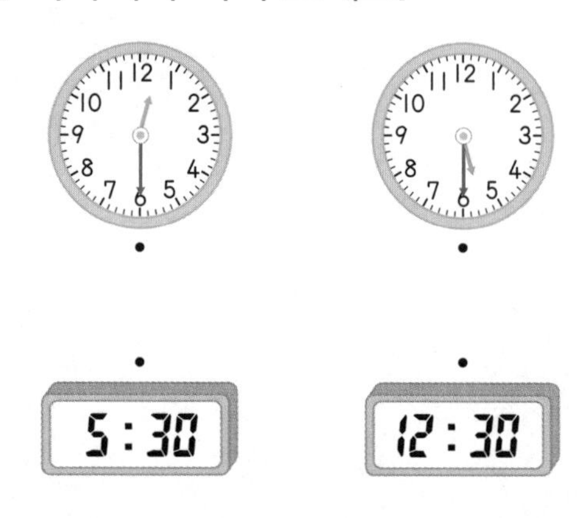

5 선물 상자를 꾸미는 데 이용하지 않은 모양에 ×표 하세요.

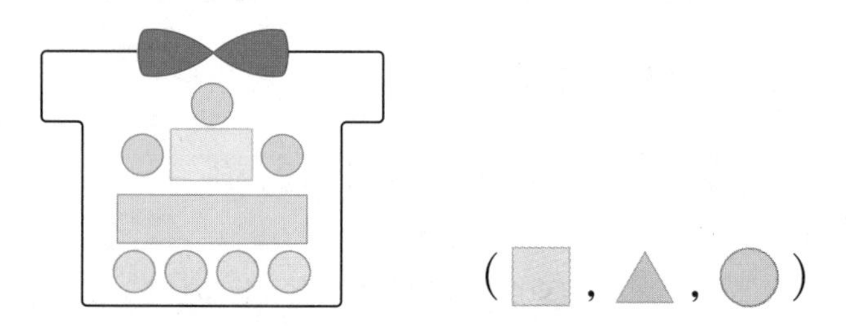

(■ , ▲ , ●)

6 시곗바늘이 다음과 같이 가리킬 때 시곗바늘을 그려 넣고, 시각을 쓰세요.

짧은바늘 → 8과 9의 가운데
긴바늘 → 6

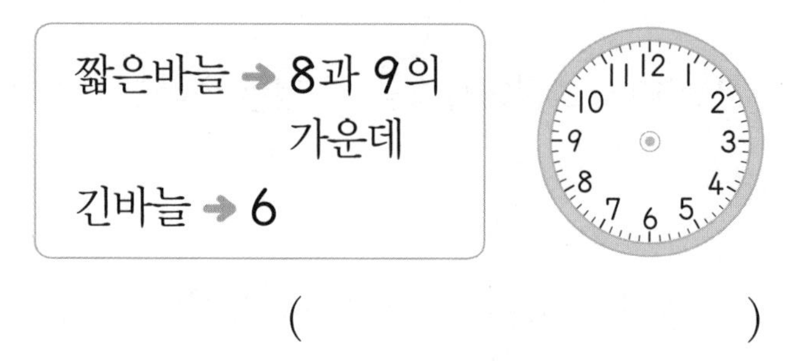

( )

7 오른쪽 물건을 본뜬 모양의 일부분으로 알맞은 것의 기호를 쓰세요.

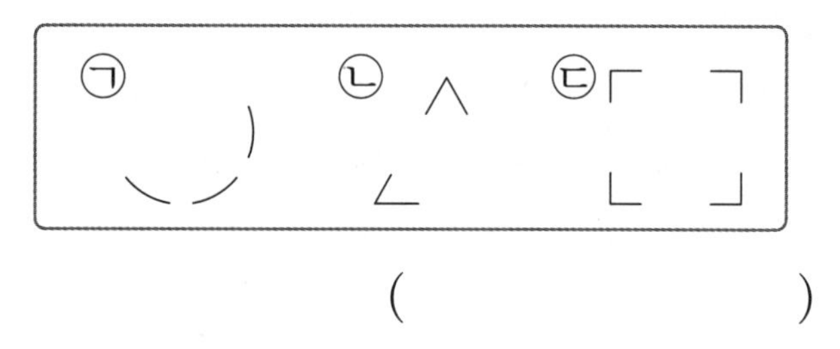

( )

추론

8 물감을 묻혀 찍을 때 ■ 모양과 ▲ 모양이 모두 나올 수 있는 나무 블록을 찾아 ○표 하세요.

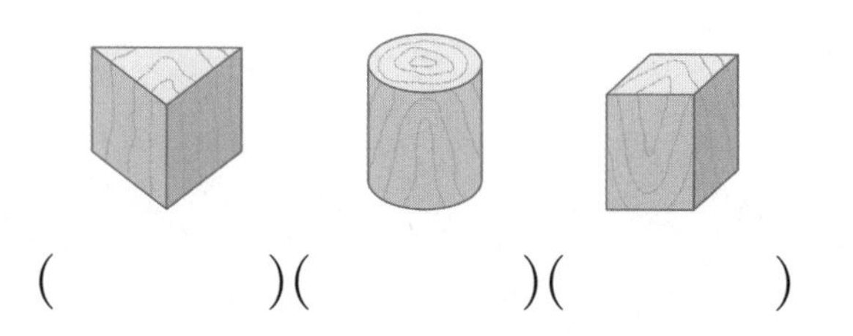

( )( )( )

9 가을맞이 대청소를 10시 30분에 시작하여 1시에 끝냈습니다. 대청소를 시작한 시각과 끝낸 시각을 각각 시계에 나타내 보세요.

[10~11] □, △, ○ 모양으로 꽃게 모양을 만들었습니다. 물음에 답하세요.

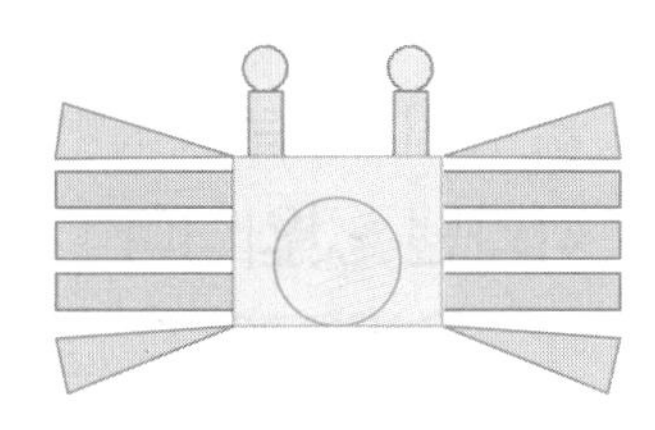

10 이용한 □, △, ○ 모양은 각각 몇 개인지 쓰세요.

□ 모양	△ 모양	○ 모양
□개	□개	□개

11 가장 많이 이용한 모양에 ○표 하세요

12 소현이와 준서가 집에 도착한 시각입니다. 3시에 집에 도착한 사람은 누구인가요?

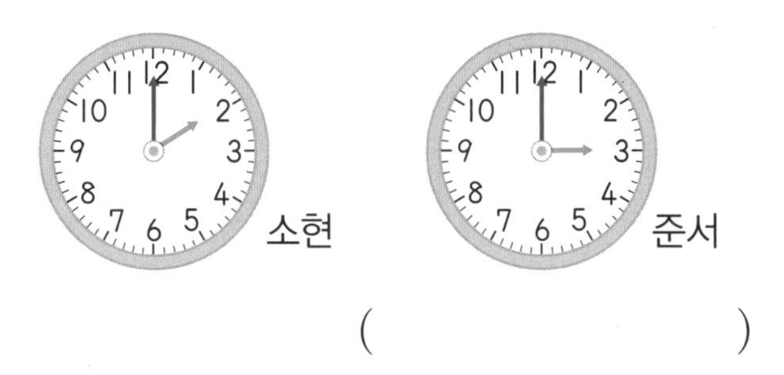

( )

13 시계의 긴바늘이 6을 가리키는 시각을 모두 찾아 기호를 쓰세요.

㉠ 1시 30분	㉡ 12시
㉢ 9시	㉣ 6시 30분

( )

의사소통

14 민재가 설명하는 모양으로 알맞은 물건을 찾아 기호를 쓰세요.

민재: 뾰족한 곳이 4군데야.

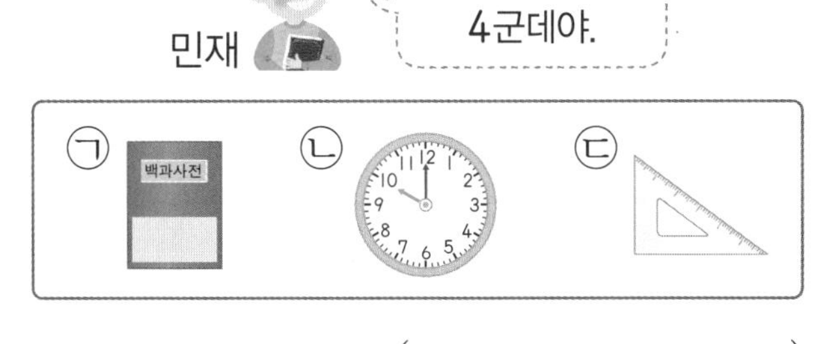

( )

15 오른쪽 거울에 비친 시계를 보고 시각을 쓰세요.

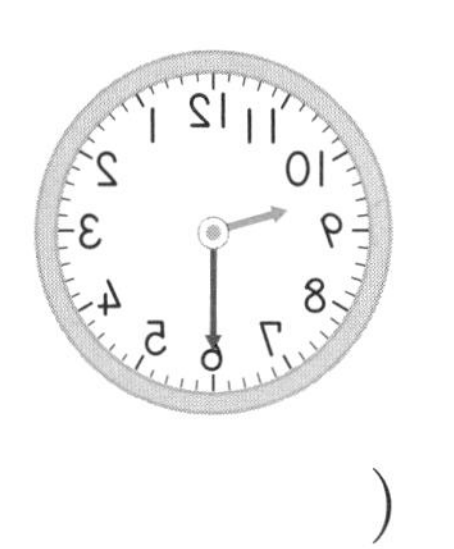

( )

● 공부한 날 월 일

정답 및 풀이 22쪽

16 은혜와 승미가 각각 만든 모양입니다. 주어진 모양 조각을 모두 이용하여 만든 사람은 누구인가요?

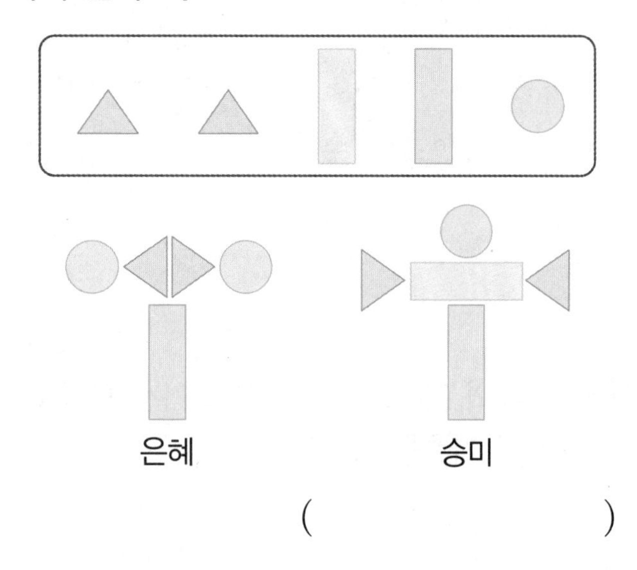

( )

17 그림과 같이 색종이를 2번 접어 펼친 다음 접은 선을 따라 모두 자르면 ■, ▲, ● 모양 중에서 어떤 모양이 몇 개 생기나요?

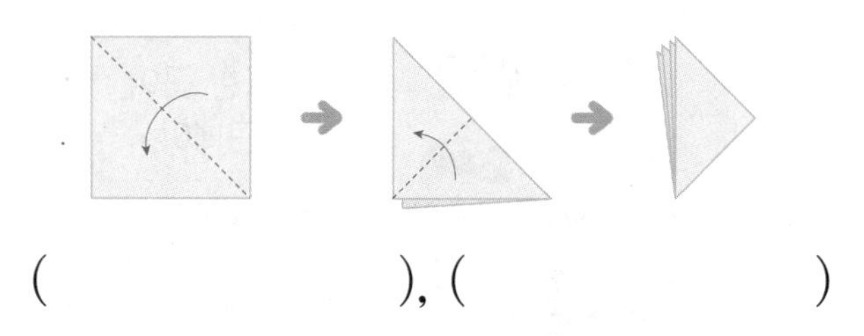

( ), ( )

문제 해결

18 그림에서 찾을 수 있는 크고 작은 ■ 모양은 모두 몇 개인지 구하세요.

( )

서술형

19 ■ 모양의 물건은 ▲ 모양의 물건보다 몇 개 더 많은지 풀이 과정을 쓰고 답을 구하세요.

풀이

답

서술형

20 은채네 가족이 오늘 저녁에 집에 들어온 시각을 나타낸 것입니다. 가장 늦게 집에 들어온 사람은 누구인지 풀이 과정을 쓰고 답을 구하세요.

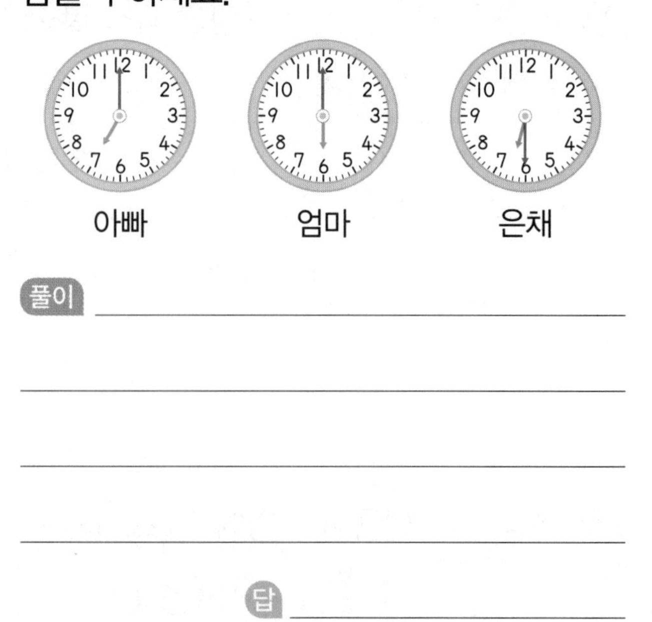

풀이

답

알맞은 시각을 나타내자.

☆ 진호와 예준이가 친구들과 한 대화를 보고 시각에 맞게 시계에 각각 나타내 보세요.

낮에 운동장에서 만나기로 한 시각

밤에 집에 도착한 시각

4

덧셈과 뺄셈(2)

덧셈과 뺄셈을 여러 가지 방법으로 계산하며 문제를 해결해 보자.
그리고 실생활에서 볼 수 있는 문제 상황을 덧셈과 뺄셈을 이용하여 해결해 보자.

이전에 배운 내용

1-2

덧셈과 뺄셈(1)

- 세 수의 덧셈 / 세 수의 뺄셈
- 10이 되는 더하기
- 10에서 빼기
- 10을 만들어 더하기

이번에 배울 내용

1. 덧셈 알아보기
2. 덧셈하기
3. 여러 가지 덧셈하기
4. 뺄셈 알아보기
5. 뺄셈하기
6. 여러 가지 뺄셈하기

이후에 배울 내용

1-2

덧셈과 뺄셈(3)

- 받아올림이 없는 두 자리 수의 덧셈
- 받아내림이 없는 두 자리 수의 뺄셈

❶ 덧셈 알아보기 / 덧셈하기(1)

개념의 힘

1 덧셈 알아보기

예 사과가 7개, 배가 5개일 때 과일은 모두 몇 개인지 구하기

방법1 이어 세기로 구하기

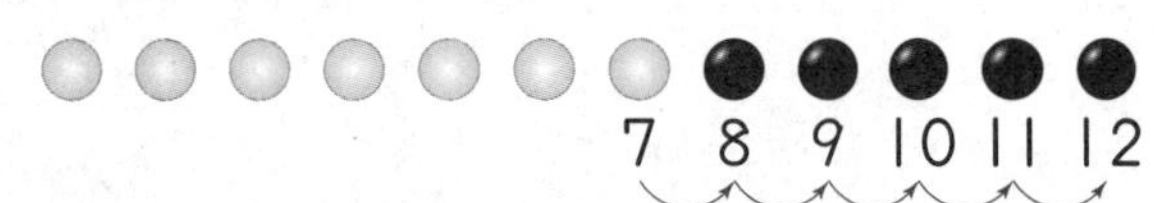

7 8 9 10 11 12

바둑돌 7개에서 8, 9, 10, 11, 12라고 이어 세기를 하면 12개입니다.

방법2 십 배열판에 그림을 그려 구하기

○	○	○	○	○
○	○	△	△	△

△	△			

○를 7개 그리고 △를 3개 그려 10을 만들고, 남은 △ 2개를 더 그리면 12개가 됩니다.

➔ 덧셈식으로 나타내면 $7+5=12$이므로 과일은 모두 12개입니다.

2 덧셈하기(1)

예 $5+8$의 계산

• 5와 더하여 10을 만들어 구하기

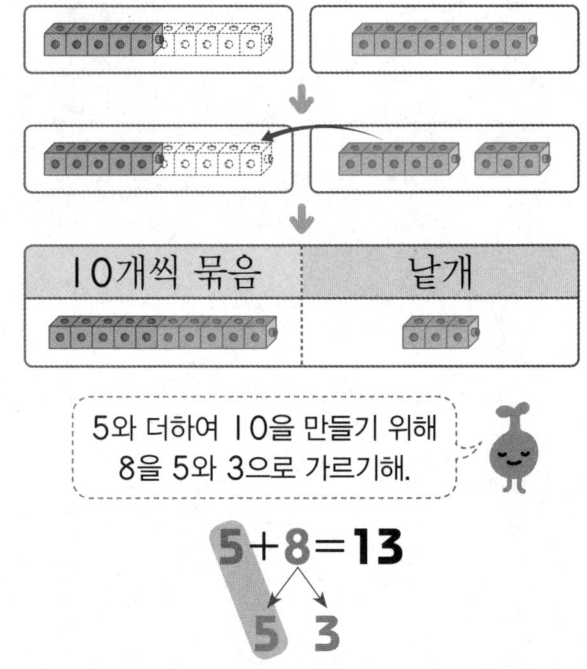

5와 더하여 10을 만들기 위해 8을 5와 3으로 가르기해.

$5+8=13$
5 3

➔ 8을 5와 3으로 가르기하여 5와 5를 더해 10을 만들고 남은 3을 더하면 13이 됩니다.

[1~3] 딸기 우유가 8개, 초코 우유가 3개 있을 때 우유는 모두 몇 개인지 구하려고 합니다. 물음에 답하세요.

1 이어 세기로 구하세요.

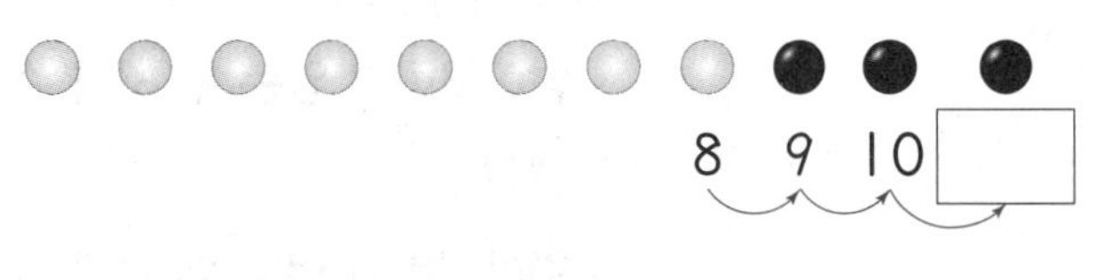

8 9 10 ☐

➔ 우유는 모두 ☐개입니다.

2 초코 우유의 수만큼 △를 그려 구하세요.

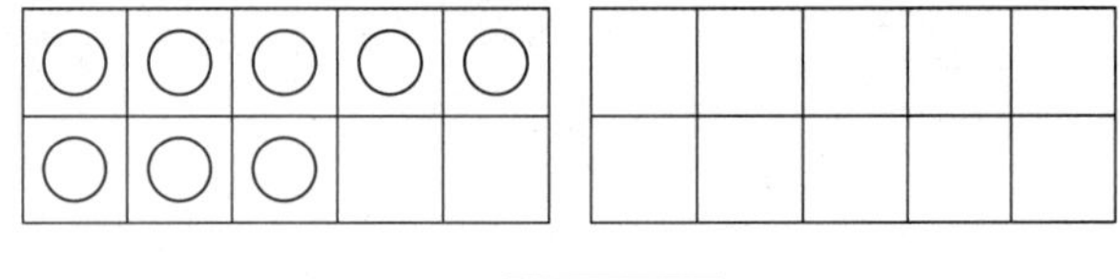

○	○	○	○	○
○	○	○		

우유는 모두 ☐개입니다.

3 우유는 모두 몇 개인지 덧셈식으로 나타내 보세요.

$8+$ ☐ $=$ ☐ (개)

4 그림을 보고 □ 안에 알맞은 수를 써넣으세요.

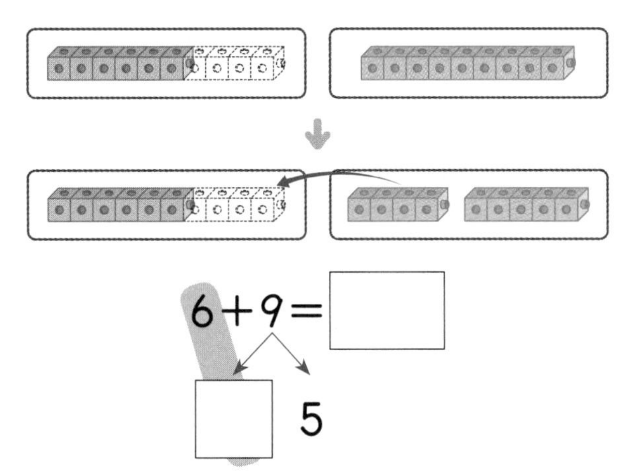

$6+9=$ □
□ 5

5 구슬은 모두 몇 개인지 ○를 그려 구하세요.

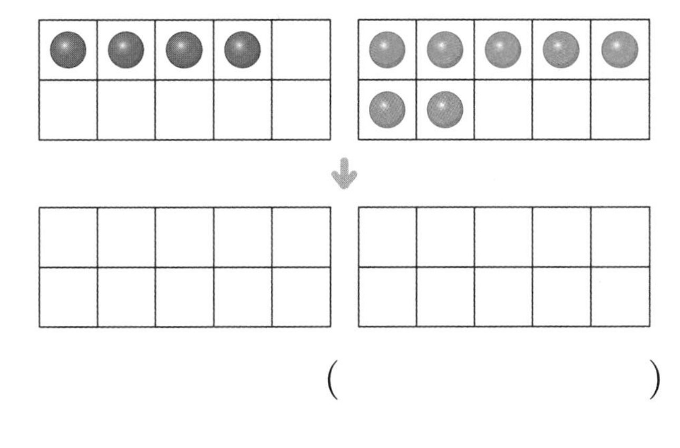

( )

6 그림을 보고 음료수는 모두 몇 병인지 □ 안에 알맞은 수를 써넣으세요.

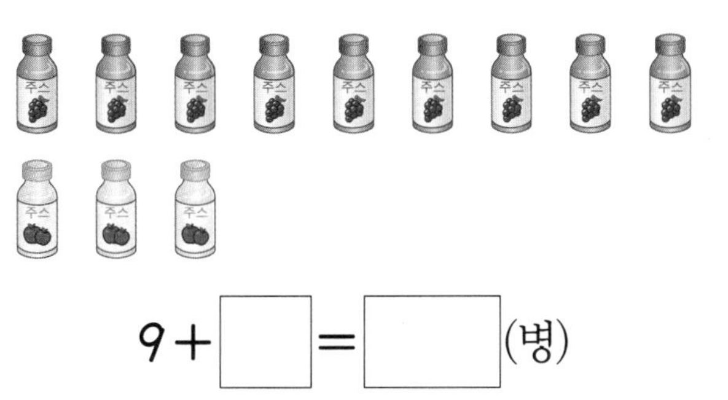

$9+$ □ $=$ □ (병)

7 덧셈을 해 보세요.

(1) $5+9$

(2) $8+8$

8 두 수의 합을 구하세요.

9 8

( )

9 거북이 물 속에 7마리 있었는데 6마리가 더 들어 온다면 물 속에 있는 거북은 모두 몇 마리가 되나요?

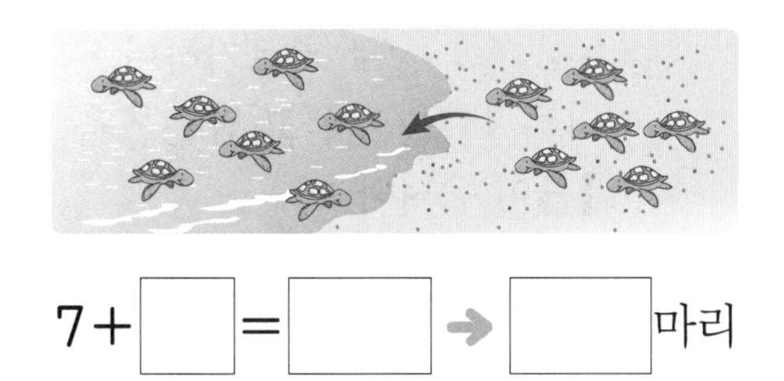

$7+$ □ $=$ □ → □ 마리

10 민재와 지우가 주운 밤은 모두 몇 개인지 구하세요.

( )

② 덧셈하기(2)

개념의 힘

1 덧셈하기(2)

예 5+8의 계산

• 8과 더하여 10을 만들어 구하기

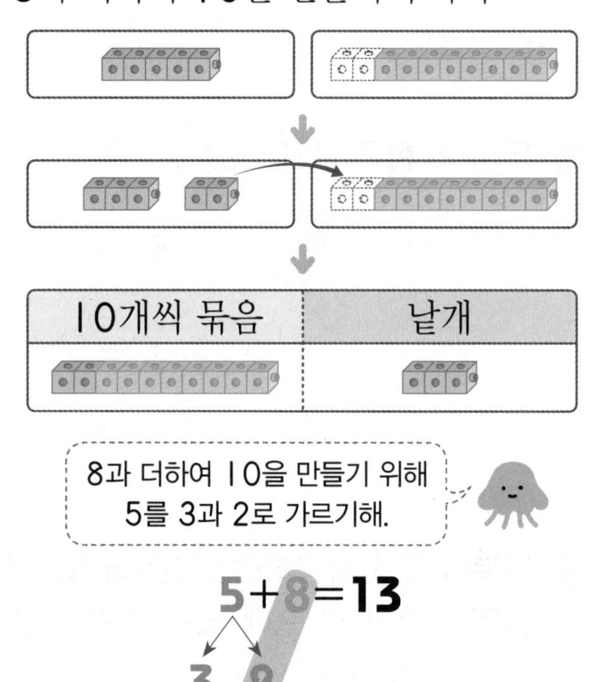

8과 더하여 10을 만들기 위해 5를 3과 2로 가르기해.

5+8=13

3 2

➜ **5**를 **3**과 **2**로 가르기하여 **8**과 **2**를 더해 **10**을 만들고 남은 **3**을 더하면 **13**이 됩니다.

2 여러 가지 방법으로 계산하기

예 9+6의 계산

방법1 9와 더하여 10을 만들어 구하기

9+6=15

1 5

방법2 6과 더하여 10을 만들어 구하기

9+6=15

5 4

방법3 5와 5를 더하여 10을 만들어 구하기

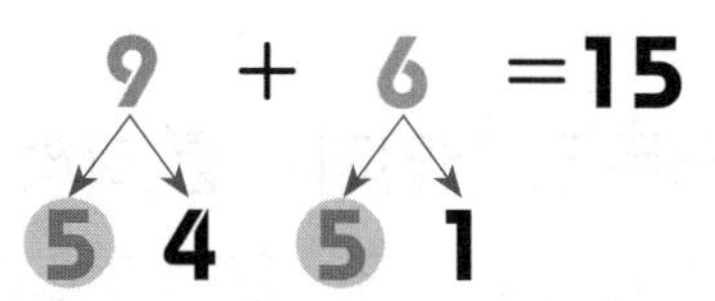

➜ 9를 5와 4로 가르기하고 6을 5와 1로 가르기하여 5와 5를 더해 10을 만들고 남은 4와 1을 더하면 15가 됩니다.

10을 만들기 위해 여러 가지 방법으로 가르기하여 계산할 수 있어.

1 그림을 보고 □ 안에 알맞은 수를 써넣으세요.

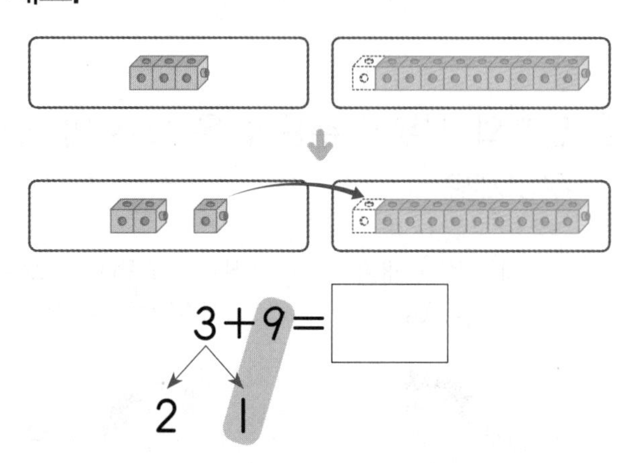

2 그림을 보고 □ 안에 알맞은 수를 써넣으세요.

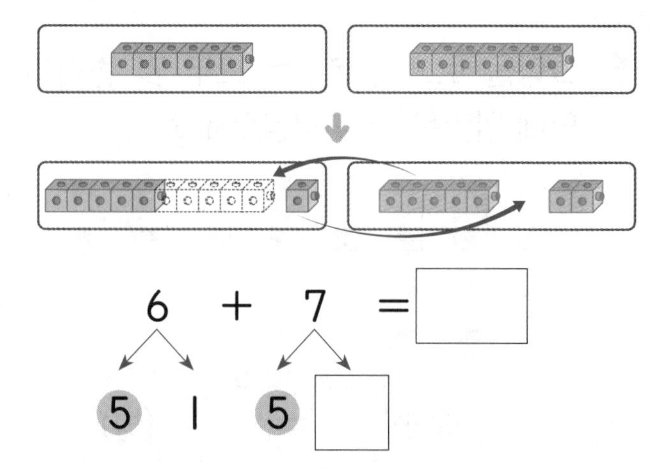

3 □ 안에 알맞은 수를 써넣으세요.

(1)
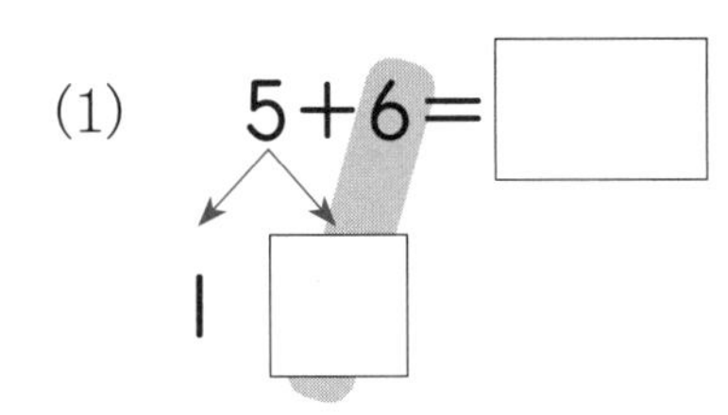

(2)
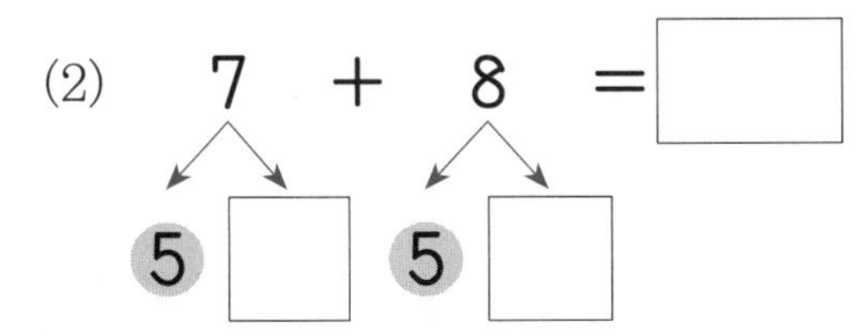

[4~5] 주원이와 하은이가 각각 말한 방법으로 $9+4$를 계산해 보세요.

4

주원 

9와 1을 더해 10을 먼저 만들었어.

$9+4=\square$

1 □

5

하은

4와 6을 더해 10을 먼저 만들었어.

$9+4=\square$

□ 6

6 덧셈을 해 보세요.

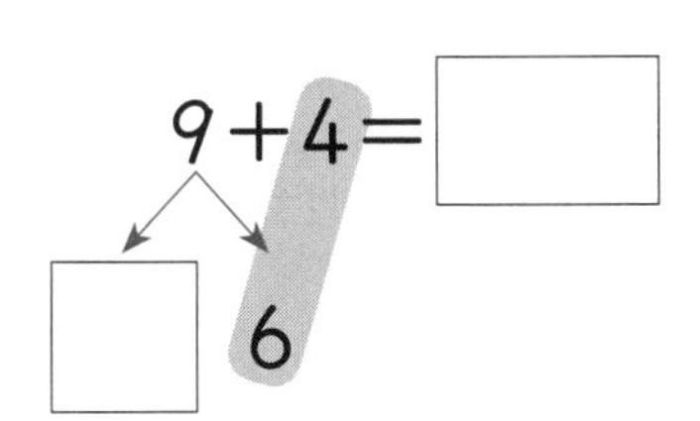

$8+6$

( )

7 빈칸에 알맞은 수를 써넣으세요.

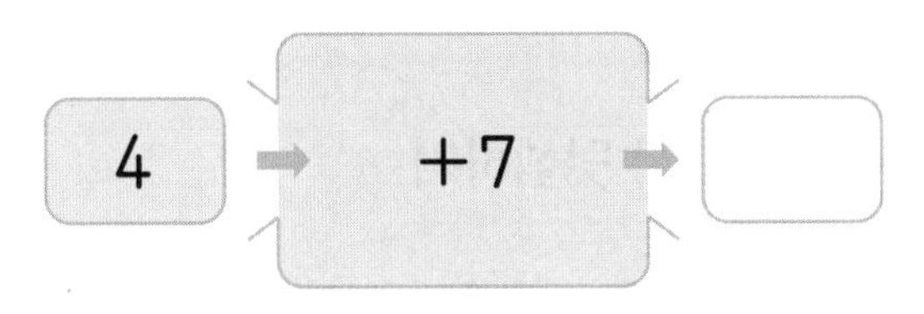

8 그림을 보고 2가지 방법으로 덧셈을 해 보세요.

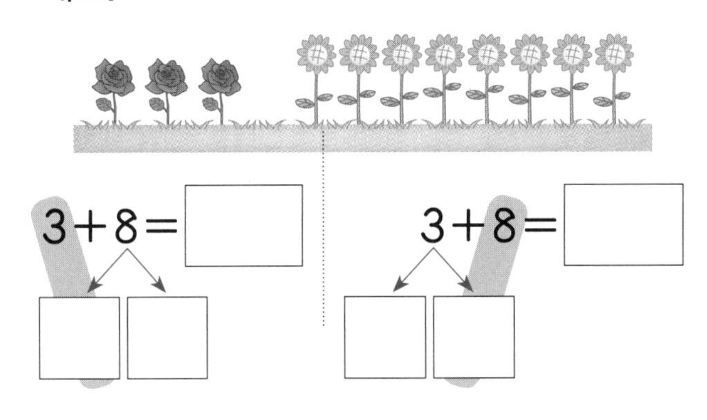

$3+8=\square$ □ □

$3+8=\square$ □ □

9 계산 결과를 찾아 이어 보세요.

$7+9$ •	• 16
$9+9$ •	• 17
	• 18

10 페트병을 윤아는 8개 모았고, 하준이는 윤아보다 5개 더 많이 모았습니다. 하준이가 모은 페트병은 모두 몇 개인가요?

( )

개념의 힘 Power

③ 여러 가지 덧셈하기

개념의 힘

• 여러 가지 덧셈하기

(1)

$7+5=12$
$7+6=13$
$7+7=14$
$7+8=15$

더해지는 수는 그대로이고 더하는 수가 1씩 커지면 합도 1씩 커집니다.

(2)

$9+5=14$
$9+4=13$
$9+3=12$
$9+2=11$

더해지는 수는 그대로이고 더하는 수가 1씩 작아지면 합도 1씩 작아집니다.

(3)

$6+5=11$
$5+6=11$

$8+4=12$
$4+8=12$

더해지는 수와 더하는 수를 바꾸어 더해도 합은 같습니다.

(4)

$9+4=13$
$8+5=13$
$7+6=13$
$6+7=13$

더해지는 수가 1씩 작아지고 더하는 수가 1씩 커지면 합은 같습니다.

[1~2] 덧셈식을 보고 물음에 답하세요.

$5+6=11$
$5+7=\square$
$5+8=\square$
$5+9=\square$

1 □ 안에 알맞은 수를 써넣으세요.

2 알맞은 말에 ○표 하세요.

더해지는 수는 그대로이고 더하는 수가 1씩 커지면 합은 1씩 (커집니다 , 작아집니다).

3 □ 안에 알맞은 수를 써넣으세요.

$7+4=11$
$4+7=\square$

4 $7+6=13$ 을 이용하여 □ 안에 알맞은 수를 써넣으세요.

$6+7=\square$
$5+8=\square$
$4+9=\square$

5 빈칸에 알맞은 수를 써넣으세요.

+	9	8	7	6
8	17			

6 합이 같은 것끼리 이어 보세요.

6+5 • • 3+8

8+3 • • 5+6

9+8 • • 8+9

7 덧셈식을 보고 알게 된 점을 바르게 설명한 사람은 누구인가요?

$7+8=15$
$7+7=14$
$7+6=13$
$7+5=12$

선우: 더해지는 수는 그대로이고 더하는 수가 1씩 작아지면 합은 1씩 커져.

은서: 더해지는 수는 그대로이고 더하는 수가 1씩 작아지면 합도 1씩 작아져.

(　　　　　　　　)

[8~10] 덧셈표를 보고 물음에 답하세요.

9+5		
9+6	8+6	
9+7	8+7	7+7

8 9+6과 합이 같은 식을 찾아 ○표 하세요.

9 9+5와 합이 같은 식을 모두 찾아 △표 하세요.

10 알맞은 말에 ○표 하세요.

↘ 방향으로 놓인 덧셈식에서 더해지는 수가 1씩 작아지고 더하는 수가 1씩 커지면 합은 (같습니다 , 다릅니다).

11 □ 안에 알맞은 수를 써넣어 덧셈식을 완성해 보세요.

$4+8=12$

$4+\square=11$

개념의 힘 Power +

①~③ 덧셈 알아보기 / 덧셈하기

[1~4] 그림을 보고 덧셈식을 완성해 보세요.

1

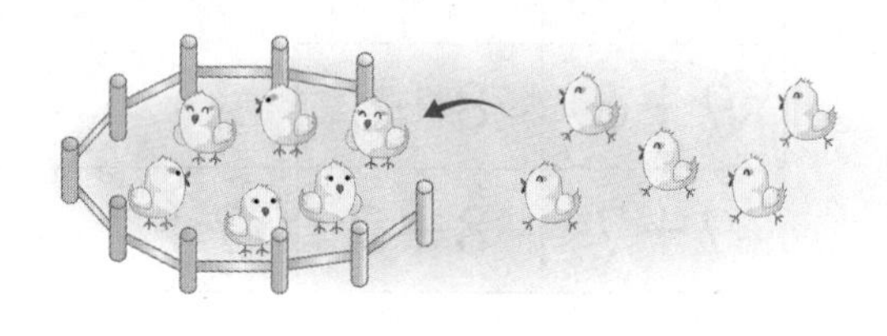

➔ $6+5=\square$

2

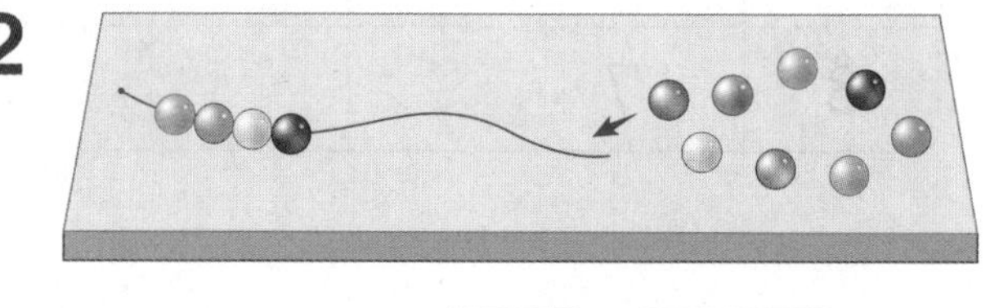

➔ $4+\square=\square$

3

➔ $6+7=\square$

4

➔ $9+\square=\square$

[5~13] 덧셈을 해 보세요.

5 $4+9=\square$

6 $7+7=\square$

7 $8+3=\square$

8 $7+8=\square$

9 $9+3=\square$

10 $6+9=\square$

11 $8+5=\square$

12 $9+8=\square$

13 $9+9=\square$

[14~17] □ 안에 알맞은 수를 써넣으세요.

14

$8+4=12$

$8+5=\square$

$8+6=\square$

$8+7=\square$

15

$6+9=15$

$6+8=\square$

$6+7=\square$

$6+6=\square$

16

$7+7=\square$

$6+8=\square$

$5+9=\square$

17

$3+8=\square$

$4+7=\square$

$5+6=\square$

18 거북과 함께 합이 12인 덧셈을 따라가 보세요.

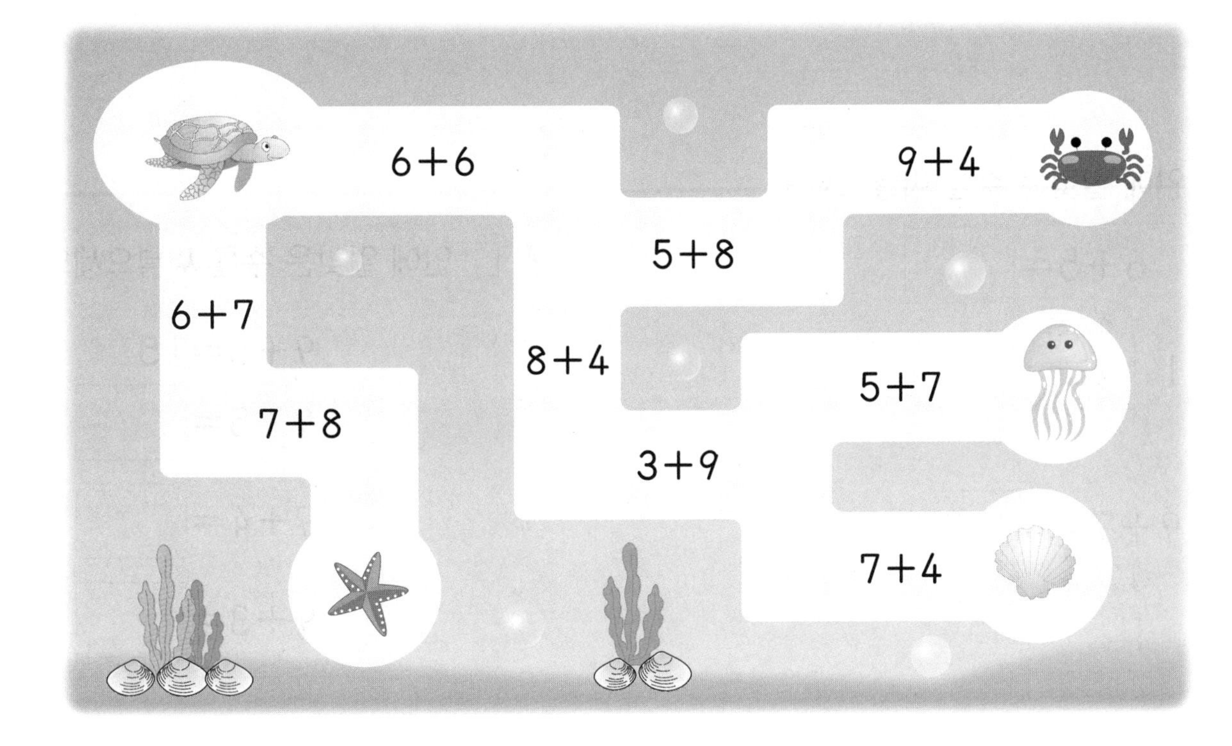

1 STEP 기본의 힘

1 그림을 보고 □ 안에 알맞은 수를 써넣으세요.

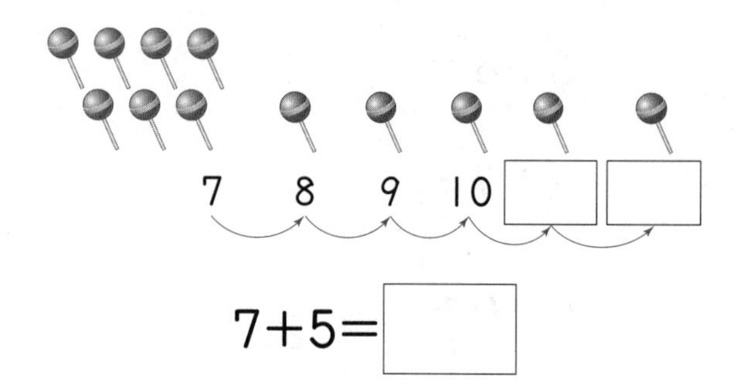

$7+5=\square$

2 공원에 소나무 9그루, 은행나무 4그루가 있습니다. 은행나무의 수만큼 △를 그려 나무는 모두 몇 그루인지 구하세요.

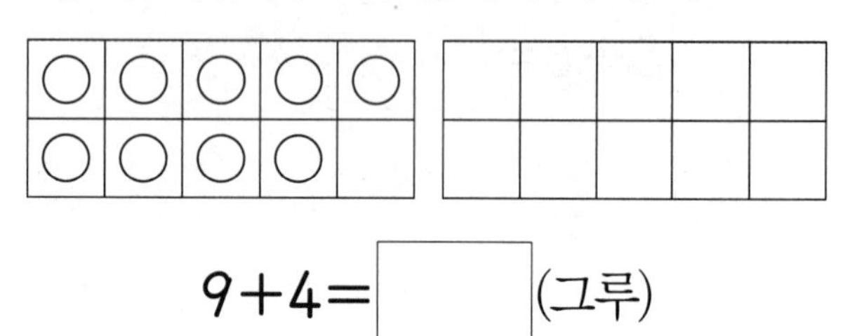

$9+4=\square$(그루)

3 □ 안에 알맞은 수를 써넣으세요.

(1) $6+5=\square$

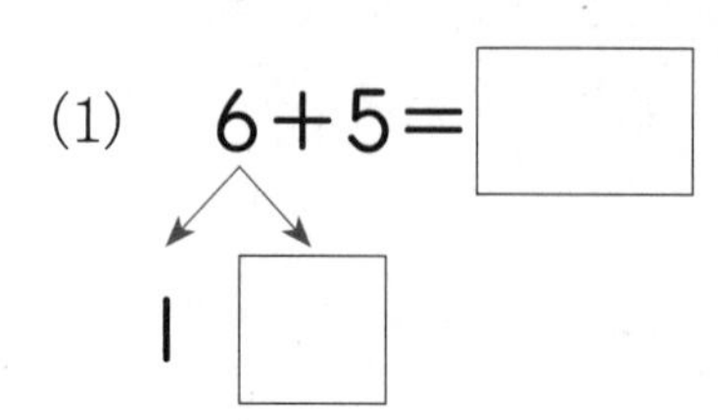

(2) $9+7=\square$

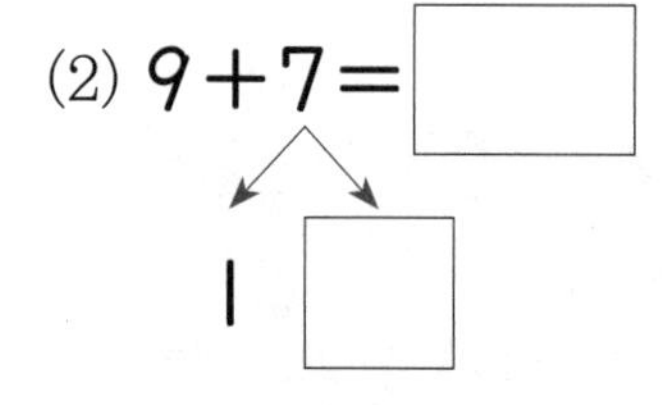

4 덧셈을 해 보세요.

(1) $3+9$

(2) $8+6$

5 빈칸에 알맞은 수를 써넣으세요.

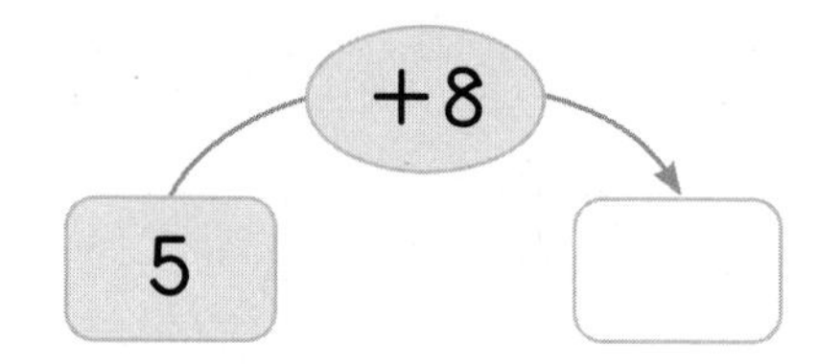

6 수 카드에 적힌 두 수의 합을 구하세요.

( )

7 □ 안에 알맞은 수를 써넣으세요.

$9+6=15$

$9+5=\square$

$9+4=\square$

$9+3=\square$

8 바르게 계산한 사람은 누구인가요?

(　　　　　　　)

9 덧셈을 하고, □ 안에 알맞은 수를 써넣으세요.

$6+6=12$
$5+7=\square$
$4+8=\square$

더해지는 수가 □씩 작아지고 더하는 수가 □씩 커지면 합은 같습니다.

10 합이 더 큰 것의 기호를 쓰세요.

㉠ $8+5$　　㉡ $9+3$

(　　　　　　　)

11 상자에 동화책 6권, 위인전 8권을 넣었습니다. 상자에 넣은 책은 모두 몇 권인가요?

식 ______________________

답 ______________

12 합이 16인 덧셈식을 모두 찾아 색칠해 보세요.

9+7		
9+8	8+8	
9+9	8+9	7+9

정보처리

13 두 수의 합이 작은 식부터 순서대로 이어 보세요.

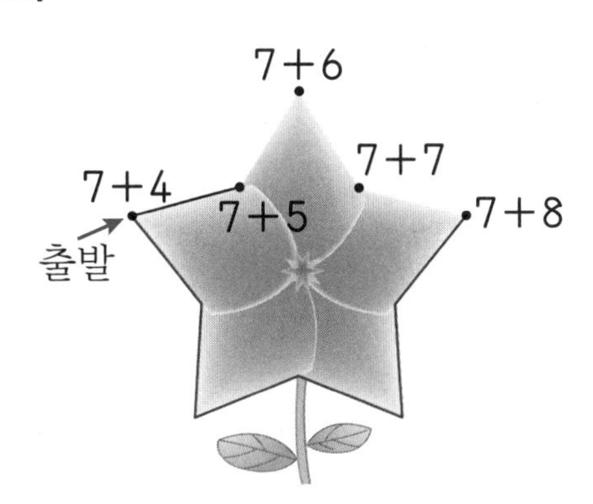

문제 해결

14 같은 색 풍선에서 수를 골라 덧셈식을 완성해 보세요.

$8 + 3 = \square$

$7 + \square = \square$

4 단원 덧셈과 뺄셈(2)

④ 뺄셈 알아보기 / 뺄셈하기(1)

개념의 힘

1 뺄셈 알아보기

예 붕어빵 12개 중 4개를 먹었을 때 남은 붕어빵은 몇 개인지 구하기

방법1 거꾸로 세어 구하기

바둑돌 12개부터 11, 10, 9, 8로 거꾸로 세기 하면 8개입니다.

방법2 연결 모형으로 구하기

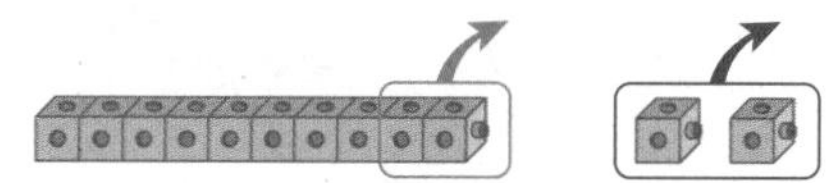
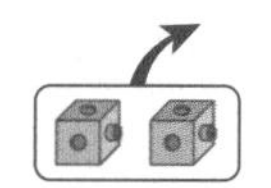

연결 모형 12개 중 **낱개 2개**를 빼고, **10개씩 묶음에서 2개**를 더 뺐더니 8개가 남았습니다.

➔ 뺄셈식으로 나타내면 $12-4=8$이고 남은 붕어빵은 8개입니다.

2 뺄셈하기(1)

예 $13-3$의 계산

• 빼지는 수를 10과 몇으로 가르기하여 구하기

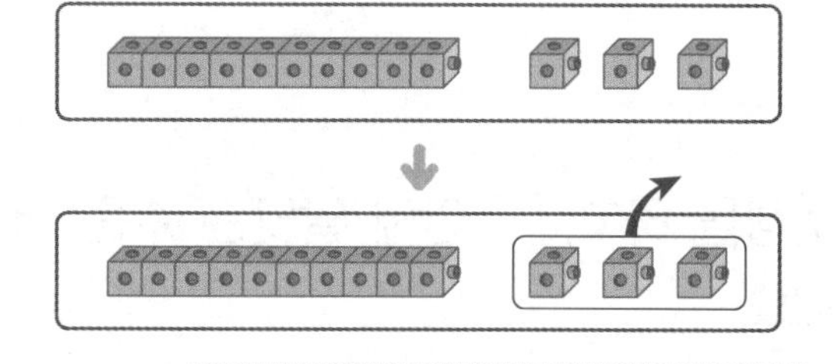

10개씩 묶음 1개와 낱개 3개에서 낱개 3개를 빼면 10개씩 묶음 1개가 남으므로 10이야.

$13-3=10$

10 3

➔ **13**을 **10**과 **3**으로 가르기하여 **3**에서 **3**을 빼고 남은 **10**을 더하면 **10**입니다.

1 거꾸로 세기로 구하세요.

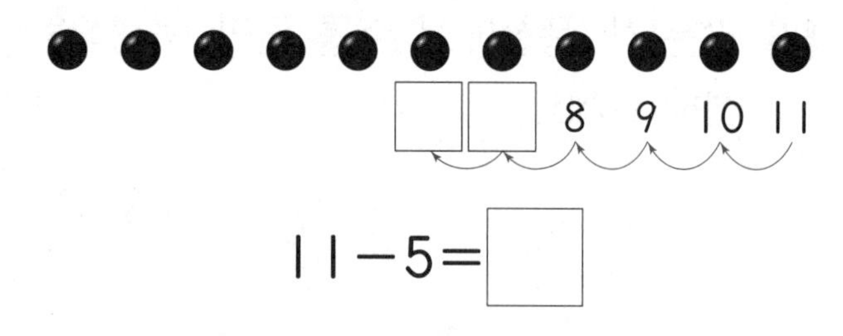

$11-5=\square$

2 연결 모형으로 구하세요.

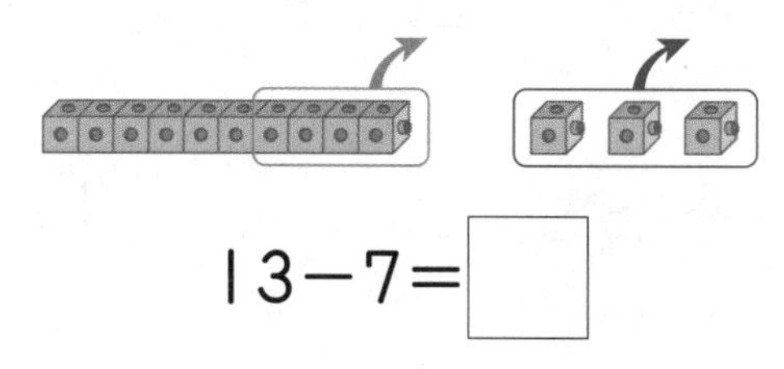

$13-7=\square$

3 그림을 보고 □ 안에 알맞은 수를 써넣으세요.

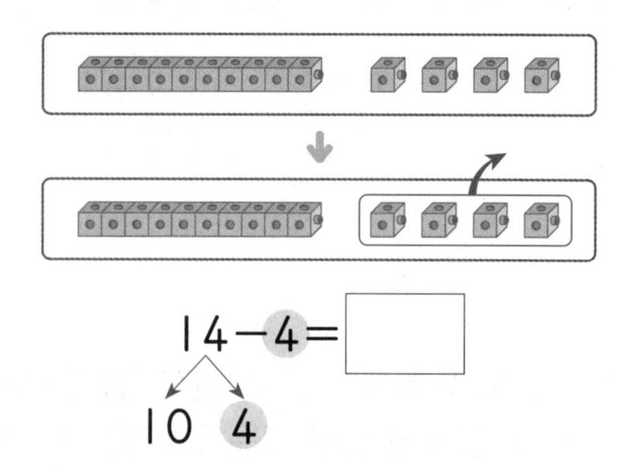

$14-4=\square$

10 4

정답 및 풀이 24쪽

4 □ 안에 알맞은 수를 써넣으세요.

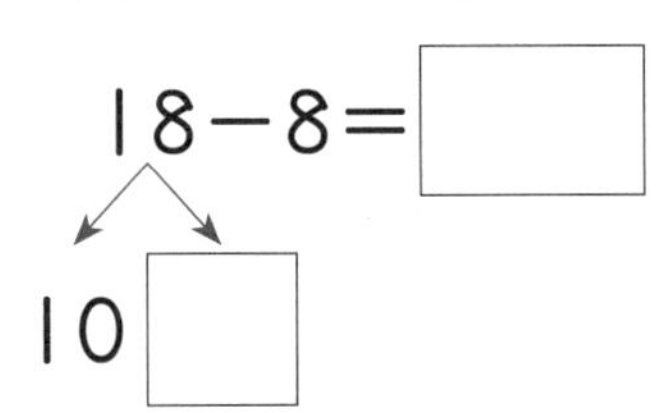

5 그림을 보고 □ 안에 알맞은 수를 써넣으세요.

12－5＝□

6 유리병 14병 중 6병을 분리배출 했을 때 남은 유리병은 몇 병인지 □ 안에 알맞은 수를 써넣으세요.

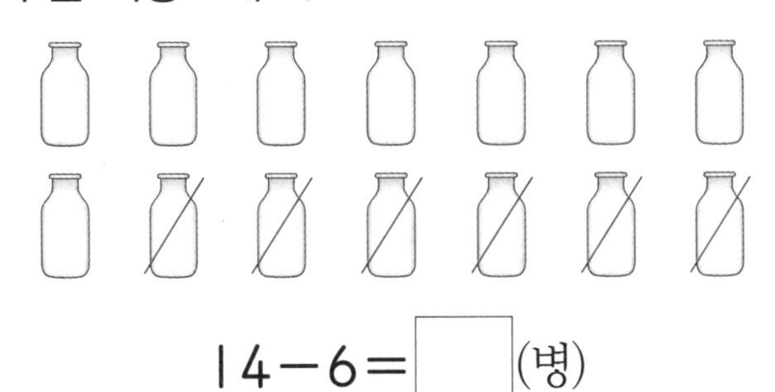

14－6＝□(병)

7 뺄셈을 해 보세요.

(1) 12－2

(2) 19－9

8 풍선 16개 중 6개가 날아갔을 때 남은 풍선은 몇 개인가요?

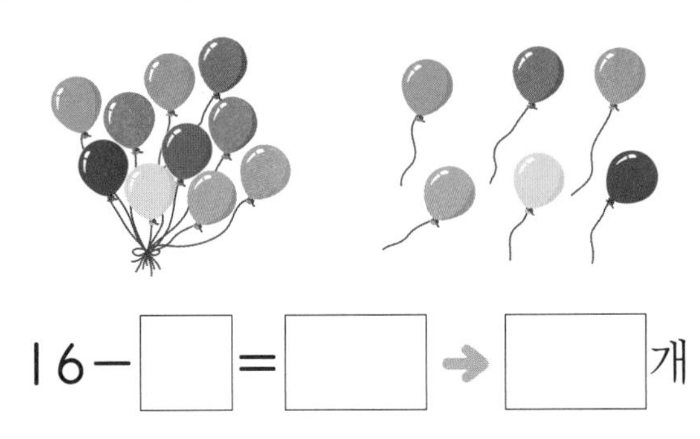

16－□＝□ → □개

9 모자와 목도리 중 어느 것이 몇 개 더 많은지 구하려고 합니다. □ 안에 알맞은 수나 말을 써넣으세요.

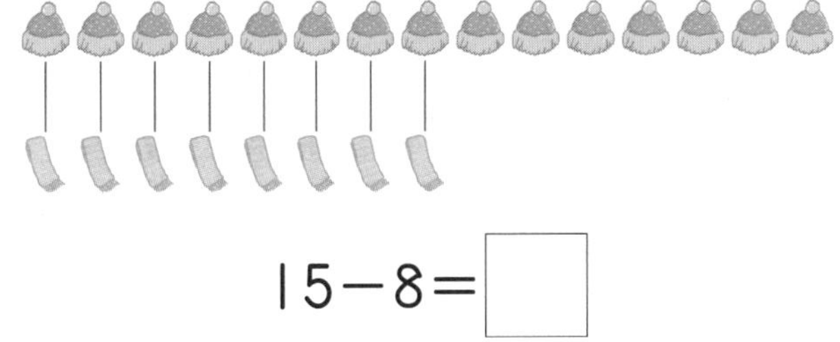

15－8＝□

→ □가 □개 더 많습니다.

10 남은 선인장은 몇 개인지 구하세요.

(　　　　　　)

개념의 힘 Power

5 뺄셈하기(2)

개념의 힘

• **뺄셈하기**(2)

예 12−5의 계산

방법1 낱개를 먼저 빼기

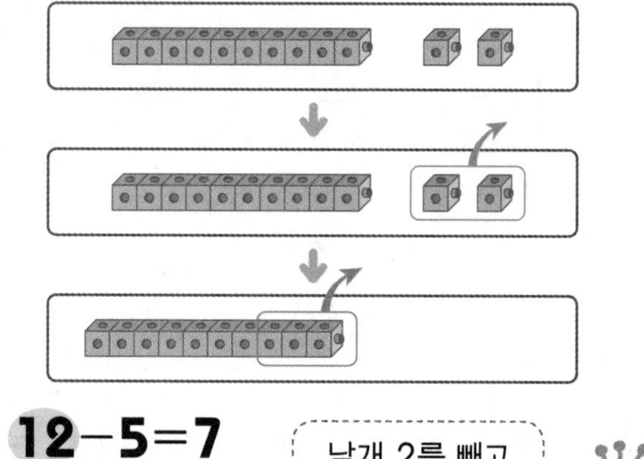

12−5=7
2 3

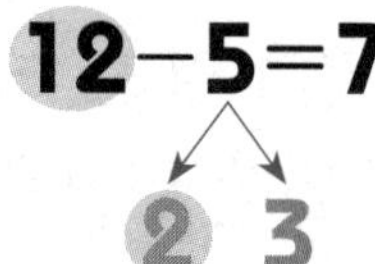

➜ **5**를 **2**와 **3**으로 가르기하여 **12**에서 **2**를 먼저 빼고 남은 **10**에서 **3**을 빼면 **7**입니다.

방법2 10개씩 묶음에서 한 번에 빼기

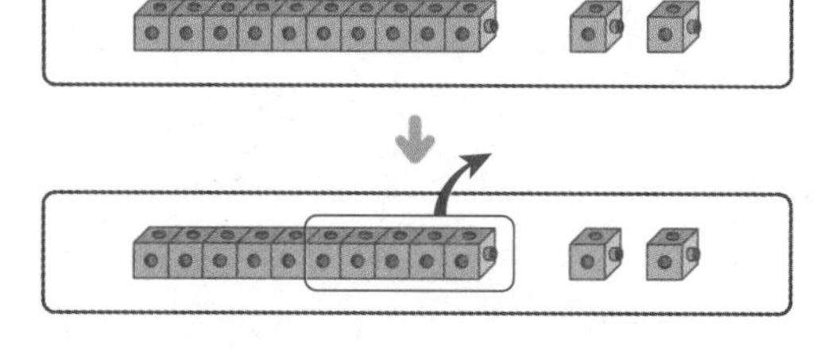

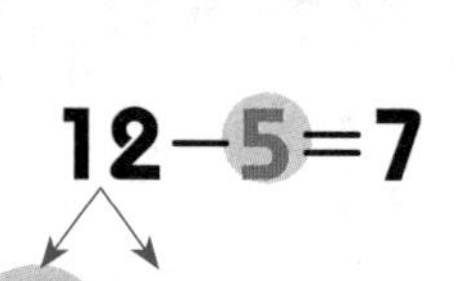

12−5=7
10 2

➜ **12**를 **10**과 **2**로 가르기하여 **10**에서 **5**를 빼고 남은 **5**와 **2**를 더하면 **7**입니다.

1 그림을 보고 □ 안에 알맞은 수를 써넣으세요.

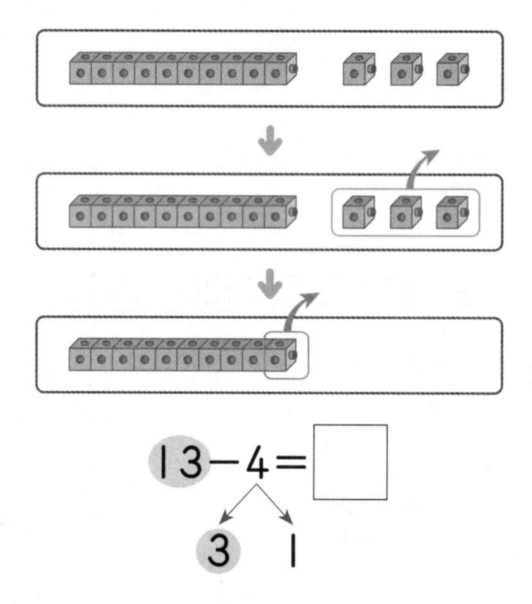

13−4=□
3 1

2 그림을 보고 □ 안에 알맞은 수를 써넣으세요.

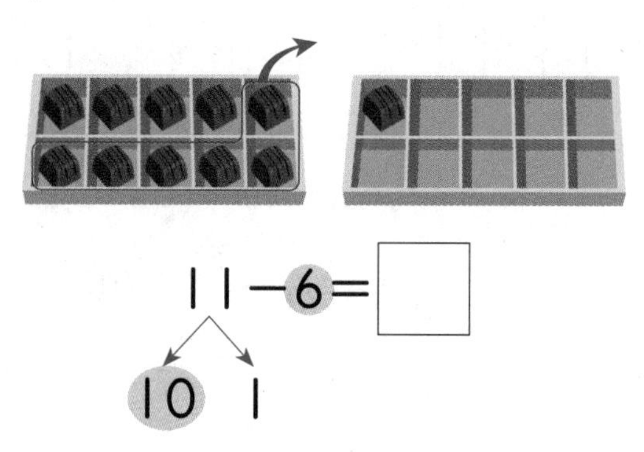

11−6=□
10 1

3 □ 안에 알맞은 수를 써넣으세요.

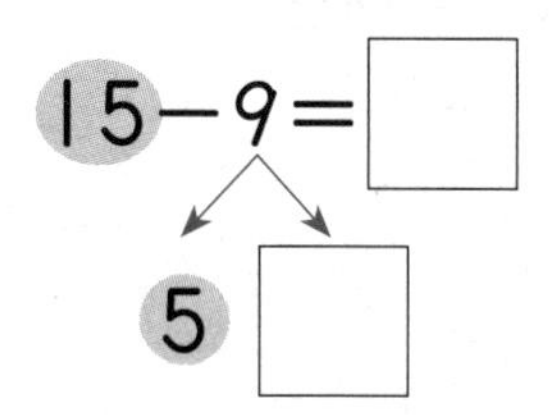

15−9=□
5 □

[4~5] 유준이와 수민이가 각각 말한 방법으로 14－7을 계산해 보세요.

4

14－7=□

4 □

5

수민: 10에서 7을 한 번에 빼서 구했어.

14－7=□

□ 4

6 뺄셈을 해 보세요.

16－8

(　　　　　)

7 빈 곳에 알맞은 수를 써넣으세요.

12	－	3	=	

8 잘못 계산한 것의 기호를 쓰세요.

㉠ 13－5=7　㉡ 17－8=9

(　　　　　)

9 두 수의 차를 빈칸에 써넣으세요.

13	6

10 자가 11개, 가위가 8개 있습니다. 자는 가위보다 몇 개 더 많은가요?

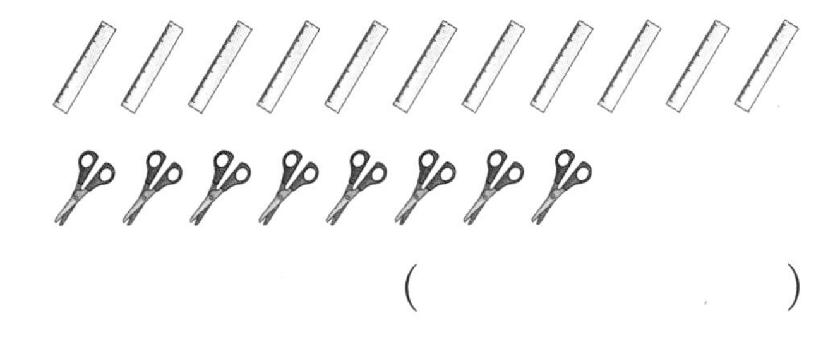

(　　　　　)

11 연우가 가지고 있는 인형 18개 중 9개를 알뜰 시장에 팔았습니다. 남은 인형은 몇 개인가요?

(　　　　　)

Power

⑥ 여러 가지 뺄셈하기

개념의 힘

• 여러 가지 뺄셈하기

(1)

$11-6=5$
$12-6=6$
$13-6=7$
$14-6=8$

빼는 수는 그대로이고 빼지는 수가 1씩 커지면 차도 1씩 커집니다.

(2)

$12-5=7$
$13-6=7$
$14-7=7$
$15-8=7$

빼지는 수와 빼는 수가 모두 1씩 커지면 차는 같습니다.

(3)

$13-7=6$
$13-6=7$
$13-5=8$
$13-4=9$

빼지는 수는 그대로이고 빼는 수가 1씩 작아지면 차는 1씩 커집니다.

(4)

$15-6=9$
$15-7=8$
$15-8=7$
$15-9=6$

빼지는 수는 그대로이고 빼는 수가 1씩 커지면 차는 1씩 작아집니다.

[1~2] 뺄셈식을 보고 물음에 답하세요.

$14-8=6$
$15-8=\square$
$16-8=\square$
$17-8=\square$

1 □ 안에 알맞은 수를 써넣으세요.

2 알맞은 말에 ○표 하세요.

빼는 수는 그대로이고 빼지는 수가 1씩 커지면 차는 1씩 (커집니다, 작아집니다).

[3~4] 뺄셈표를 보고 물음에 답하세요.

11−4 7	11−5 6	11−6 5
12−4 □	12−5 □	12−6 6
13−4 9	13−5 8	13−6 7

3 □ 안에 알맞은 수를 써넣으세요.

4 11−4 와 차가 같은 식을 모두 찾아 쓰세요.

12−□　　13−□

5 차가 3인 뺄셈식을 찾아 ○표 하세요.

12−7	12−8	12−9
(　　)	(　　)	(　　)

6 □ 안에 알맞은 수를 써넣으세요.

15−6=9
14−6=□
13−6=□
12−6=□

7 뺄셈식을 보고 알게된 점을 바르게 설명한 것의 기호를 쓰세요.

14−8=6
14−7=7
14−6=8
14−5=9

㉠ 빼지는 수는 그대로이고 빼는 수가 1씩 작아지면 차도 1씩 작아집니다.
㉡ 빼지는 수는 그대로이고 빼는 수가 1씩 작아지면 차는 1씩 커집니다.

(　　　　　　)

[8~10] 뺄셈표를 보고 물음에 답하세요.

15−7	15−8	15−9
	16−8	16−9
		17−9

8 15−8과 차가 같은 식을 찾아 ○표 하세요.

9 15−7과 차가 같은 식을 모두 찾아 △표 하세요.

10 알맞은 말에 ○표 하세요.

↘ 방향으로 놓인 뺄셈식에서 빼지는 수와 빼는 수가 모두 1씩 커지면 차는 (같습니다 , 다릅니다).

11 차가 6이 되도록 □ 안에 알맞은 수를 써넣으세요.

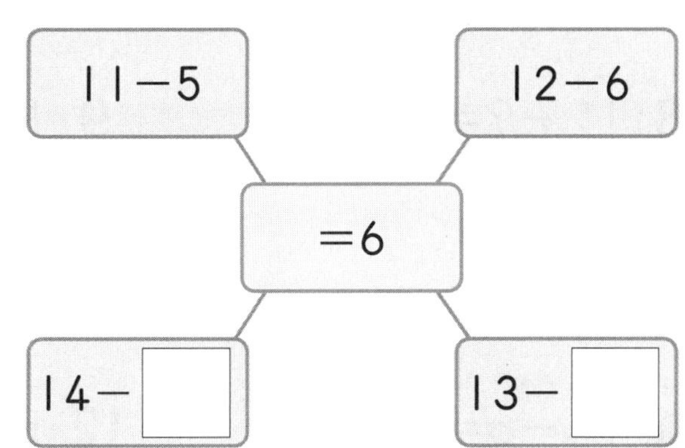

개념의 힘 Power ④~⑥ 뺄셈 알아보기 / 뺄셈하기

[1~4] 그림을 보고 □ 안에 알맞은 수를 써넣으세요.

1

➔ $13-4=\square$

2

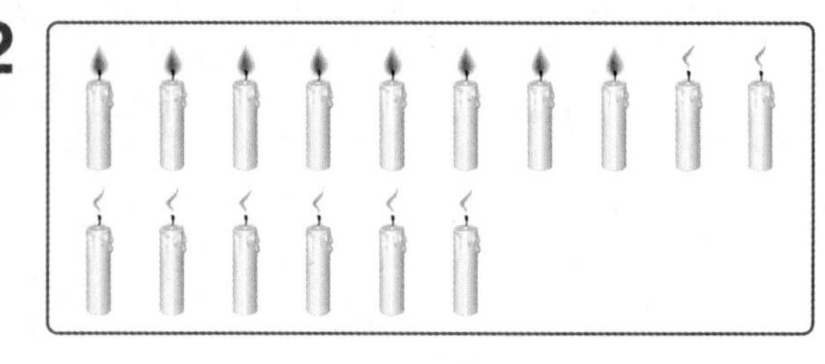

➔ $16-8=\square$

3

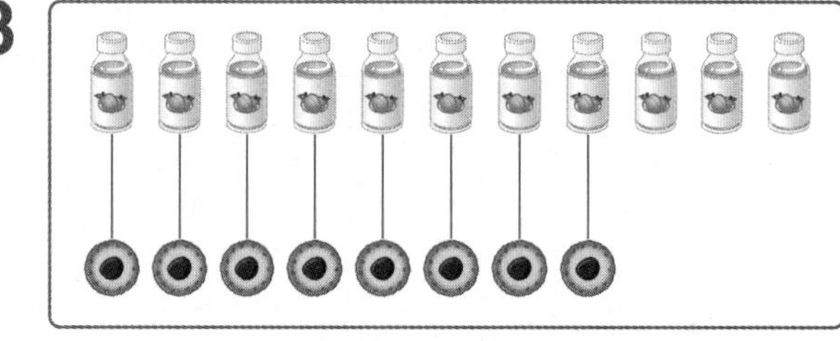

➔ $11-8=\square$

4

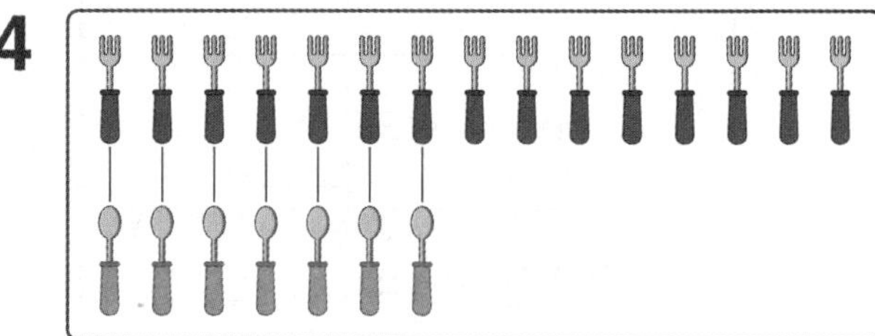

➔ $15-7=\square$

[5~13] 뺄셈을 해 보세요.

5 $11-9=\square$

6 $13-6=\square$

7 $14-8=\square$

8 $12-9=\square$

9 $11-4=\square$

10 $17-9=\square$

11 $14-6=\square$

12 $13-7=\square$

13 $18-9=\square$

[14~17] □ 안에 알맞은 수를 써넣으세요.

14

$13-9=4$
$14-9=\square$
$15-9=\square$
$16-9=\square$

15

$14-5=9$
$15-6=\square$
$16-7=\square$
$17-8=\square$

16

$12-4=8$
$12-5=\square$
$12-6=\square$
$12-7=\square$

17

$11-5=6$
$11-4=\square$
$11-3=\square$
$11-2=\square$

18 차가 4인 뺄셈식이 쓰여 있는 도토리를 모두 찾아 색칠해 보세요.

1 STEP 기본의 힘

1 그림을 보고 □ 안에 알맞은 수를 써넣으세요.

$15-7=\square$

2 그림을 보고 □ 안에 알맞은 수를 써넣으세요.

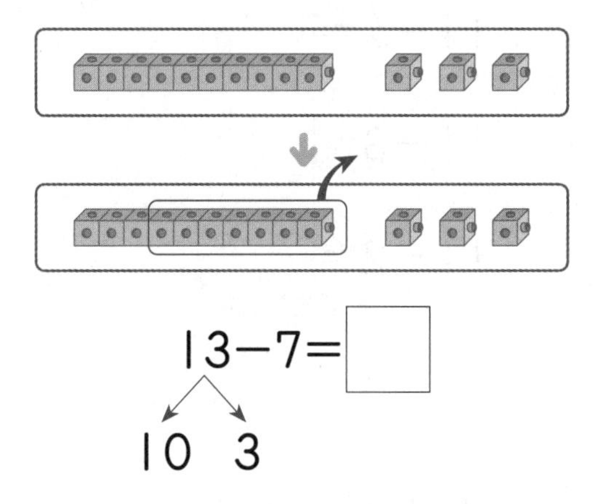

3 □ 안에 알맞은 수를 써넣으세요.

(1) 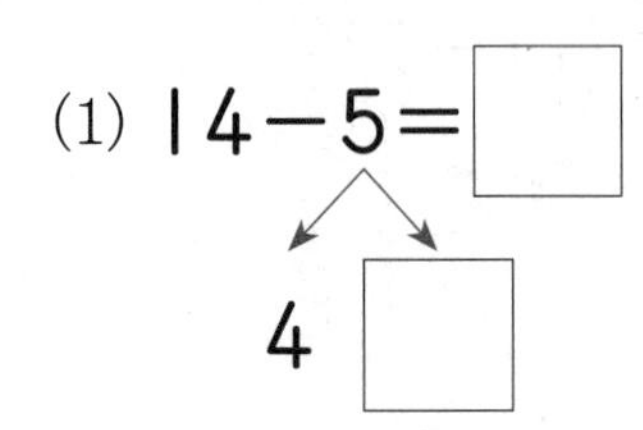

(2) 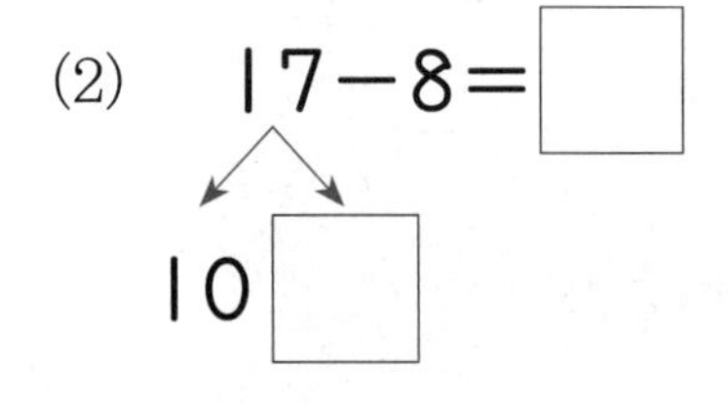

4 빈칸에 알맞은 수를 써넣으세요.

5 $11-5=6$ 을 이용하여 □ 안에 알맞은 수를 써넣으세요.

$12-6=\square$

$13-7=\square$

$14-8=\square$

6 차가 10인 뺄셈식을 말한 사람은 누구인가요?

( )

7 나타내는 수가 더 작은 것의 기호를 쓰세요.

㉠ 15보다 9만큼 더 작은 수
㉡ 13보다 6만큼 더 작은 수

( )

8 종이배와 종이학 중 어느 것이 몇 개 더 많은지 알맞은 말에 ○표 하고, □ 안에 알맞은 수를 써넣으세요.

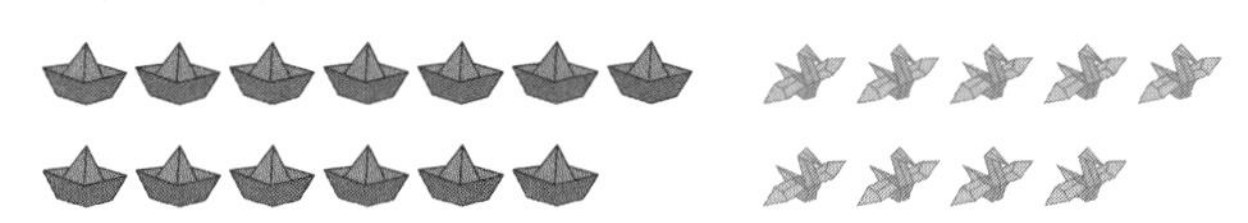

➔ (종이배 , 종이학)이/가 □개 더 많습니다.

9 뺄셈표를 보고 □ 안에 알맞은 수를 써넣고, 알맞은 말에 ○표 하세요.

14−6	14−7	14−8	14−9
	15−7	15−8	15−9

→ 방향으로 놓인 뺄셈식에서 빼지는 수는 그대로이고 빼는 수가 □씩 커지면 차는 □씩 (커집니다 , 작아집니다).

10 소영이가 공책 3권을 더 샀더니 공책이 모두 11권이 되었습니다. 소영이가 처음에 가지고 있던 공책은 몇 권이었나요?

식 ________________

답 ________________

11 두 수의 차가 큰 것부터 차례대로 1, 2, 3을 쓰세요.

15−8	16−8	17−8
( )	( )	( )

12 수 카드 2장으로 서로 다른 뺄셈식을 만들어 보세요.

7 9

16−□=□

16−□=□

정보처리

13 차를 구하고 보기에서 수를 찾아 같은 색으로 색칠해 보세요.

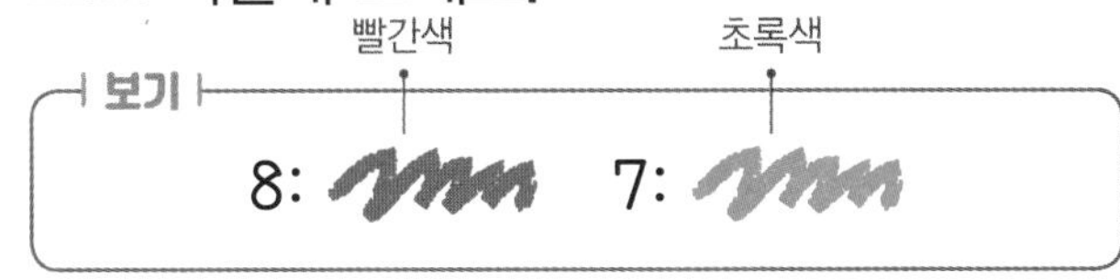

13−5	13−6	13−7
	14−6	14−7
		15−7

2 STEP 응용의 힘

응용 1 계산 결과가 같은 것 찾기

신의 한수

덧셈과 뺄셈을 하여 계산 결과를 비교합니다.

1 계산 결과가 같은 두 덧셈식에 ○표 하세요.

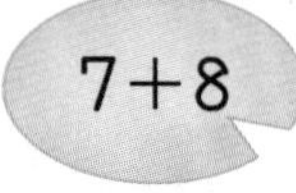

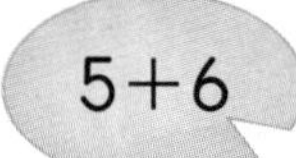

9+2

( ) ( ) ( )

2 계산 결과가 같은 두 뺄셈식에 ○표 하세요.

( ) ( ) ( )

3 계산 결과가 다른 하나를 찾아 기호를 쓰세요.

㉠ 4+9 ㉡ 6+7 ㉢ 8+4

( )

4 계산 결과가 다른 하나를 찾아 기호를 쓰세요.

㉠ 17−9 ㉡ 12−8 ㉢ 11−7

( )

응용 2 가장 큰 수와 가장 작은 수의 합(차) 구하기

수를 순서대로 쓴 다음 가장 큰 수와 가장 작은 수를 구합니다.

예 4, 2, 5, 8의 크기 비교

②−4−5−⑧

가장 작은 수 / 가장 큰 수

5 가장 큰 수와 가장 작은 수의 합을 구하세요.

7, 3, 5, 8

( )

6 가장 큰 수와 가장 작은 수의 차를 구하세요.

9, 13, 6, 11

( )

7 5장의 수 카드 중 가장 큰 수와 가장 작은 수의 합을 구하세요.

8 

6

( )

응용 3 남은 수 구하기

남은 수를 구하려면 뺄셈을 이용합니다.

(처음 수)−(잃어버린 수)/(사용한 수)/(팔린 수)=(남은 수)

8 정우가 도토리 13개를 주웠는데 그중에서 5개를 잃어버렸습니다. 남은 도토리는 몇 개인가요?

( )

9 냉장고에 달걀 14개가 있었는데 그중에서 9개를 사용하여 빵을 만들었습니다. 남은 달걀은 몇 개인가요?

( )

10 어느 채소 가게에 오이가 14개, 가지가 15개 있습니다. 그중에서 오이 5개와 가지 7개가 팔렸을 때 오이와 가지 중 더 많이 남은 채소는 무엇인가요?

( )

응용 4 □ 안에 알맞은 수 구하기

주어진 식을 계산하고 □ 안에 들어갈 수 있는 수를 알아봅니다.

- ▲>□인 경우 ➔ □는 ▲보다 작은 수
- ▲<□인 경우 ➔ □는 ▲보다 큰 수

11 1부터 9까지의 수 중에서 □ 안에 들어갈 수 있는 수를 모두 구하세요.

$$12-9>\square$$

( )

12 1부터 9까지의 수 중에서 □ 안에 들어갈 수 있는 수를 모두 구하세요.

$$15-8<\square$$

( )

13 □ 안에 들어갈 수 있는 가장 큰 수를 구하세요.

$$11-7>\square$$

( )

4 단원 덧셈과 뺄셈(2)

응용 5 붙인 전체 타일의 수 구하기

① 빈칸을 세어 더 붙인 타일의 수를 구합니다.
② 처음에 붙인 타일의 수와 위 ①에서 구한 수를 더하여 붙인 전체 타일의 수를 구합니다.

14 현관문 바닥에 타일 6개를 붙인 다음 타일 몇 개를 더 붙여 빈칸을 모두 채웠습니다. 바닥에 붙인 타일은 모두 몇 개인가요?

(　　　　　　　　)

15 화장실 벽에 타일 5개를 붙인 다음 타일 몇 개를 더 붙여 빈칸을 모두 채웠습니다. 벽에 붙인 타일은 모두 몇 개인가요?

(　　　　　　　　)

16 베란다 바닥에 타일 7개를 붙였습니다. 그 다음에 화분을 놓은 부분을 제외하고 타일 몇 개를 더 붙여 빈칸을 모두 채웠습니다. 바닥에 붙인 타일은 모두 몇 개인가요?

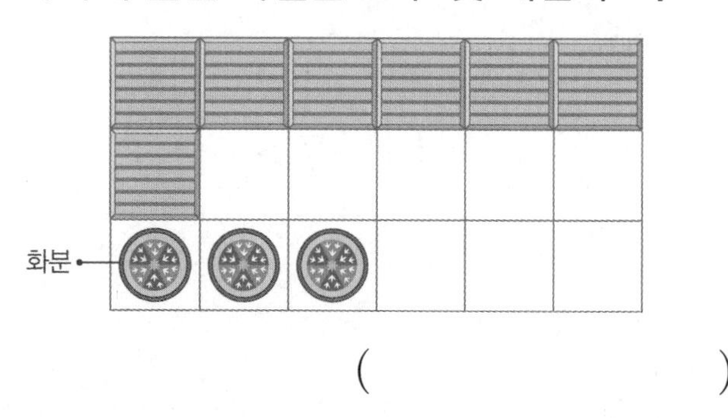

(　　　　　　　　)

응용 6 모양이 나타내는 수 구하기

먼저 계산할 수 있는 모양의 수부터 구합니다.

예
- $7+4=$■ → ■의 값을 먼저 구하고
- ■$-9=$▲ → ■의 값을 이용하여 ▲의 값을 구합니다.

17 같은 모양은 같은 수를 나타낼 때 ▲에 알맞은 수를 구하세요.

- $8+6=$●
- ●$-5=$▲

(　　　　　　　　)

18 같은 모양은 같은 수를 나타낼 때 ■에 알맞은 수를 구하세요.

- $16-9=$♥
- $4+$♥$=$■

(　　　　　　　　)

19 같은 모양은 같은 수를 나타낼 때 ◆에 알맞은 수를 구하세요.

- $9+6=$★
- ★$-8=$●
- ●$+$●$=$◆

(　　　　　　　　)

응용 7 뒤집힌 카드에 적힌 수 구하기

신의 한수

뒤집힌 카드가 없는 사람의 수 카드에 적힌 두 수의 합을 먼저 구한 후 나온 합을 이용하여 뒤집힌 수 카드에 적힌 수를 구합니다.

20 선우와 혜지가 가지고 있는 수 카드에 적힌 두 수의 합은 같습니다. 혜지가 가지고 있는 뒤집힌 수 카드에 적힌 수를 구하세요.

선우의 수 카드	혜지의 수 카드
8 6	9 ■

( )

21 슬기와 은호가 가지고 있는 수 카드에 적힌 두 수의 합은 같습니다. 슬기가 가지고 있는 뒤집힌 수 카드에 적힌 수를 구하세요.

슬기의 수 카드	은호의 수 카드
5 ■	3 8

( )

22 지아와 윤우가 가지고 있는 수 카드에 적힌 두 수의 합은 같습니다. 윤우가 가지고 있는 수 카드의 두 수가 같을 때 뒤집힌 수 카드에 공통으로 적힌 수를 구하세요.

지아의 수 카드	윤우의 수 카드
7 9	■ ■

( )

응용 8 합이 같은 덧셈식 찾기

신의 한수

먼저 더해지는 수와 더하는 수의 규칙을 찾아 ★이 있는 칸에 알맞은 식을 알아봅니다.

23 ★이 있는 칸에 알맞은 식과 합이 같은 식 2개를 표에서 찾아 쓰세요.

6+7 13	6+8 14	6+9 15
7+7 14	★	7+9 16
8+7 15	8+8 16	8+9 17

□+□=□

□+□=□

24 ★이 있는 칸에 알맞은 식과 합이 같은 식 2개를 표에서 찾아 쓰세요.

4+6 10	4+7 11	4+8 12
5+6 11	★	5+8 13
6+6 12	6+7 13	6+8 14

□+□=□

□+□=□

3 STEP 서술형의 힘

연습 문제 풀기

연습 1 운동장에 여학생이 7명, 남학생이 9명 있습니다. 운동장에 있는 남학생과 여학생은 모두 몇 명인가요?

식 ____________________

답 ____________

연습 2 도영이는 동화책 11권을 가지고 있었습니다. 이 중에서 동화책 3권을 친구에게 주었다면 남은 동화책은 몇 권인가요?

식 ____________________

답 ____________

연습 3 성찬이와 채원이는 사과 따기 체험을 했습니다. 사과를 성찬이는 8개 땄고, 채원이는 성찬이보다 4개 더 많이 땄습니다. 채원이가 딴 사과는 몇 개인가요?

식 ____________________

답 ____________

연습 4 장난감 15개를 두 상자에 나누어 담아 정리하려고 합니다. 한 상자에 8개를 담았다면 다른 상자에는 장난감을 몇 개 담아야 하나요?

식 ____________________

답 ____________

정답 및 풀이 29쪽

대표 유형 1 수 카드를 골라 가장 큰(작은) 값 만들기

수 카드 5장 중 2장을 골라 한 번씩만 사용하여 두 수의 합을 구하려고 합니다. 두 수의 합이 가장 클 때의 합은 얼마인가요?

5 7 2 4 8

해결 방법

알맞은 말에 ○표 하기

1 두 수의 합이 가장 크려면 가장 (큰 , 작은) 수와 두 번째로 (큰 , 작은) 수를 더합니다.

2 골라야 하는 2장의 수 카드: □, □

3 두 수의 합이 가장 클 때의 합: □+□=□

답 ____________

유형 코칭
- 두 수의 합이 가장 큰 경우: (가장 큰 수)+(두 번째로 큰 수)
- 두 수의 합이 가장 작은 경우: (가장 작은 수)+(두 번째로 작은 수)

위의 해결 방법을 따라 풀이를 쓰고 답을 구하세요.

1-1 수 카드 5장 중 2장을 골라 한 번씩만 사용하여 두 수의 합을 구하려고 합니다. 두 수의 합이 가장 클 때의 합은 얼마인가요?

1 4 5 2 9

풀이

답 ____________

1-2 수 카드 5장 중 2장을 골라 한 번씩만 사용하여 두 수의 합을 구하려고 합니다. 두 수의 합이 가장 작을 때의 합은 얼마인가요?

9 7 8 5 6

풀이

답 ____________

대표 유형 2 사용한 재료의 수 구하기

우진이와 수아의 대화를 읽고 수아가 사용한 구슬은 몇 개인지 구하세요.

> 우진: 나는 가지고 있는 구슬 13개 중 9개를 사용하여 팔찌를 만들었어.
> 수아: 나는 구슬 12개 중 팔찌를 만들고 남은 구슬의 수가 우진이가 사용하고 남은 구슬의 수와 같아.

해결 방법

1 (우진이가 사용하고 남은 구슬의 수)=13−□=□(개)

2 (수아가 사용하고 남은 구슬의 수)=(우진이가 사용하고 남은 구슬의 수)=□개

3 (수아가 사용한 구슬의 수)=12−□=□(개)

답 ____________

유형 코칭 두 사람이 사용하고 남은 구슬의 수가 같음을 이용하여 수아가 사용한 구슬의 수를 구합니다.
➔ (사용한 구슬의 수)=(처음에 가지고 있던 구슬의 수)−(남은 구슬의 수)

위의 해결 방법을 따라 풀이를 쓰고 답을 구하세요.

2-1 은서와 지호의 대화를 읽고 지호가 사용한 휴지심은 몇 개인지 구하세요.

나는 휴지심 15개 중 6개를 사용하여 기차 모양을 만들었어.

은서

나는 휴지심 18개 중 나무 모양을 만들고 남은 휴지심의 수가 은서가 사용하고 남은 휴지심의 수와 같아.

지호

풀이

답 ____________

대표 유형 3 꺼내야 하는 공의 수 찾기

주머니에서 꺼낸 공에 적힌 두 수의 합이 수민이보다 하은이가 더 크게 하려고 합니다. 하은이는 두 번째에 어떤 수가 적힌 공을 꺼내야 하는지 모두 구하세요.

나는 6을 한 개 꺼냈어. 두 번째는 무엇을 꺼내야 할까?

해결 방법

❶ 수민이가 꺼낸 공에 적힌 두 수의 합: $4+8=$ ☐

❷ 6과의 합이 ☐ 보다 큰 덧셈식은

$6+$ ☐ $=$ ☐, $6+$ ☐ $=$ ☐ 입니다.

❸ 하은이가 두 번째에 어떤 수가 적힌 공을 꺼내야 하는지 모두 구하기: ☐, ☐

답 ____________________

유형 코칭 하은이가 꺼낸 공에 적힌 수 6과 주머니 안에 있는 공에 적힌 수를 더해 보며 수민이가 꺼낸 공에 적힌 두 수의 합보다 큰 경우를 알아봅니다.

✓ 위의 해결 방법을 따라 풀이를 쓰고 답을 구하세요.

3-1 상자에서 꺼낸 공에 적힌 두 수의 합이 지석이보다 세호가 더 크게 하려고 합니다. 세호는 두 번째에 어떤 수가 적힌 공을 꺼내야 하는지 모두 구하세요.

지석: 6 5 ← 8 1 7 4 2 3 → 세호: 9 ?

풀이

답 ____________________

단원평가

점수

1 □ 안에 알맞은 수를 써넣으세요.

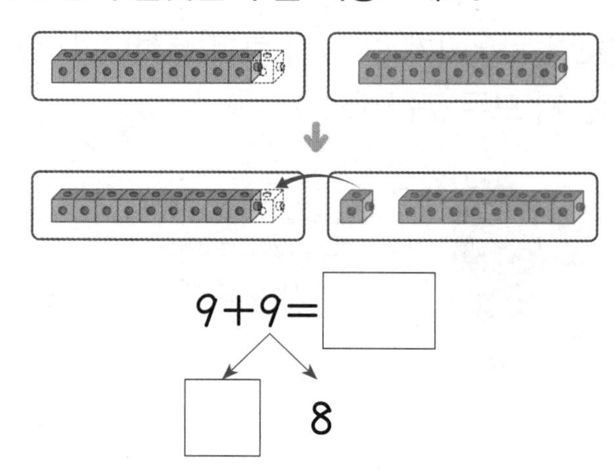

2 그림을 보고 □ 안에 알맞은 수를 써넣으세요.

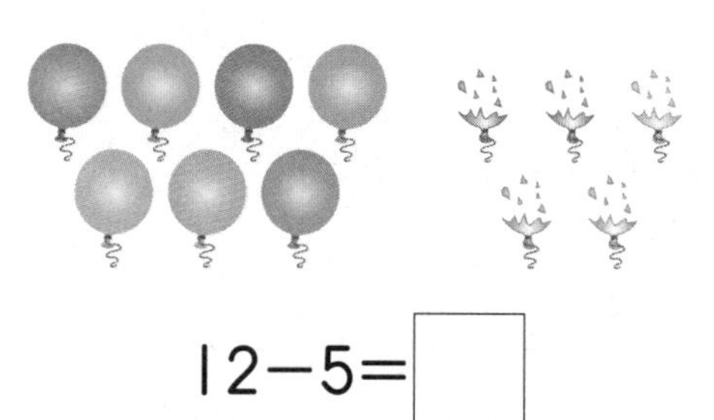

$12-5=$ □

3 □ 안에 알맞은 수를 써넣으세요.

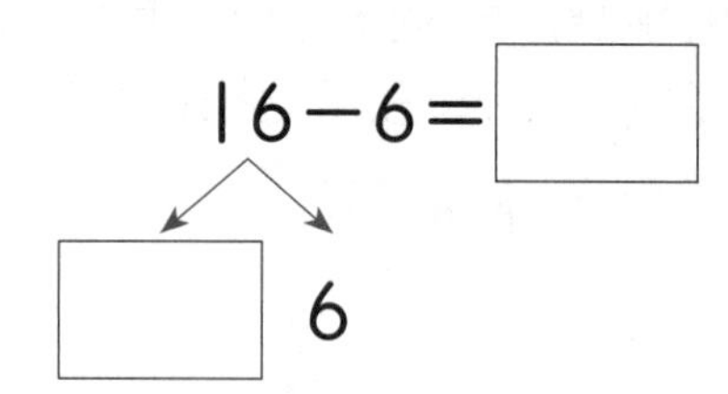

4 계산해 보세요.

(1) $6+6$

(2) $14-5$

5 차가 5인 뺄셈식에 ○표 하세요.

11−7	13−8
(　　)	(　　)

6 7+5를 두 가지 방법으로 계산해 보세요.

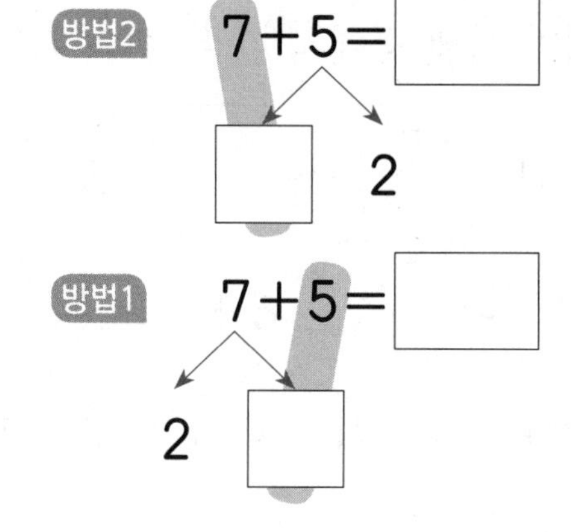

7 두 수의 차를 빈 곳에 써넣으세요.

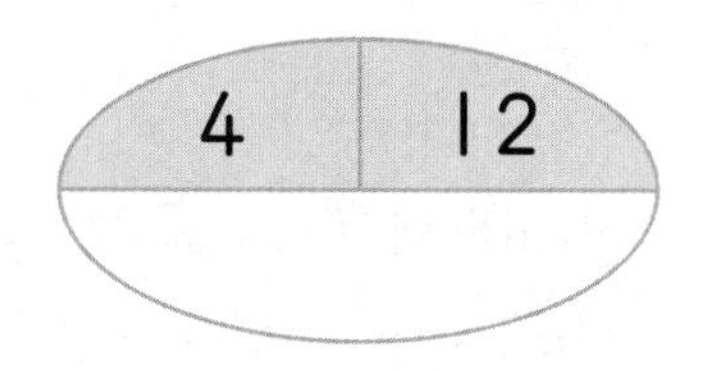

8 잘못 계산한 사람의 이름을 쓰세요.

희주: $8+9=18$
정민: $7+4=11$

(　　　　　　)

9 뺄셈을 하고 알게 된 점을 쓰세요.

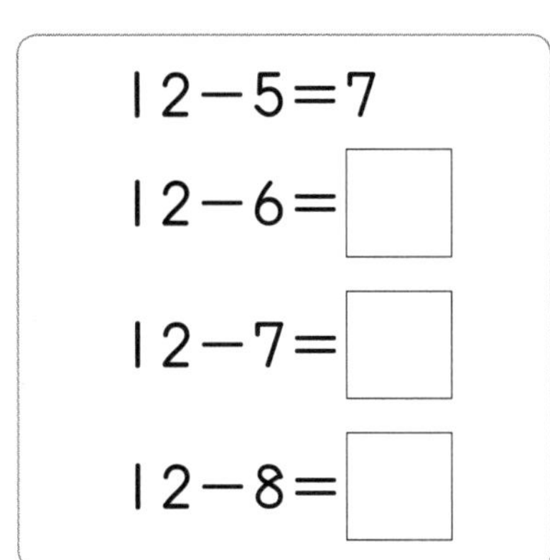

알게 된 점 빼지는 수는 그대로이고 빼는 수가 ☐씩 커지면 차는 ☐씩 작아집니다.

10 크기를 비교하여 ○ 안에 >, =, <를 알맞게 써넣으세요.

6+6 ○ 13

11 계산 결과를 찾아 이어 보세요.

14−5 •		• 3
12−9 •		• 6
		• 9

12 합이 14보다 큰 덧셈식을 찾아 기호를 쓰세요.

㉠ 5+8 ㉡ 6+8 ㉢ 7+8

( )

13 리본 13개 중에서 6개를 친구에게 주었습니다. 남은 리본은 몇 개인가요?

식

답

14 고구마를 민성이는 8개 캤고, 재희는 9개 캤습니다. 민성이와 재희가 캔 고구마는 모두 몇 개인가요?

식

답

15 장난감 가게에 로봇이 11개, 공룡이 5개 있습니다. 로봇은 공룡보다 몇 개 더 많은가요?

( )

16 두 수의 차가 큰 식부터 순서대로 이어 보세요.

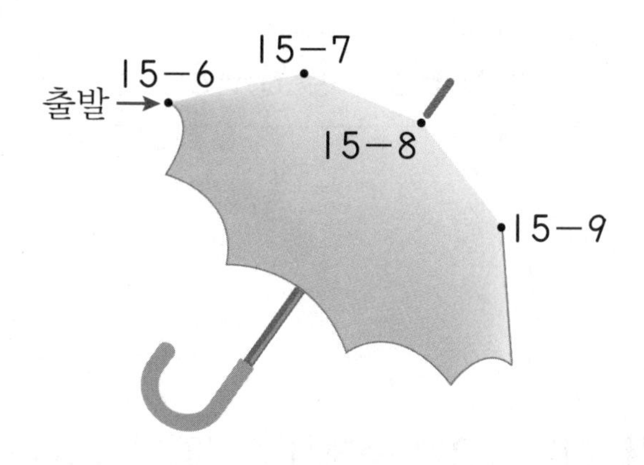

추론

17 1부터 9까지의 수 중에서 □ 안에 들어갈 수 있는 수는 모두 몇 개인가요?

$13-8>\square$

(　　　　　　)

18 같은 모양은 같은 수를 나타낼 때 ●는 얼마인지 구하세요.

- $5+7=$■
- ■$-4=$▲
- ▲$+$▲$=$●

(　　　　　　)

서술형

19 연우는 음료수 캔 11개와 우유갑 14개를 모았습니다. 그중에서 음료수 캔 6개와 우유갑 7개를 분리배출했습니다. 음료수 캔과 우유갑 중 더 많이 남은 것은 무엇인지 풀이 과정을 쓰고 답을 구하세요.

풀이

답

서술형

20 수 카드 5장 중 2장을 골라 한 번씩만 사용하여 두 수의 합을 구하려고 합니다. 두 수의 합이 가장 클 때의 합은 얼마인지 풀이 과정을 쓰고 답을 구하세요.

3　6　2　7　4

풀이

답

창의·사고력의 힘!

덧셈과 뺄셈 퍼즐 맞추기

덧셈과 뺄셈 퍼즐을 맞춰 요정 나라로 들어가는 성문을 열려고 합니다. 빈칸에 알맞은 수를 써넣으세요.

1

6	+	6	=	
+		+		−
9	−	3	=	6
=		=		=
15	−	9	=	

2

파란색 선을 따라 아래로 계산해 봐.

13	−	6	=	7
−		+		+
	−	3	=	
=		=		=
4	+	9	=	13

5

규칙 찾기

주어진 모양이나 무늬 또는 수 배열과 수 배열표에서 규칙을 찾아보자.

찾은 규칙을 여러 가지 방법으로 나타내 보자.

이번에 배울 내용

1. 규칙 찾기
2. 규칙 만들기
3. 수 배열에서 규칙 찾기
4. 수 배열표에서 규칙 찾기
5. 규칙을 여러 가지 방법으로 나타내기

이후에 배울 내용

2-2

규칙 찾기

- 무늬 / 쌓은 모양에서 규칙 찾기
- 덧셈표 / 곱셈표에서 규칙 찾기
- 생활에서 규칙 찾기

Power ① 규칙 찾기

개념의 힘

1 규칙을 찾아 말하기

(1) 색깔이 반복되는 규칙

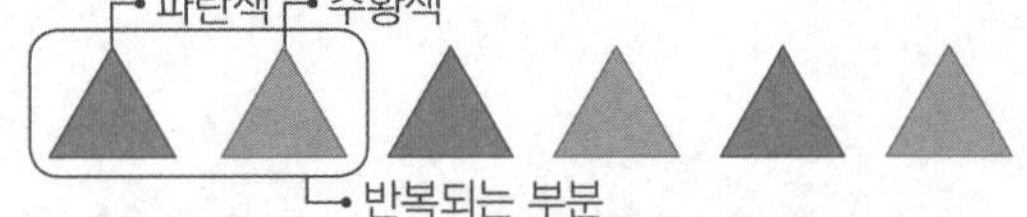

규칙 파란색, 주황색이 반복됩니다.

(2) 위치가 반복되는 규칙

규칙 곰 얼굴이 바로, 거꾸로가 반복됩니다.

(3) 크기가 반복되는 규칙

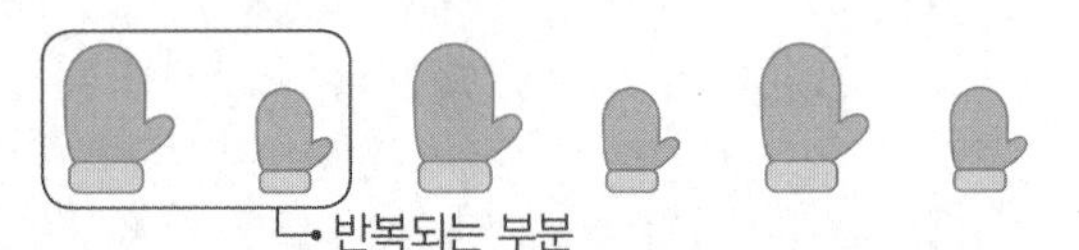

규칙 큰 장갑, 작은 장갑이 반복됩니다.

2 규칙을 찾아 빈칸에 알맞은 것 알아보기

(1) 규칙 찾기

규칙 사탕, 초콜릿이 반복됩니다.

(2) 빈칸에 알맞은 것 알아보기

규칙에 따라 초콜릿 다음에는 사탕이 와야 하므로 빈칸에 알맞은 것은 사탕입니다.

[1~2] 규칙에 따라 놓은 것입니다. 반복되는 부분에 ○표 하세요.

1

(　　　) (　　　)

2

(　　　) (　　　)

3 규칙을 찾아 빈칸에 알맞은 기차에 ○표 하세요.

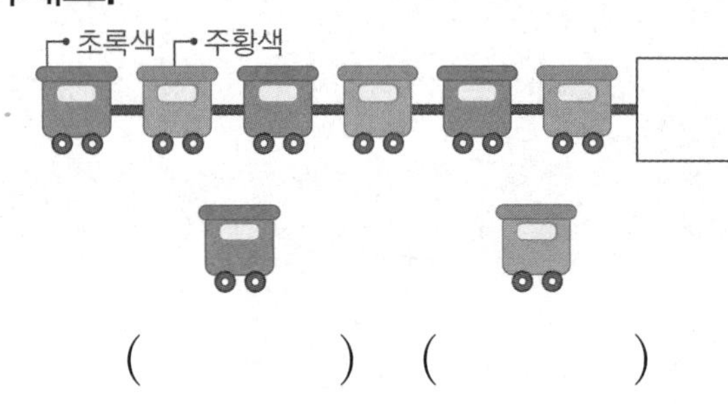

(　　　) (　　　)

4 규칙을 찾아 빈칸에 알맞은 그림에 ○표 하세요.

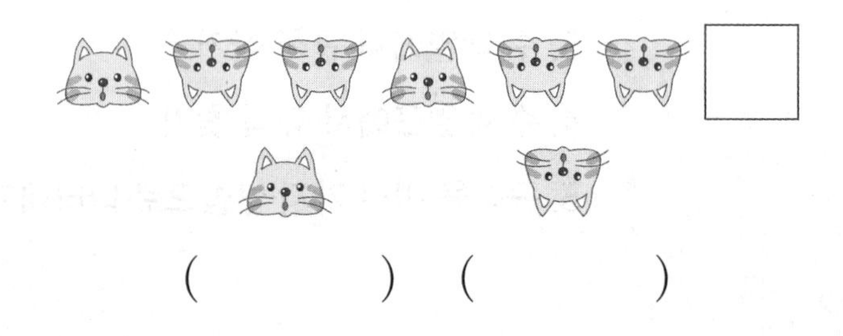

(　　　) (　　　)

[5~6] 규칙을 찾아 □ 안에 알맞은 말을 써넣으세요.

5

규칙 사과, □ 이/가 반복됩니다.

6

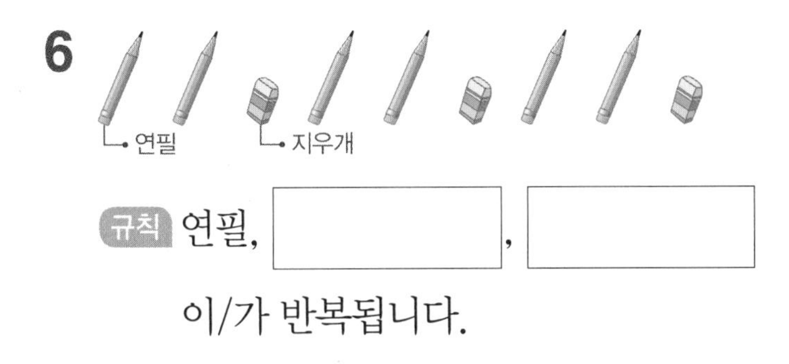

규칙 연필, □, □ 이/가 반복됩니다.

[7~8] 규칙을 찾아 빈칸에 알맞은 그림을 그려 보세요.

7

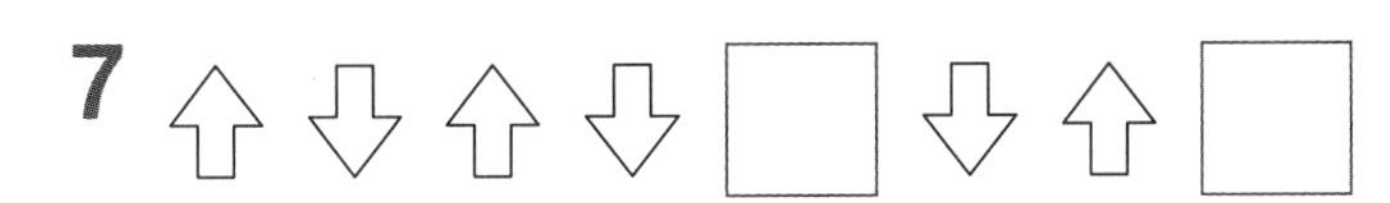

8

9 규칙을 찾아 알맞게 색칠해 보세요.

10 규칙을 찾아 빈칸에 알맞은 꽃의 이름을 쓰세요.

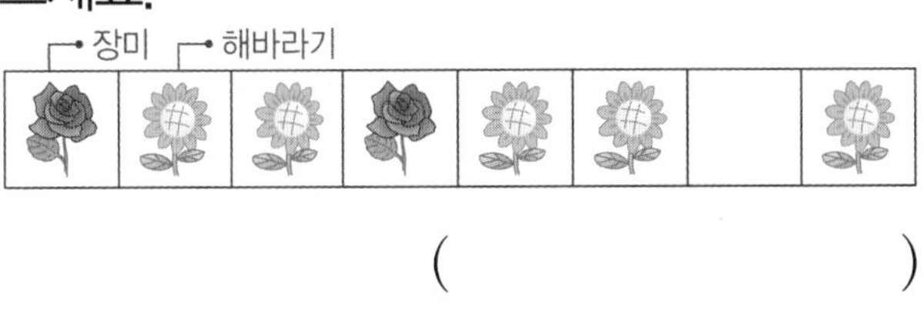

( )

11 그림을 보고 규칙을 바르게 말한 사람의 이름을 쓰세요.

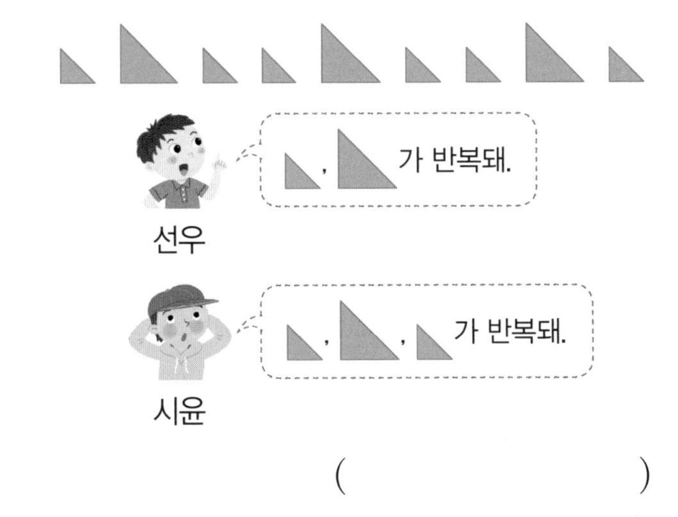

( )

서술형

12 필통의 우산 무늬 색깔을 보고 규칙을 찾아 쓰세요.

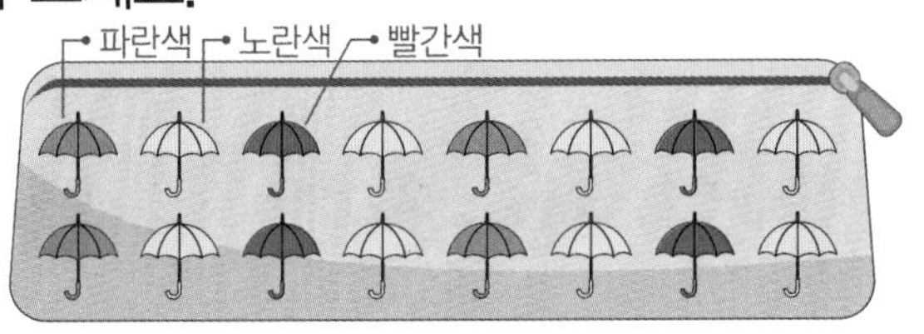

규칙 필통의 우산 무늬 색깔은 ______

______

② 규칙 만들기

개념의 힘

1 규칙을 만들어 물건 놓아 보기

두 가지 색으로 규칙을 만들어 보자.

(1)  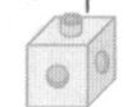   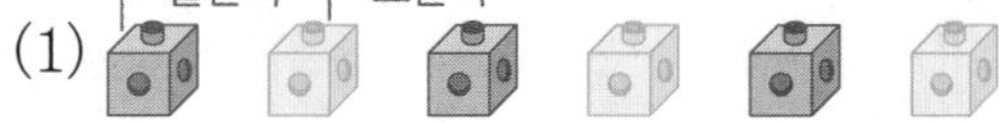

규칙 빨간색, 노란색이 반복됩니다.

(2) 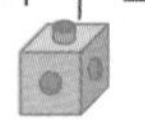 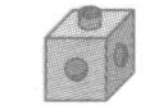  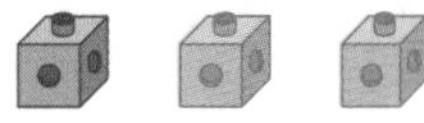

규칙 보라색, 초록색, 초록색이 반복됩니다.

(3)  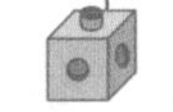 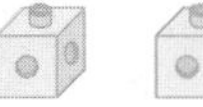  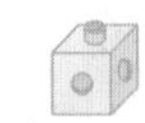

규칙 노란색, 파란색, 노란색이 반복됩니다.

2 규칙을 만들어 무늬 꾸미기

각 줄에서 규칙을 찾아보자.

규칙 첫째 줄은 주황색, 파란색이 반복됩니다.
둘째 줄은 파란색, 주황색이 반복됩니다.
셋째 줄은 주황색, 파란색이 반복됩니다.

[1~2] 은행잎( )과 단풍잎( )으로 규칙을 만들었습니다. 규칙을 바르게 설명했으면 ○표, 잘못 설명했으면 ×표 하세요.

1     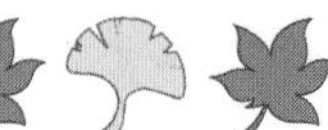

은행잎, 은행잎, 단풍잎이 반복됩니다.

( )

2

은행잎, 은행잎, 단풍잎, 단풍잎이 반복됩니다.

( )

[3~4] 규칙에 따라 색을 칠하려고 합니다. 물음에 답하세요.

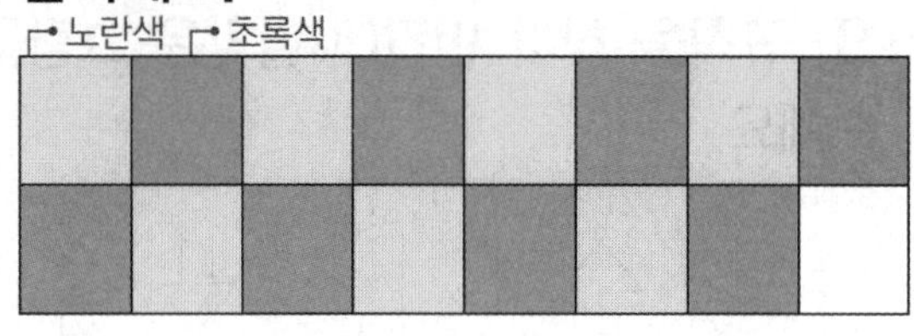

3 규칙을 찾아 □ 안에 알맞은 말을 써넣으세요.

규칙 첫째 줄은 노란색, □색이 반복되고, 둘째 줄은 초록색, □색이 반복됩니다.

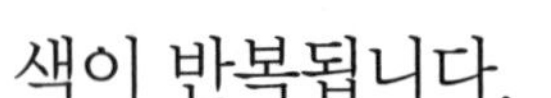

4 규칙에 따라 빈칸에 알맞은 색을 칠해 보세요.

[5~6] 토끼( )와 당근( )으로 만든 규칙에 따라 빈칸에 알맞은 그림에 ○표 하세요.

5

(,)

6

(,)

[7~9] 규칙에 따라 빈칸에 알맞은 색을 칠해 보세요.

7

파란색 노란색

8

연두색 빨간색

9

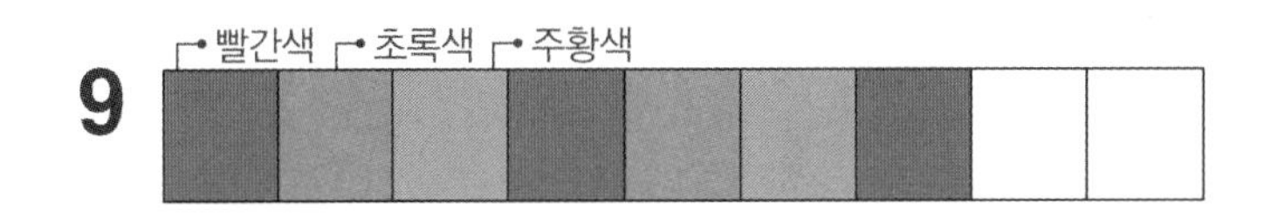

10 △, ◇ 모양으로 규칙에 따라 구슬 팔찌를 꾸며 보세요.

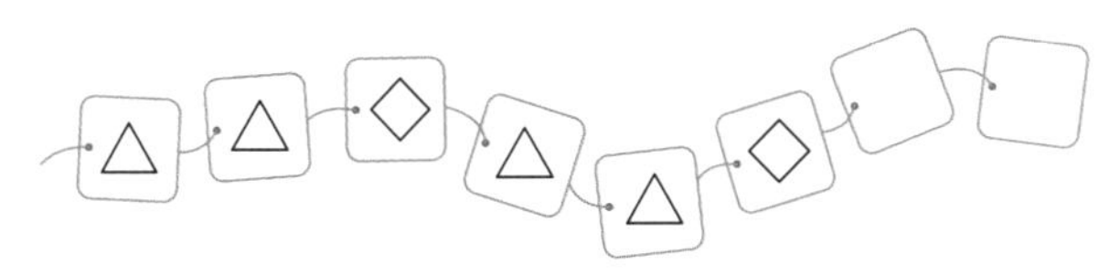

11 규칙에 따라 빈칸에 알맞은 모양을 그리고, 색칠해 보세요.

초록색 노란색

[12~13] 연결 모형 파란색( )과 초록색( )으로 규칙을 만들었습니다. 물음에 답하세요.

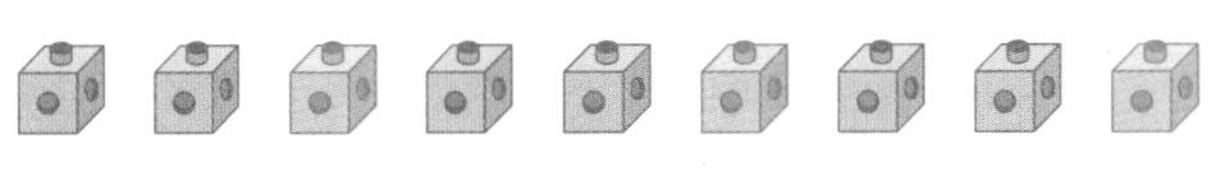

서술형

12 규칙을 찾아 쓰세요.

규칙 ____________________

13 위 **12**에서 찾은 규칙과 다른 규칙을 만들어 색을 칠해 보세요.

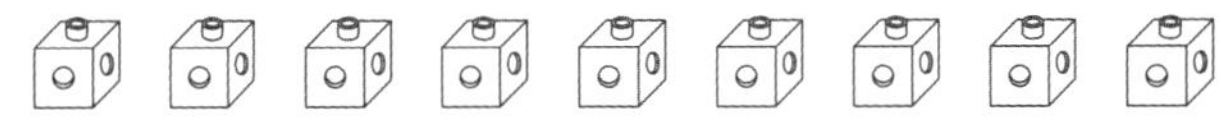
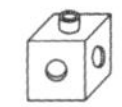
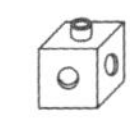
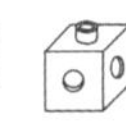
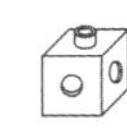
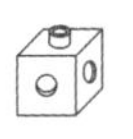
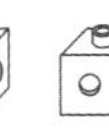
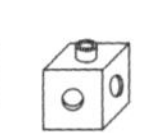

1 STEP 기본의 힘

1 규칙을 찾아 □ 안에 알맞은 말을 써넣으세요.

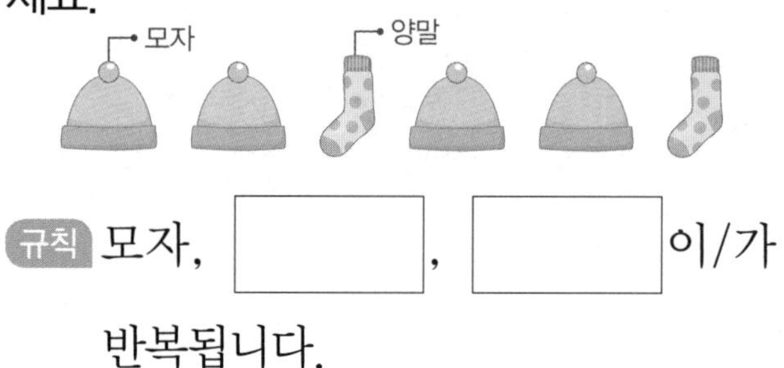

규칙 모자, □, □ 이/가 반복됩니다.

2 규칙을 찾아 빈칸에 알맞은 그림을 그려 보세요.

3 규칙을 찾아 빈 곳에 알맞은 색을 칠해 보세요.

4 규칙을 바르게 설명한 것에 ○표 하세요.

- 순가락, 포크, 순가락이 반복됩니다. ( )
- 숟가락, 포크, 포크가 반복됩니다. ( )

5 규칙에 따라 쿠키와 귤을 접시에 담고 있습니다. 귤을 담아야 하는 접시의 기호를 쓰세요.

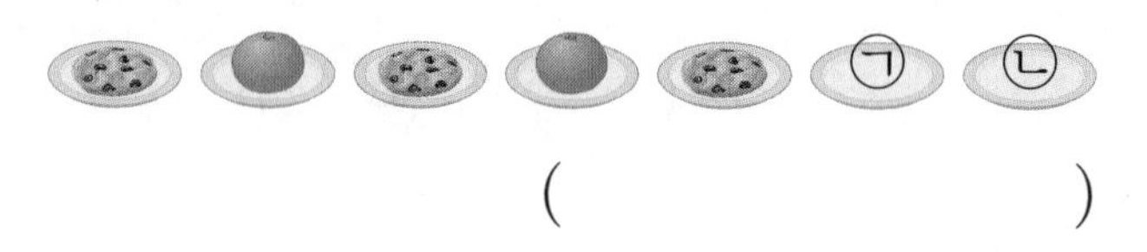

( )

6 규칙에 따라 빈칸에 알맞은 색을 칠해 보세요.

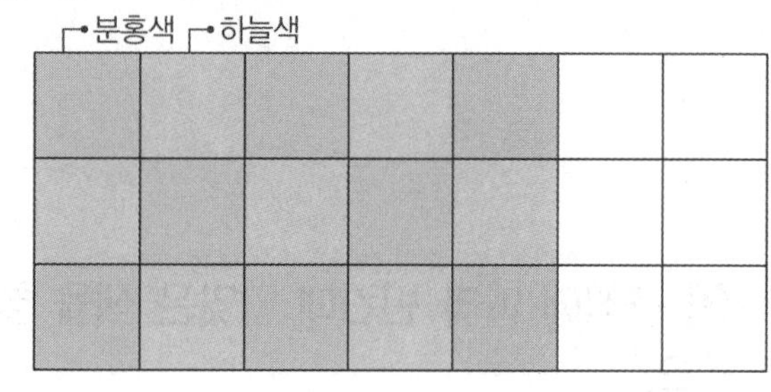

7 □, △ 모양으로 규칙에 따라 꾸며 보세요.

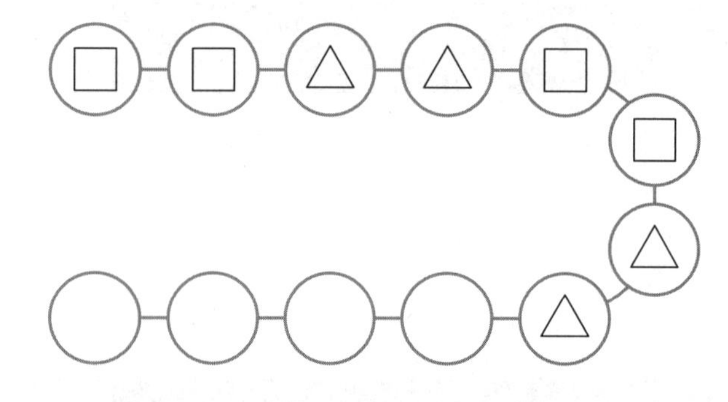

8 규칙에 따라 놓은 것을 찾아 기호를 쓰세요.

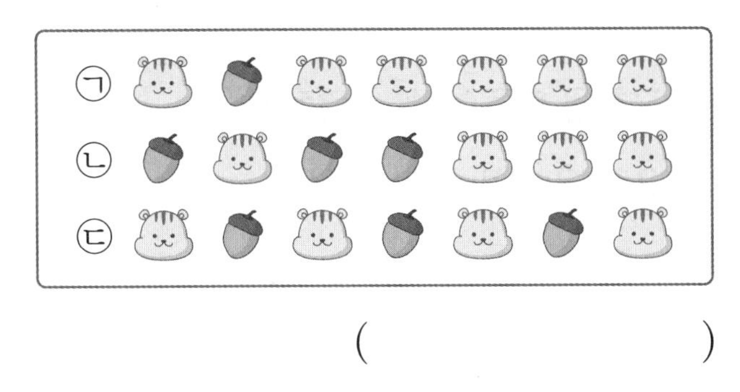

( )

9 하은이가 만든 규칙으로 놓은 것의 기호를 쓰세요.

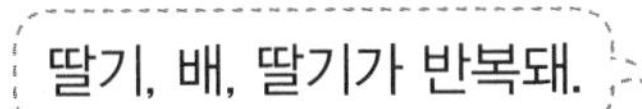

( )

[10~11] □, ○ **모양으로 규칙을 만들어 보려고 합니다. 물음에 답하세요.**

10 민재가 설명하는 규칙으로 놓아 보세요.

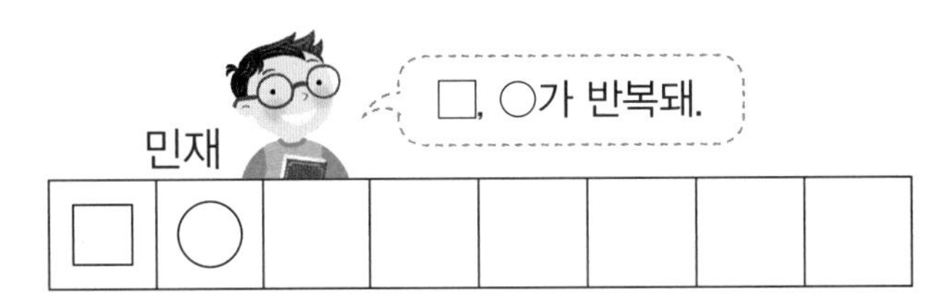

서술형

11 민재의 규칙과 다른 규칙으로 놓아 보고, 규칙을 쓰세요.

규칙 ______________________

____

12 규칙을 바르게 설명한 것의 기호를 쓰세요.

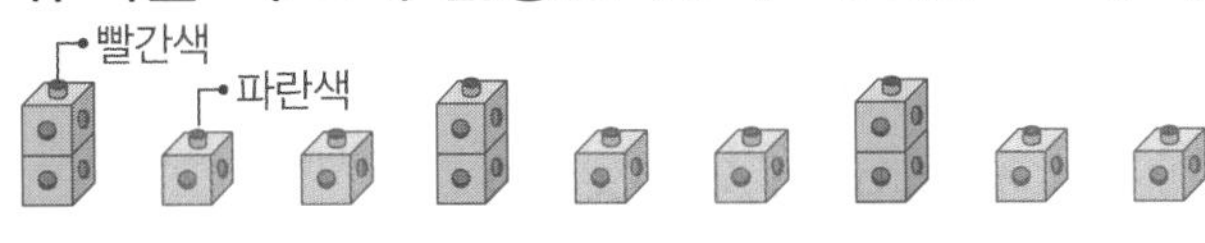

㉠ 색이 빨간색, 파란색, 파란색이 반복돼.
㉡ 개수가 2개, 1개, 2개씩 반복돼.

( )

13 규칙에 따라 빈칸에 알맞은 모양과 같은 모양의 물건을 찾아 기호를 쓰세요.

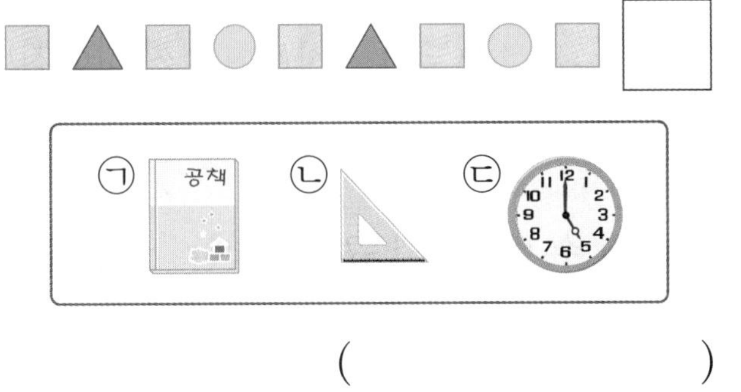

( )

문제 해결

14 규칙에 따라 무늬를 꾸몄을 때 알맞은 모양이 다른 하나를 찾아 기호를 쓰세요.

♡	◇	◇	♡	◇	◇	♡		㉠
◇	♡	◇	◇	♡	◇	◇		㉡
◇	◇	♡	◇	◇	♡	◇	㉢	㉣

( )

5 단원 규칙 찾기

③ 수 배열에서 규칙 찾기

개념의 힘

1 수 배열에서 규칙 찾기

(1) 수가 반복되는 규칙 찾기

| 1 | 2 | 1 | 2 | 1 | 2 |

규칙 1과 2가 반복됩니다.

(2) 일정한 수만큼씩 커지는 규칙 찾기

| 10 | 20 | 30 | 40 | 50 | 60 |

규칙 10부터 시작하여 10씩 커집니다.

(3) 일정한 수만큼씩 작아지는 규칙 찾기

| 10 | 9 | 8 | 7 | 6 | 5 |

규칙 10부터 시작하여 1씩 작아집니다.

2 규칙을 만들어 수 배열하기

(1) 2와 3이 반복되는 규칙

| 2 | 3 | 2 | 3 | 2 | 3 |

(2) 1부터 시작하여 2씩 커지는 규칙

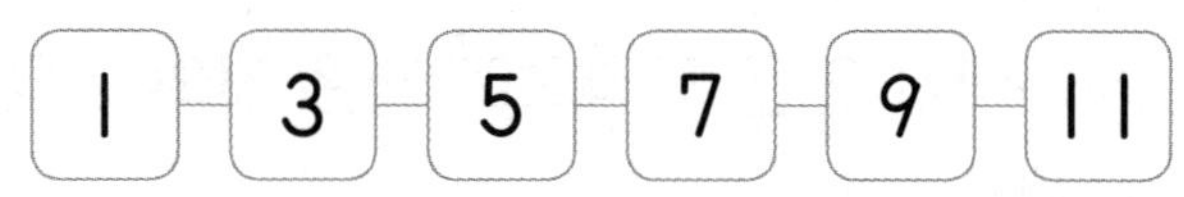

참고 규칙을 만들어 수를 배열할 때 다음과 같은 규칙을 만들 수 있습니다.
① 수가 반복되는 규칙
② 일정한 수만큼씩 커지는 규칙
③ 일정한 수만큼씩 작아지는 규칙

[1~2] 수 배열에서 규칙을 찾아 □ 안에 알맞은 수를 써넣으세요.

1 | 1 | 7 | 1 | 7 | 1 | 7 |

규칙 1과 □이 반복됩니다.

2 | 5 | 7 | 9 | 11 | 13 | 15 |

규칙 5부터 시작하여 □씩 커집니다.

[3~4] 규칙에 따라 빈칸에 알맞은 수를 써넣으세요.

3 4부터 시작하여 1씩 커지는 규칙

| 4 | 5 | | | 8 | |

4 38부터 시작하여 3씩 작아지는 규칙

| 38 | | 32 | 29 | | |

[5~6] 수 배열을 보고 물음에 답하세요.

5 규칙을 찾아 □ 안에 알맞은 수를 써넣으세요.

규칙 [ ]부터 시작하여 [ ]씩 커집니다.

6 규칙에 따라 ㉠에 알맞은 수를 구하세요.

( )

[7~9] 규칙에 따라 빈 곳에 알맞은 수를 써넣으세요.

7

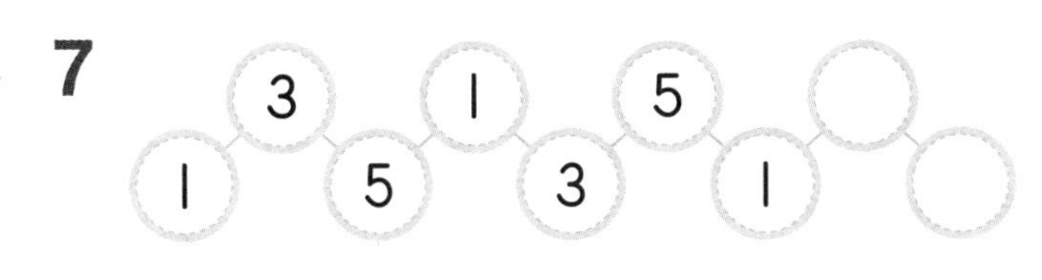

8

9

10 5부터 시작하여 2씩 커지는 수 배열의 기호를 쓰세요.

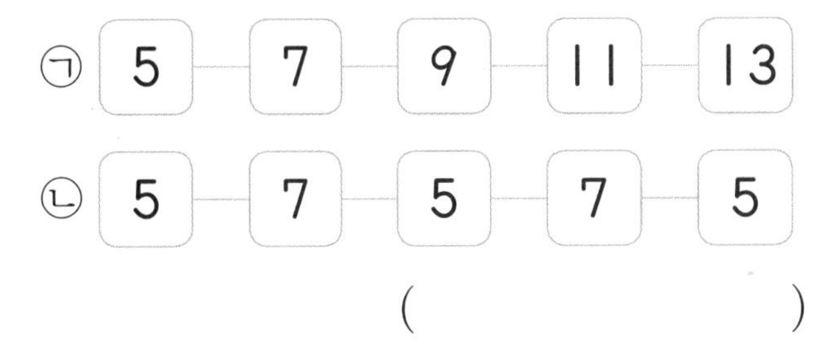

( )

11 수 배열의 규칙을 바르게 설명했으면 ○표, 잘못 설명했으면 ×표 하세요.

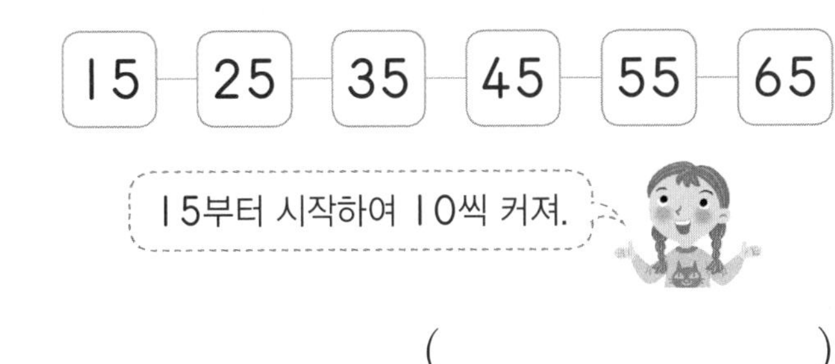

( )

서술형

12 수 배열의 규칙을 찾아 쓰세요.

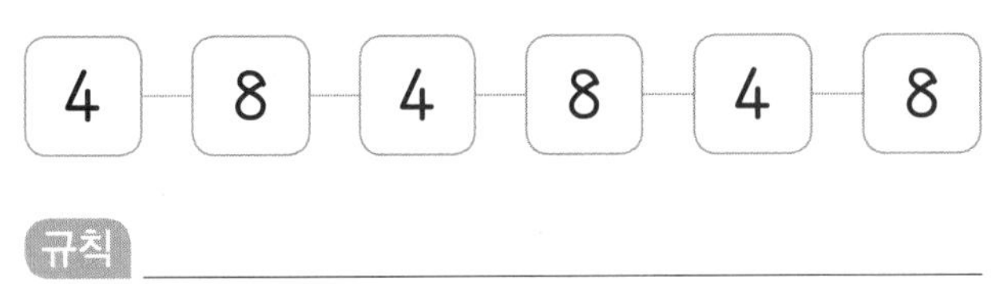

규칙 ____________________

13 지우가 말한 규칙에 따라 ㉠에 알맞은 수를 구하세요.

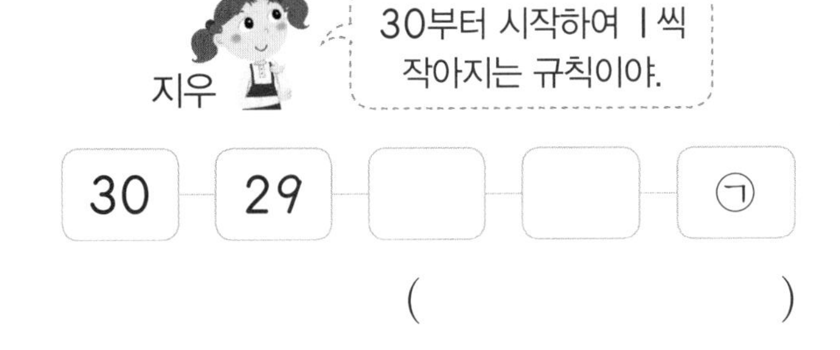

( )

Power 개념의 힘

④ 수 배열표에서 규칙 찾기

개념의 힘

1 수 배열표에서 규칙 찾기

1	2	3	4	5	6	7	8	9	10
11	12	13	14	15	16	17	18	19	20
21	22	23	24	25	26	27	28	29	30
31	32	33	34	35	36	37	38	39	40
41	42	43	44	45	46	47	48	49	50
51	52	53	54	55	56	57	58	59	60

(1) ▭에 있는 수는 **31**부터 시작하여 → 방향으로 **1**씩 커집니다.

(2) ▭에 있는 수는 **8**부터 시작하여 ↓ 방향으로 **10**씩 커집니다.

2 색칠한 수에서 규칙 찾기

(1)

1	2	3	4	5	6	7	8	9	10
11	12	13	14	15	16	17	18	19	20
21	22	23	24	25	26	27	28	29	30

규칙 **2**부터 시작하여 **2**씩 커집니다.

(2)

61	62	63	64	65	66	67	68	69	70
71	72	73	74	75	76	77	78	79	80
81	82	83	84	85	86	87	88	89	90

규칙 **61**부터 시작하여 **3**씩 커집니다.

[1~2] 수 배열표에서 규칙을 찾아 □ 안에 알맞은 수를 써넣으세요.

21	22	23	24	25	26	27	28	29	30
31	32	33	34	35	36	37	38	39	40
41	42	43	44	45	46	47	48	49	50
51	52	53	54	55	56	57	58	59	60

1 ▭에 있는 수는 41부터 시작하여 → 방향으로 □씩 커집니다.

2 ▭에 있는 수는 24부터 시작하여 ↓ 방향으로 □씩 커집니다.

[3~4] 수 배열표에서 색칠한 수의 규칙을 찾아 □ 안에 알맞은 수를 써넣으세요.

3

51	52	53	54	55	56	57	58	59	60
61	62	63	64	65	66	67	68	69	70
71	72	73	74	75	76	77	78	79	80

규칙 51부터 시작하여 □씩 커집니다.

4

31	32	33	34	35	36	37	38	39	40
41	42	43	44	45	46	47	48	49	50
51	52	53	54	55	56	57	58	59	60

규칙 31부터 시작하여 □씩 커집니다.

5 42부터 시작하여 4씩 커지는 수에 모두 색칠해 보세요.

41	42	43	44	45	46	47	48	49	50
51	52	53	54	55	56	57	58	59	60
61	62	63	64	65	66	67	68	69	70

[6~8] 수 배열표를 보고 물음에 답하세요.

1	2	3	4	5	6	7	8	9	10
11	12	13	14	15	16	17	18	19	20
21	22	23	24	25	26	27	28	29	30
31	32	33	34	35	36	37	38	39	40
41	42	43	44	45	46	47	48	49	50
51	52	53	54	55	56	57	58	59	60
61	62	63	64	65	66		68	69	70
71	72	73	74	75	76		78	79	80
81	82	83	84	85	86		88	89	90
91	92	93	94	95	96	97	98	99	100

서술형

6 에 있는 수의 규칙을 찾아 쓰세요.

규칙 51부터 시작하여 → 방향으로

서술형

7 에 있는 수의 규칙을 찾아 쓰세요.

규칙 6부터 시작하여 ↓ 방향으로

8 규칙에 따라 수 배열표의 빈칸에 알맞은 수를 써넣으세요.

[9~10] 사물함을 보고 물음에 답하세요.

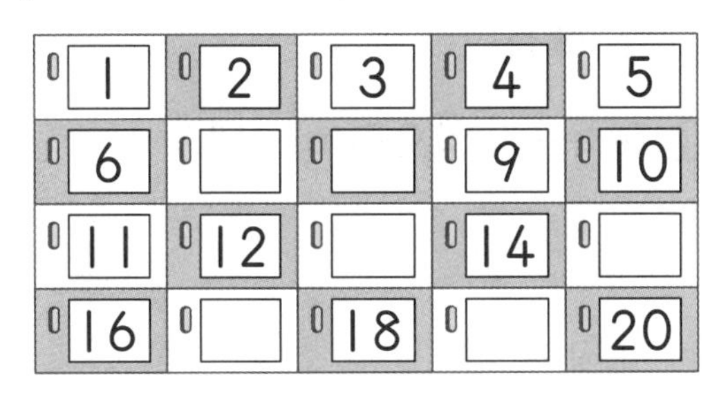

9 규칙에 따라 빈칸에 알맞은 수를 써넣으세요.

10 색칠된 사물함의 수에는 어떤 규칙이 있는지 바르게 설명한 것의 기호를 쓰세요.

㉠ 2부터 시작하여 4씩 커집니다.
㉡ 2부터 시작하여 2씩 커집니다.

( )

11 색칠한 수의 규칙에 따라 나머지 부분에 색칠해 보세요.

11	12	13	14	15	16	17	18	19	20
21	22	23	24	25	26	27	28	29	30
31	32	33	34	35	36	37	38	39	40

12 규칙을 찾아 ♥에 알맞은 수를 구하세요.

26	27	28	29	30	31
32	33	34	35	36	
38				♥	

( )

5 단원

규칙 찾기

Power 개념의 힘

⑤ 규칙을 여러 가지 방법으로 나타내기

개념의 힘

1 규칙을 모양으로 나타내기

(1) 규칙 찾기

규칙 해바라기, 튤립이 반복됩니다.

(2) 규칙을 모양으로 나타내기

해바라기는 ○, **튤립은** △로 나타내면 ○, △가 반복됩니다.

○	△	○	△	○	△

같은 규칙을 여러 가지 방법으로 나타낼 수 있어.

2 규칙을 수로 나타내기

(1) 규칙 찾기

규칙 강아지, 새가 반복됩니다.

(2) 다리 수에 따라 규칙을 수로 나타내기

강아지는 4, **새는** 2로 나타내면 4, 2가 반복됩니다.

4	2	4	2	4	2

참고 규칙을 몸으로 나타내기

[1~2] 규칙을 찾아 모양으로 나타내려고 합니다. 물음에 답하세요.

1 규칙을 찾아 □ 안에 알맞은 말을 써넣으세요.

규칙 콘 아이스크림, 막대 아이스크림, [ ] 아이스크림이 반복됩니다.

2 규칙에 따라 ○, □로 나타내 보세요.

○	□	□			

[3~4] 규칙을 찾아 수로 나타내려고 합니다. 물음에 답하세요.

3 규칙을 찾아 □ 안에 알맞은 말을 써넣으세요.

규칙 두발자전거, [ ]자전거, [ ]자전거가 반복됩니다.

4 규칙에 따라 2, 3으로 나타내 보세요.

2	3	2			

5 규칙에 따라 ○, △로 나타내 보세요.

○	△				

6 규칙에 따라 1, 2로 나타내 보세요.

1	1	2			

7 규칙에 따라 빈칸에 알맞은 모양을 그려 보세요.

∨	○	○			

8 규칙에 따라 빈칸에 알맞은 수를 써넣으세요.

100	500	500	100	100	500	500	100
1	5	5	1				

[9~10] 규칙에 따라 여러 가지 방법으로 나타내려고 합니다. 물음에 답하세요.

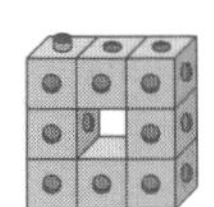
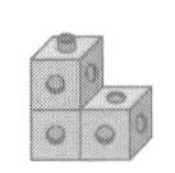
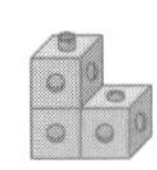
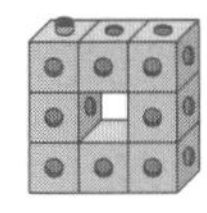

9 규칙에 따라 ㅁ, ㄴ으로 나타내 보세요.

ㅁ	ㄴ				

10 규칙에 따라 8, 3으로 나타내 보세요.

8	3				

11 규칙에 따라 모양으로 바르게 나타낸 사람의 이름을 쓰세요.

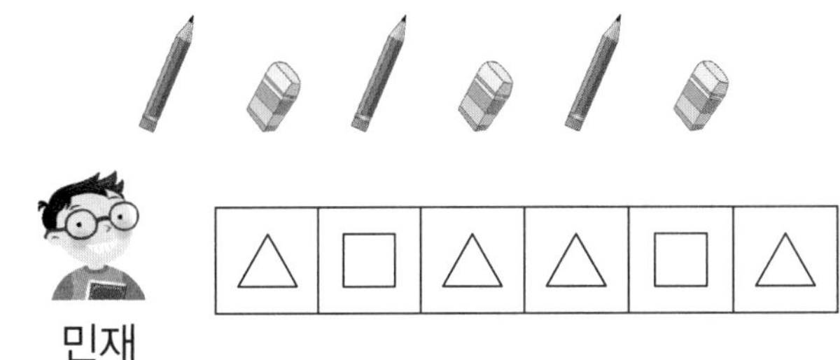

△	□	△	△	□	△

민재

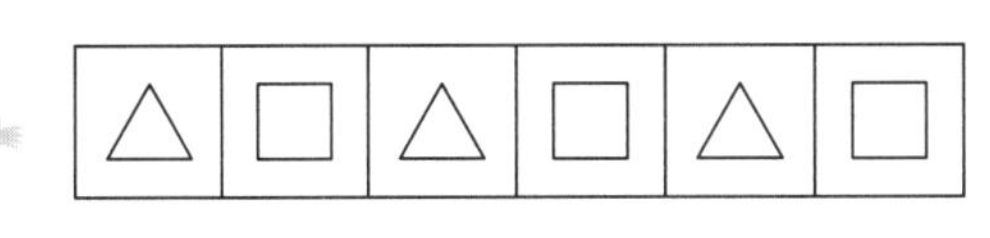

△	□	△	□	△	□

하은

( )

1 STEP 기본의 힘

1 수 배열에서 규칙을 찾아 □ 안에 알맞은 수를 써넣으세요.

5 — 10 — 15 — 20 — 25 — 30

규칙 5부터 시작하여 □씩 커집니다.

2 규칙에 따라 빈칸에 알맞은 수를 써넣으세요.

11	12	13	14	15	16	17	18	19	20
21	22	23	24		26	27		29	
31	32	33	34	35			38	39	40

[3~4] 규칙에 따라 빈칸에 알맞은 수를 써넣으세요.

3 2 — 5 — 2 — 5 — □ — □ — 2

4 7 — 10 — 13 — □ — □ — □ — 25

실생활 연결

5 규칙에 따라 빈칸에 알맞은 수를 써넣으세요.

4	2	4			

6 규칙에 따라 빈칸에 알맞은 모양을 그려 보세요.

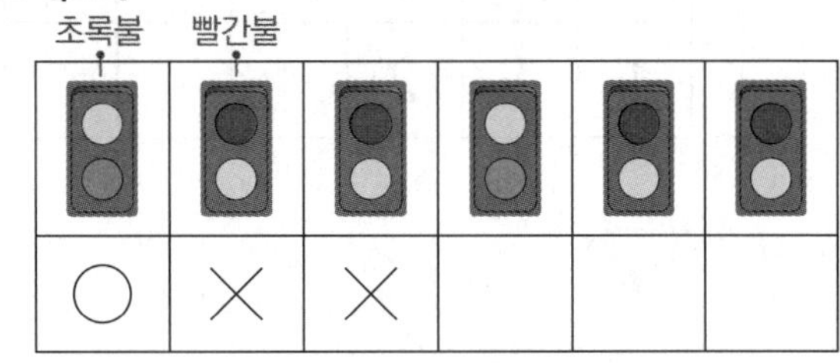

○	×	×			

7 규칙에 따라 빈칸에 알맞은 몸 동작을 찾아 기호를 쓰세요.

( )

8 규칙을 찾아 빈칸에 주사위의 눈을 그려 넣고, 알맞은 수를 써넣으세요.

2	1	1	2	1			

9 색칠한 수의 규칙을 바르게 설명한 것의 기호를 쓰세요.

11	12	13	14	15	16	17	18	19	20
21	22	23	24	25	26	27	28	29	30
31	32	33	34	35	36	37	38	39	40
41	42	43	44	45	46	47	48	49	50

㉠ 16부터 시작하여 9씩 커집니다.
㉡ 16부터 시작하여 11씩 커집니다.

( )

10 유준이가 2, 4, 6이 반복되는 규칙으로 수를 말하였습니다. 잘못 말한 수에 ×표 하고, 알맞은 수를 쓰세요.

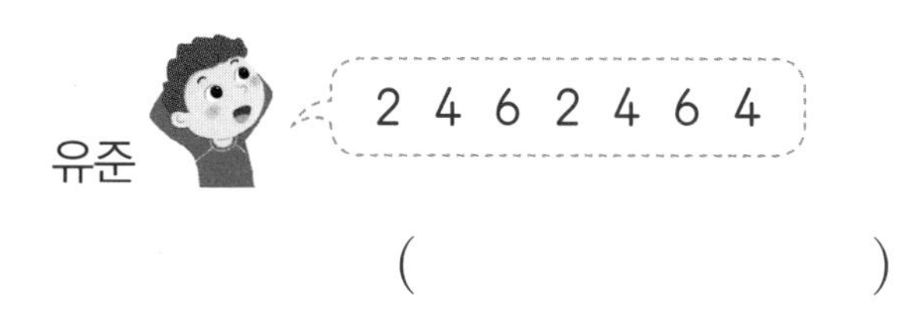

( )

11 색칠된 규칙에 따라 빈칸에 알맞은 모양을 그려 보세요.

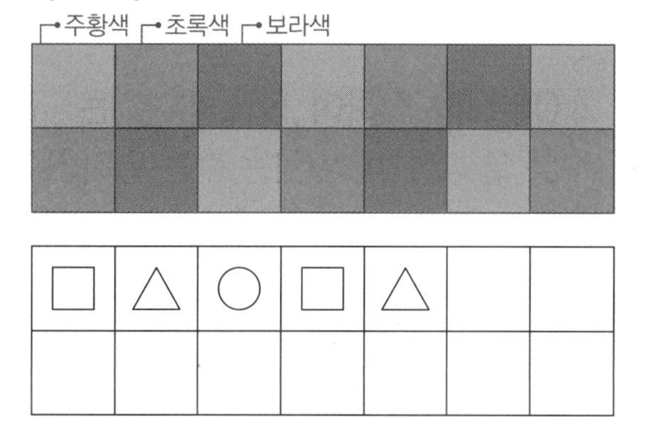

12 수 배열에서 규칙을 잘못 설명한 것을 찾아 기호를 쓰세요.

㉠ 1부터 시작하여 ↙ 방향으로 1씩 커집니다.
㉡ 1부터 시작하여 ↘ 방향으로 3씩 커집니다.
㉢ 3부터 시작하여 → 방향으로 1씩 커집니다.

( )

13 수 배열표에서 30이 들어갈 칸의 기호를 찾아 쓰세요.

13	14	15	16	17	18	19	20
21	22	23					
	㉠	㉡	㉢		㉣		

( )

문제 해결

14 주어진 수 배열과 규칙이 같도록 빈칸에 알맞은 수를 써넣으세요.

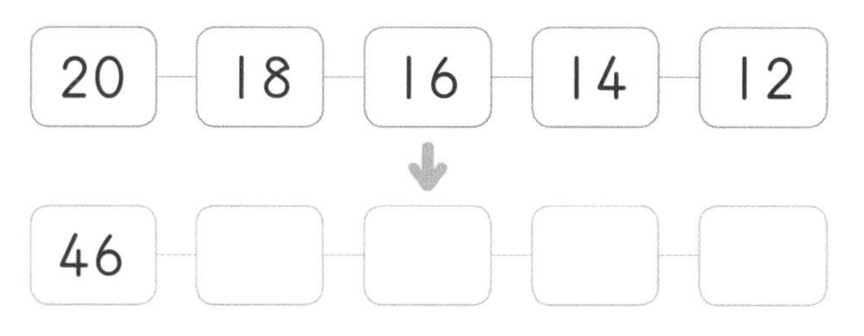

2 STEP 응용의 힘

응용 1 규칙 찾기

반복되는 부분을 구하여 규칙을 찾아봅니다.

1 규칙을 찾아 □ 안에 알맞은 말을 써넣으세요.

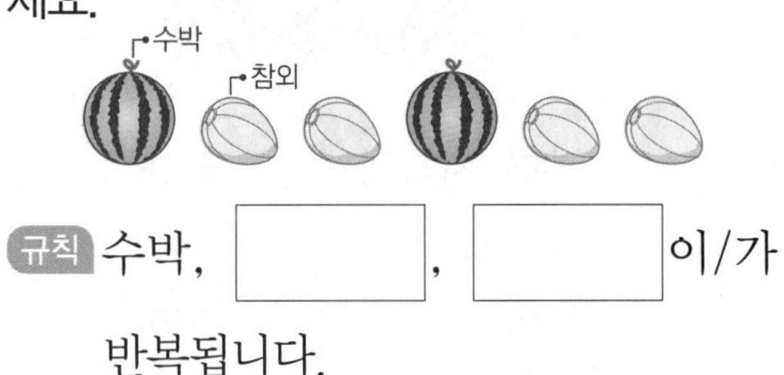

규칙 수박, □, □ 이/가 반복됩니다.

2 규칙을 찾아 □ 안에 알맞은 말을 써넣으세요.

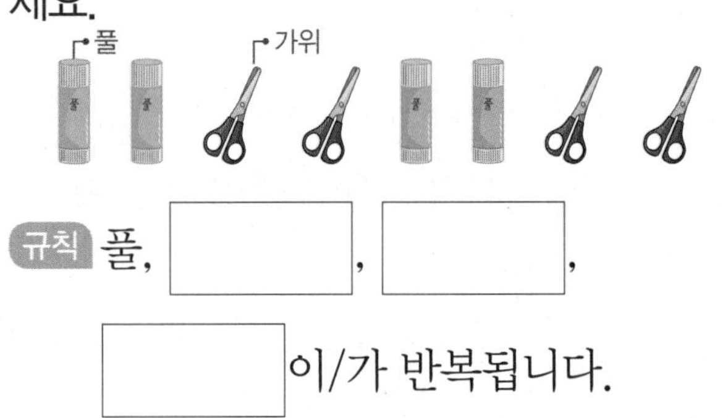

규칙 풀, □, □, □ 이/가 반복됩니다.

3 규칙을 바르게 설명한 사람의 이름을 쓰세요.

(　　　　　　)

응용 2 주어진 규칙에 따라 수 배열하기

주어진 규칙으로 빈칸에 알맞은 수를 구해 봅니다.

4 민재가 말한 규칙에 따라 빈칸에 알맞은 수를 써넣으세요.

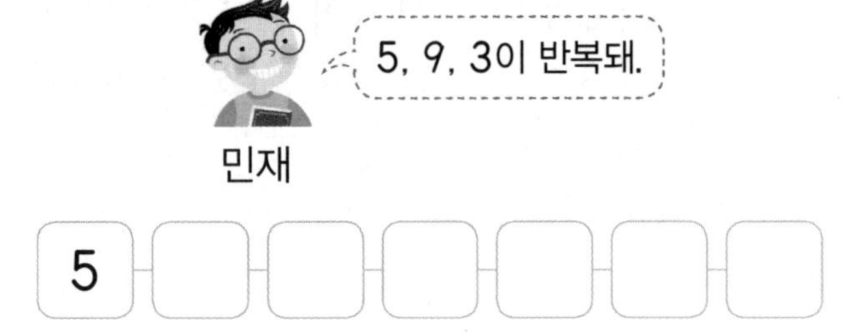

5 - □ - □ - □ - □ - □ - □

5 하은이가 말한 규칙에 따라 빈칸에 알맞은 수를 써넣으세요.

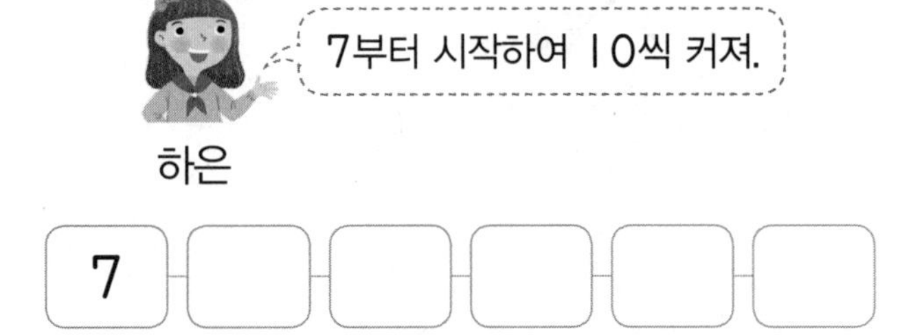

7 - □ - □ - □ - □ - □

6 40부터 시작하여 5씩 작아지는 규칙으로 수를 쓸 때 ㉠에 알맞은 수는 얼마인가요?

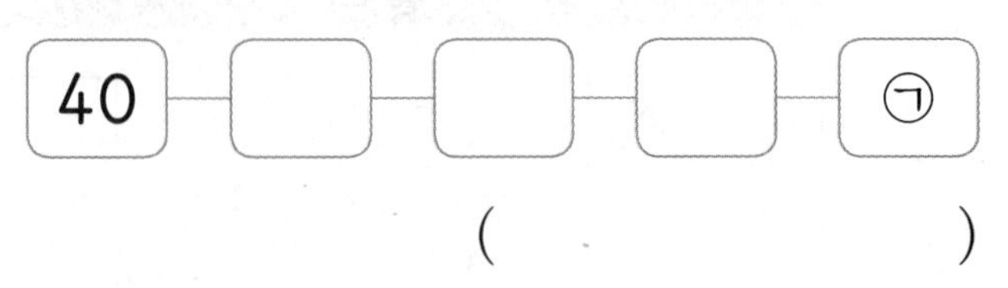

40 - □ - □ - □ - ㉠

(　　　　　　)

응용 3 규칙을 찾아 빈칸 완성하기

반복되는 부분을 구하여 규칙을 찾고 빈칸을 완성해 봅니다.

7 규칙에 따라 토끼와 거북이를 그릴 때 완성한 그림에서 토끼는 모두 몇 마리인가요?

( )

8 규칙에 따라 모자와 장갑을 그릴 때 완성한 그림에서 모자는 모두 몇 개인가요?

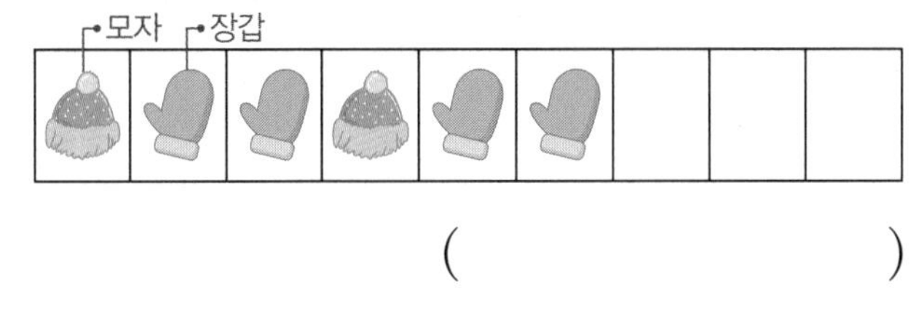

( )

9 □, △, ○ 모양으로 규칙에 따라 목도리를 꾸몄을 때 완성한 목도리에서 ○는 모두 몇 개인가요?

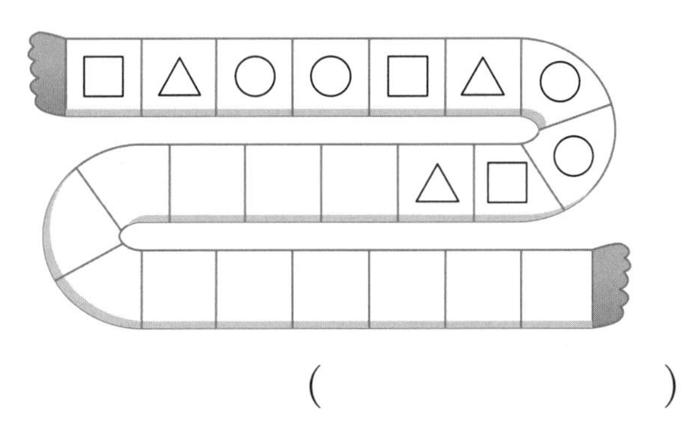

( )

응용 4 수 배열의 빈칸에 알맞은 수 구하기

수가 반복되는지, 일정한 수만큼씩 커지거나 작아지는지 알아보고 규칙을 찾습니다.

10 규칙에 따라 수를 써넣을 때 ㉠과 ㉡에 알맞은 수를 각각 구하세요.

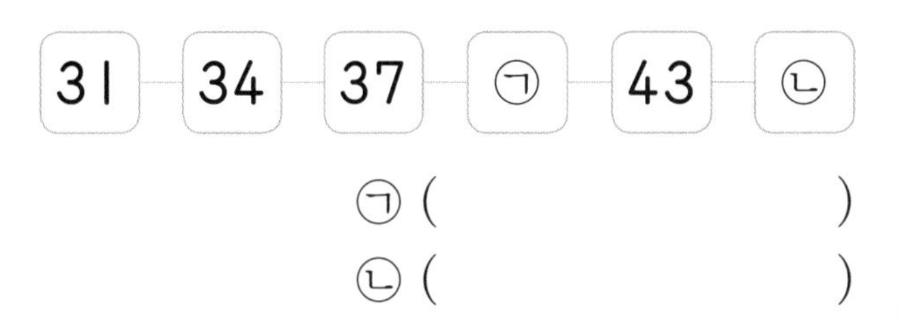

㉠ ( )
㉡ ( )

11 규칙에 따라 수를 써넣을 때 ㉠과 ㉡에 알맞은 수를 각각 구하세요.

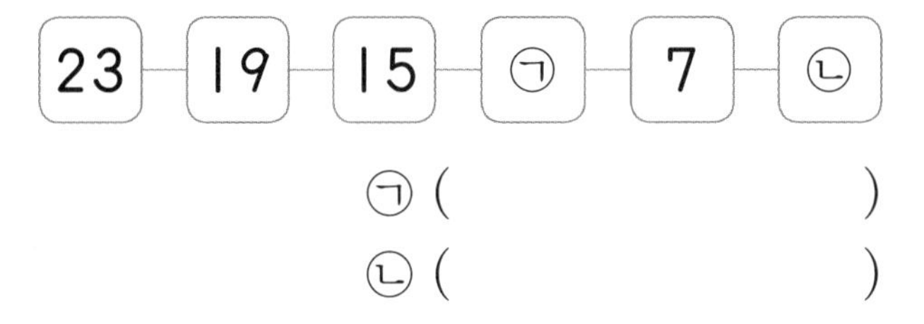

㉠ ( )
㉡ ( )

12 규칙에 따라 수를 써넣을 때 ㉠과 ㉡ 중에서 알맞은 수가 더 큰 것의 기호를 쓰세요.

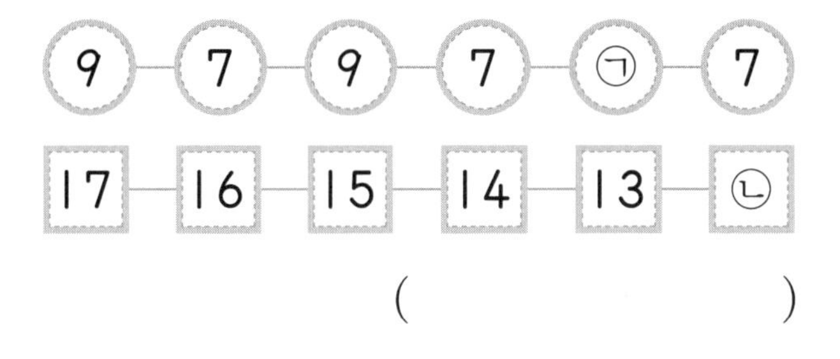

( )

응용 5 시계에서 규칙 찾기

① 시계가 나타내는 시각을 알아봅니다.
② 시각이 어떻게 변하는지 알아보고 규칙을 찾습니다.
③ 찾은 규칙에 따라 시계에 시각을 나타냅니다.

13 규칙에 따라 시계에 알맞은 시각을 나타내 보세요.

14 규칙에 따라 시계에 알맞은 시각을 나타내 보세요.

15 규칙에 따라 시계에 알맞은 시각을 나타내 보세요.

응용 6 주어진 규칙으로 나타낼 수 있는 것 찾기

예 ○, △, △가 반복되는 규칙으로 나타낼 수 있는 것 찾기

 (○)

➜ ○, △, △가 반복되는 규칙으로 나타낼 수 있습니다.

 (×)

➜ ○, ○, △가 반복되는 규칙으로 나타낼 수 있습니다.

16 □, △, △가 반복되는 규칙으로 나타낼 수 있는 것을 찾아 기호를 쓰세요.

(　　　　　　　)

17 3, 4, 3이 반복되는 규칙으로 나타낼 수 있는 것을 찾아 기호를 쓰세요.

(　　　　　　　)

응용 7 일정한 수만큼씩 커지는 수 배열의 규칙 찾기

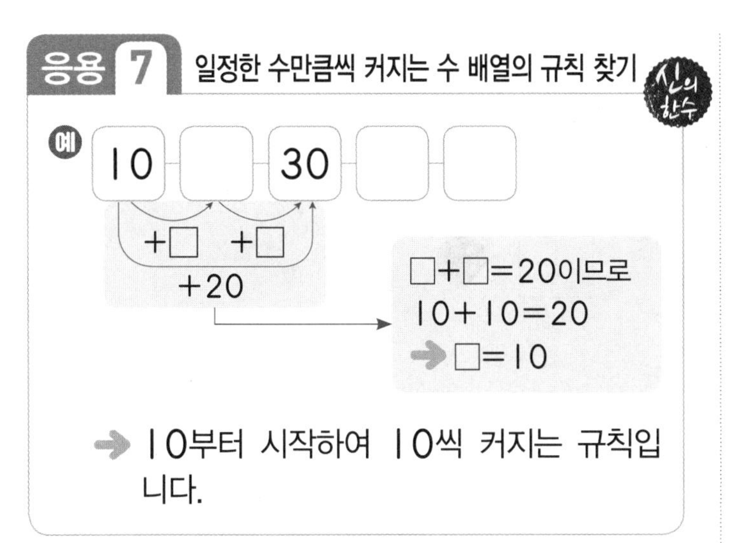

➔ 10부터 시작하여 10씩 커지는 규칙입니다.

18 규칙에 따라 수를 배열할 때 ㉠과 ㉡에 알맞은 수를 각각 구하세요.

28부터 시작하여 ㉠씩 커지는 규칙

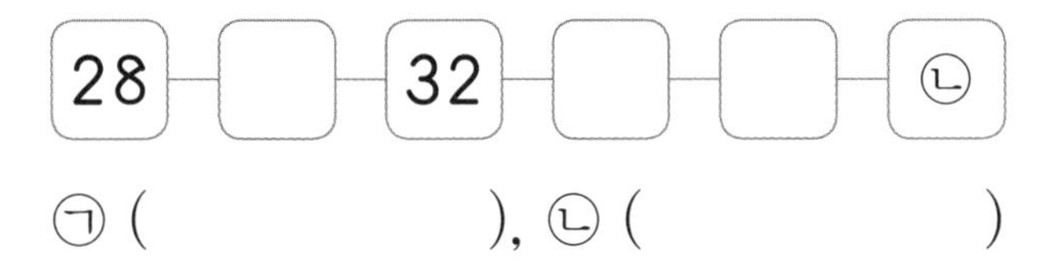

㉠ ( ), ㉡ ( )

19 규칙에 따라 수를 배열할 때 ㉠과 ㉡에 알맞은 수를 각각 구하세요.

44부터 시작하여 ㉠씩 커지는 규칙

㉠ ( ), ㉡ ( )

20 일정한 수만큼씩 커지는 규칙에 따라 수를 배열할 때 ㉠에 알맞은 수를 구하세요.

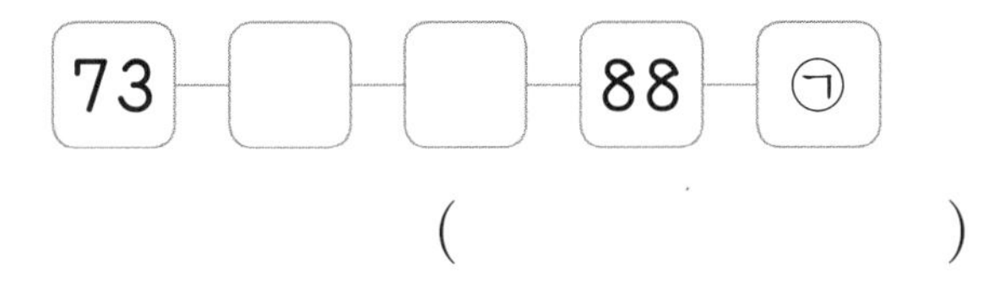

( )

응용 8 찢어진 수 배열표에서 ●에 알맞은 수 구하기

→ 방향으로 수의 규칙과 ↓ 방향으로 수의 규칙을 찾아 ●에 알맞은 수를 구합니다.

예

27	28	29	30	
37	38	39	40	41
				●

+1 +1 +1 +10

→ 방향으로 1씩 커지고, ↓ 방향으로 10씩 커집니다.
38에서 → 방향으로 3칸 가면 41, 이어서 ↓ 방향으로 1칸 가면 51이므로 ●=51입니다.

21 수 배열표의 일부분입니다. ♥에 알맞은 수를 구하세요.

12	13	14	15	
23	24	25		
				♥

( )

22 수 배열표의 일부분입니다. ♠에 알맞은 수를 구하세요.

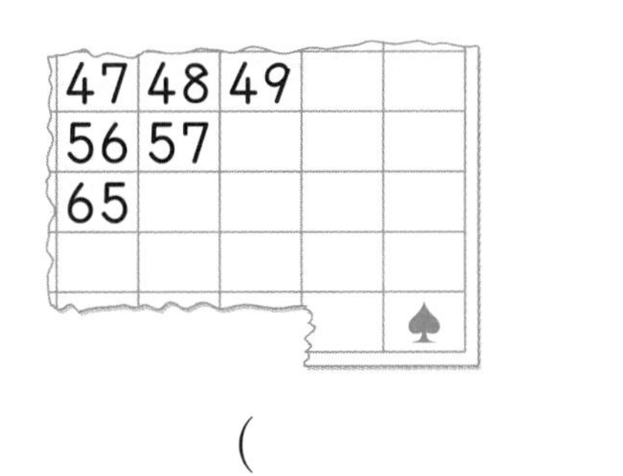

47	48	49		
56	57			
65				
				♠

( )

3 STEP 서술형의 힘

연습 문제 풀기

연습 1 규칙을 찾아 빈칸에 알맞은 것은 무엇인지 구하세요.

(　　　　　　　)

연습 2 규칙을 찾아 빈칸에 알맞은 동물의 다리는 몇 개인지 구하세요.

(　　　　　　　)

연습 3 규칙에 따라 ㉠에 알맞은 수를 구하세요.

14 — 16 — 18 — 20 — 22 — ㉠ — 26 — 28

(　　　　　　　)

연습 4 수 배열표에서 색칠한 수는 15부터 시작하여 몇씩 커지나요?

11	12	13	14	15	16	17	18	19	20
21	22	23	24	25	26	27	28	29	30
31	32	33	34	35	36	37	38	39	40

(　　　　　　　)

대표 유형 1 색칠한 수와 같은 규칙으로 수 배열하기

색칠한 수는 52부터 시작하여 일정한 수만큼씩 커지는 규칙입니다. 이 규칙과 같은 규칙이 되도록 빈칸에 수를 써넣었을 때 ●에 알맞은 수를 구하세요.

51	52	53	54	55	56	57	58	59	60
61	62	63	64	65	66	67	68	69	70

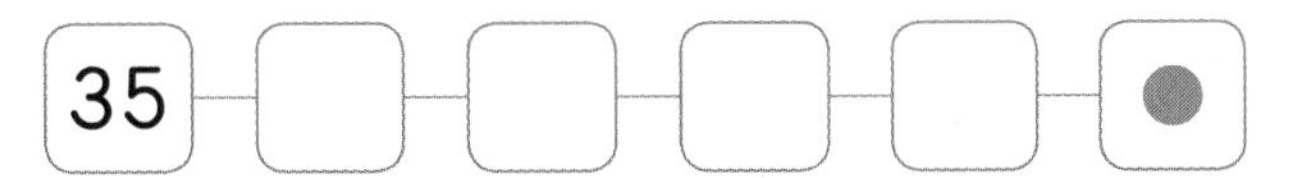

해결 방법

1 색칠한 수는 52부터 시작하여 ☐씩 커집니다.

2 위 1에서 구한 규칙으로 빈칸에 알맞은 수 써넣기

35 – ☐ – ☐ – ☐ – ☐ – ☐

3 ●에 알맞은 수: ☐

답 ________

유형 코칭 색칠한 수의 규칙을 찾고, 찾은 규칙으로 수 배열의 빈칸에 알맞은 수를 써넣습니다.

위의 해결 방법을 따라 풀이를 쓰고 답을 구하세요.

1-1 색칠한 수는 71부터 시작하여 일정한 수만큼씩 커지는 규칙입니다. 이 규칙과 같은 규칙이 되도록 빈칸에 수를 써넣었을 때 ◆에 알맞은 수를 구하세요.

71	72	73	74	75	76	77	78	79	80
81	82	83	84	85	86	87	88	89	90

26 – ☐ – ☐ – ☐ – ☐ – ◆

풀이

답 ________

대표 유형 2 규칙에 따라 ■째와 ●째에 알맞은 수의 합 구하기

규칙에 따라 9째와 10째에 알맞은 그림에서 펼친 손가락은 모두 몇 개인가요?

1째 2째 3째 4째 5째 6째 7째 8째 …

해결 방법

1 펼친 손가락의 수는 2개, 5개, ☐개가 반복됩니다.

2 9째의 펼친 손가락의 수: ☐개, 10째의 펼친 손가락의 수: ☐개

3 (9째와 10째의 펼친 손가락의 수의 합)=☐+☐=☐(개)

답 ____________

유형 코칭 손 모양의 규칙을 보고 펼친 손가락의 수의 규칙을 찾아봅니다.

위의 해결 방법을 따라 풀이를 쓰고 답을 구하세요.

2-1 규칙에 따라 8째와 9째에 알맞은 그림에서 주사위 눈은 모두 몇 개인가요?

1째 2째 3째 4째 5째 6째 7째 …

풀이

답 ____________

2-2 규칙에 따라 11째와 13째에 알맞은 그림에서 자전거 바퀴는 모두 몇 개인가요?

1째 2째 3째 4째 5째 6째 7째 8째 9째 10째 …

풀이

답 ____________

대표 유형 3 규칙에 따라 두 사람이 각자 놓은 물건이 서로 같은 경우 구하기

지율이와 재아가 각자 규칙을 만들어 바둑돌을 놓고 있습니다. 바둑돌을 놓아 빈칸을 완성했을 때 두 사람이 동시에 같은 색 바둑돌을 놓은 때는 모두 몇 번인가요?

	1째	2째	3째	4째	5째	6째	7째	8째	9째	10째	11째	12째
지율	○	●	●	○	○	●	●	○				
재아	●	●	○	○	●	●	○	○				

해결 방법

1 지율이가 만든 규칙: 흰색, 검은색, ☐색, ☐색이 반복됩니다.

재아가 만든 규칙: 검은색, 검은색, ☐색, ☐색이 반복됩니다.

2 규칙에 따라 빈칸 완성하기

3 두 사람이 동시에 같은 색 바둑돌을 놓은 때는 모두 ☐번입니다.

답 ____________

유형 코칭 두 사람이 놓은 바둑돌 색이 모두 흰색이거나 검은색인 경우를 찾아봅니다.

✓ 위의 해결 방법을 따라 풀이를 쓰고 답을 구하세요.

3-1 예빈이와 시원이가 각자 규칙을 만들어 색을 칠하고 있습니다. 빈칸을 완성했을 때 두 사람이 동시에 같은 색을 칠한 때는 모두 몇 번인가요?

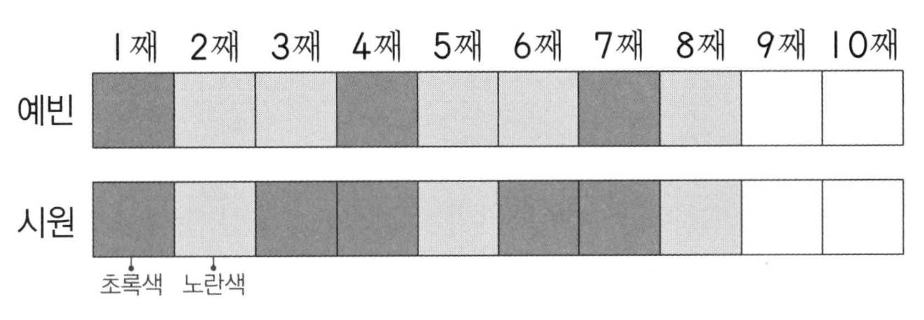

풀이

답 ____________

단원평가

점수

1 반복되는 부분에 모두 ◯표 하세요.

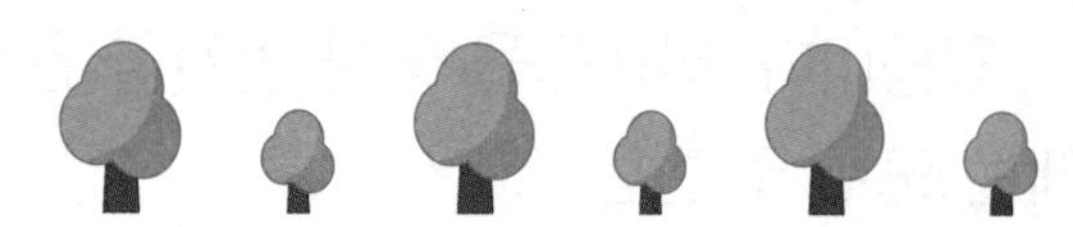

2 규칙에 따라 빈칸에 알맞은 몸 동작에 ◯표 하세요.

( ) ( )

3 규칙을 찾아 빈칸에 알맞은 그림을 그려 보세요.

▲ ● ● ▲ ● ● ▲ □ ●

4 규칙을 바르게 설명한 것에 ◯표 하세요.

딸기, 딸기, 귤이 반복됩니다. ( )

딸기, 귤, 귤이 반복됩니다. ( )

5 규칙에 따라 3, 4로 나타내 보세요.

⚂	⚃	⚂	⚂	⚃	⚂
3	4	3			

6 규칙에 따라 ◯, □로 나타내 보세요.

빵	우유	우유	빵	우유	우유
◯	□	□			

7 규칙에 따라 빈 곳에 알맞은 수를 써넣으세요.

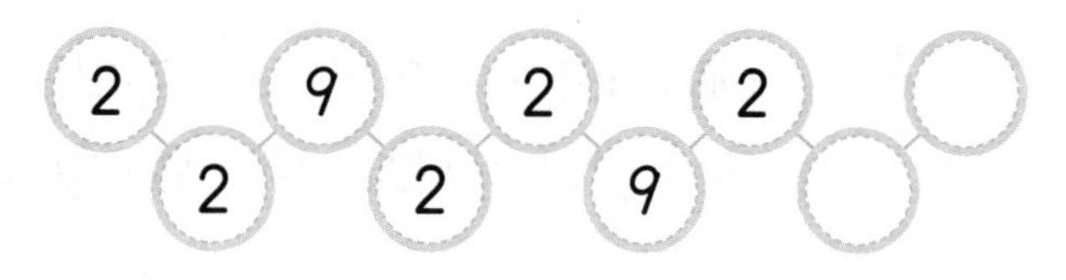

8 규칙에 따라 빈 곳에 알맞은 수를 써넣으세요.

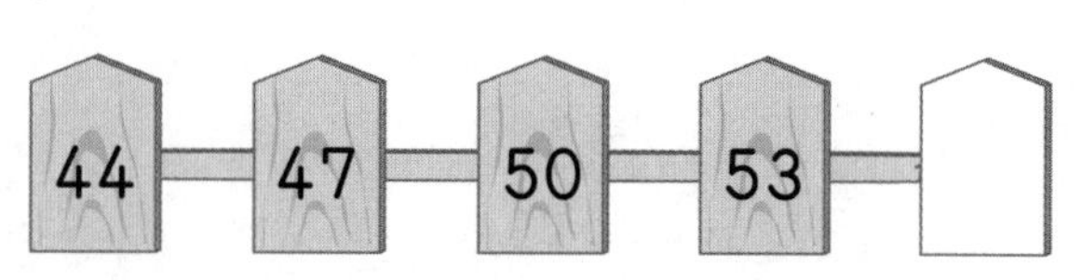

9 규칙에 따라 놓은 것의 기호를 쓰세요.

( )

10 27부터 시작하여 4씩 작아지는 규칙으로 빈 곳에 알맞은 수를 써넣으세요.

11 색칠한 수의 규칙에 따라 나머지 부분에 색칠해 보세요.

41	42	43	44	45	46	47	48	49	50
51	52	53	54	55	56	57	58	59	60
61	62	63	64	65	66	67	68	69	70

12 규칙에 따라 빈칸에 알맞은 색을 칠해 보세요.

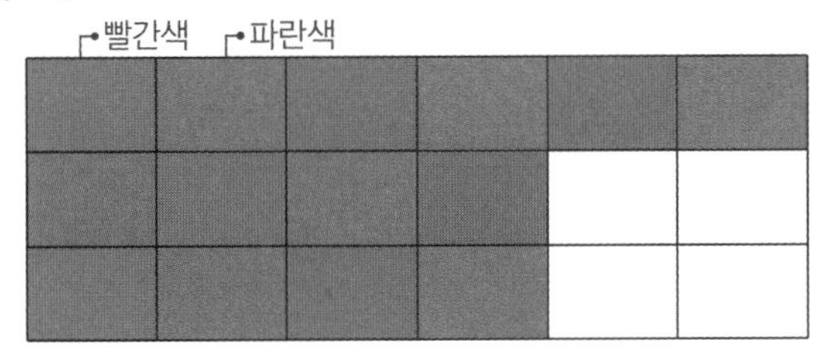

[13~14] 다양한 모양으로 규칙을 만들어 보려고 합니다. 물음에 답하세요.

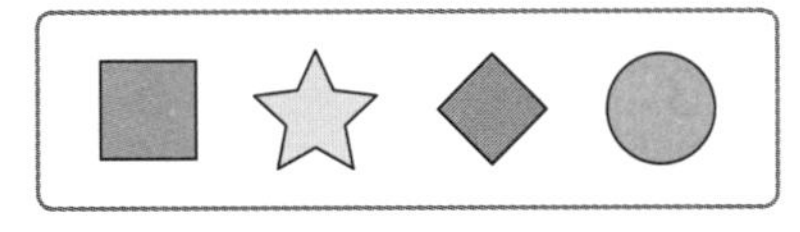

13 지호가 고른 모양으로 규칙에 따라 빈칸에 알맞게 나타내 보세요.

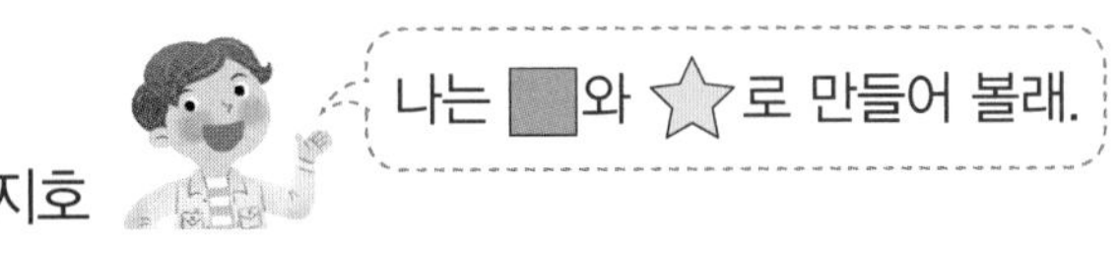

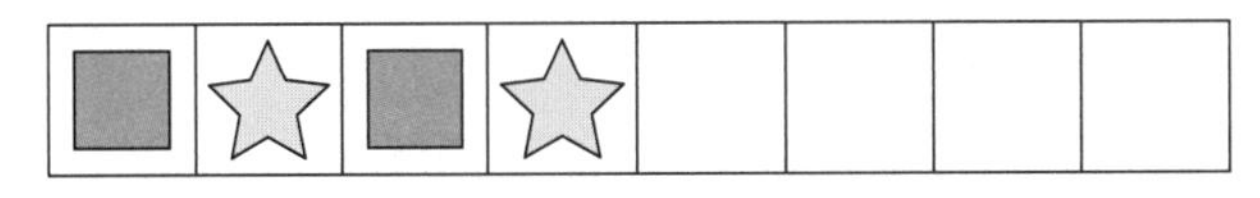

정보처리

14 수민이가 고른 모양으로 규칙을 만들어 빈칸에 나타내 보세요.

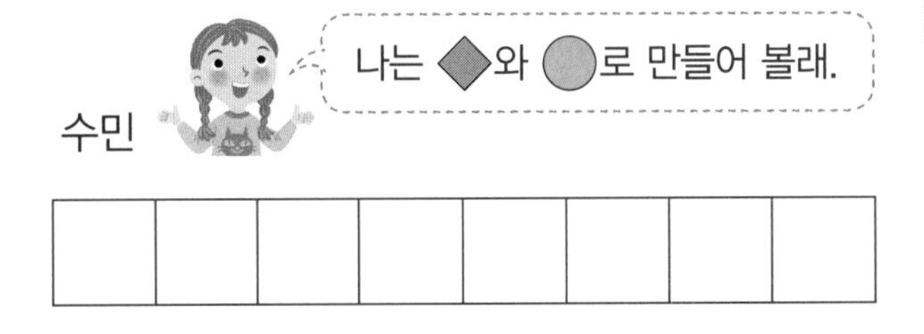

추론

15 수 배열표에서 규칙을 찾아 ★과 ▲에 알맞은 수를 구하세요.

32	33	34				★
39	40	41			44	
46				▲		

★ ( )

▲ ( )

● 공부한 날 　월 　일

정답 및 풀이 37쪽

16 규칙에 따라 수 카드를 늘어놓았을 때 ㉠에 알맞은 수 카드의 수를 구하세요.

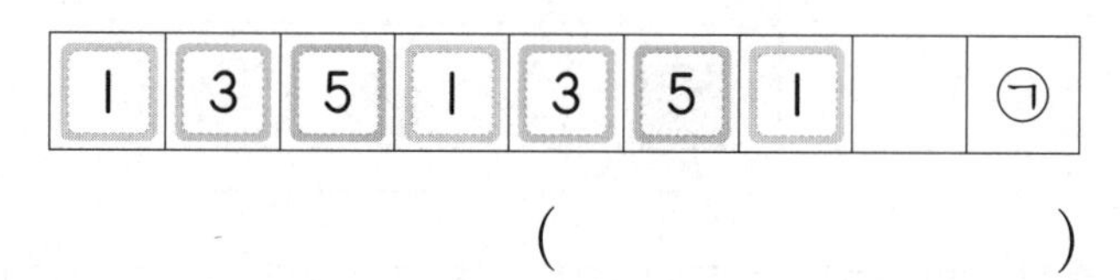

(　　　　　)

17 규칙에 따라 시계에 알맞은 시각을 나타내 보세요.

18 수 배열표의 일부분입니다. ㉠에 알맞은 수를 구하세요.

	23	24	25			
		35	36			
			47			
						㉠

(　　　　　)

서술형

19 규칙에 따라 당근과 오이를 그릴 때 완성한 그림에서 당근은 모두 몇 개인지 풀이 과정을 쓰고 답을 구하세요.

풀이

답

서술형

20 색칠한 수는 16부터 시작하여 일정한 수만큼씩 커지는 규칙입니다. 이 규칙과 같은 규칙이 되도록 빈칸에 수를 써넣었을 때 ♥에 알맞은 수는 얼마인지 풀이 과정을 쓰고 답을 구하세요.

16	17	18	19	20	21	22
23	24	25	26	27	28	29

40 - □ - □ - □ - ♥

풀이

답

규칙대로 길을 찾아볼까요?

☆ |보기|와 같이 일정한 규칙으로 그려진 그림을 모두 지나 출발 지점에서 도착 지점까지 가려고 합니다. 갈 수 있는 길을 그려 보세요. (단, ↑, ↓, →, ←의 방향으로만 갈 수 있고, 그림이 있는 칸만 지날 수 있습니다.)

|보기|

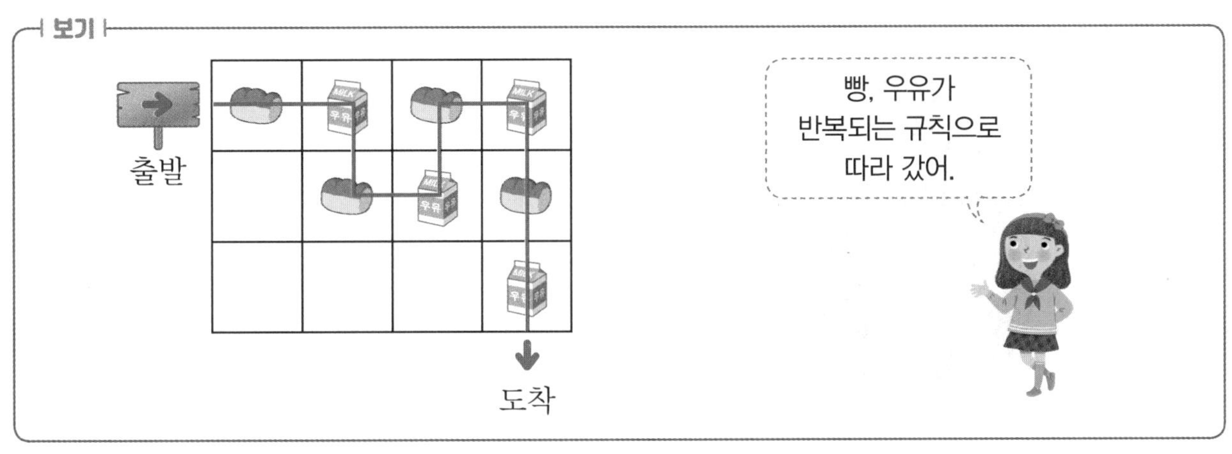

1

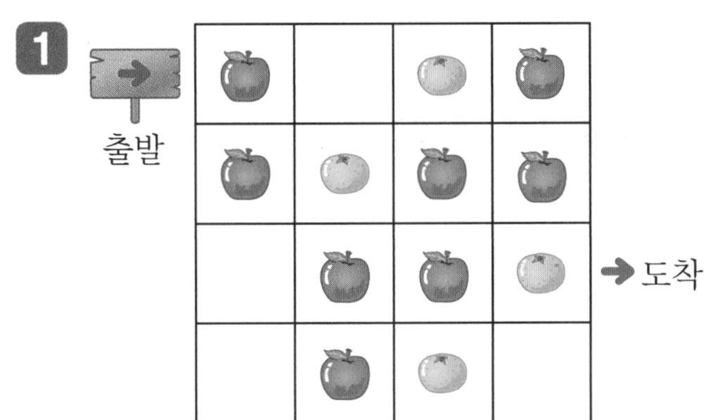

2

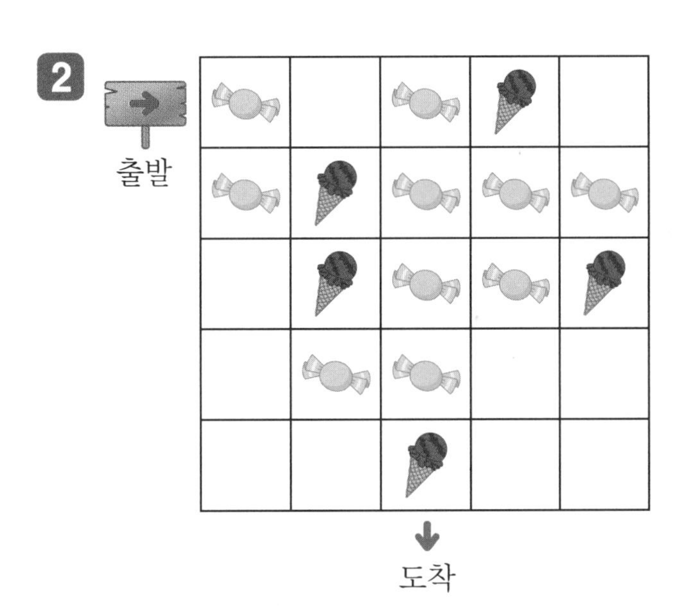

5 단원 규칙 찾기

6

덧셈과 뺄셈(3)

받아올림과 받아내림이 없는 덧셈과 뺄셈의 원리를 이해하여 계산해 보고,
다양한 실생활 상황과 연결하여 덧셈과 뺄셈 문제를 해결해 보자.

이전에 배운 내용

1-2

덧셈과 뺄셈(1), (2)

- 10이 되는 더하기
- 10에서 빼기
- 한 자리 수의 덧셈과 뺄셈

이번에 배울 내용

1. 받아올림이 없는 (몇십몇)+(몇)
2. 받아올림이 없는 (몇십)+(몇십), (몇십몇)+(몇십몇)
3. 받아내림이 없는 (몇십몇)−(몇)
4. 받아내림이 없는 (몇십)−(몇십), (몇십몇)−(몇십몇)

이후에 배울 내용

2-1

덧셈과 뺄셈

- 두 자리 수의 덧셈
- 두 자리 수의 뺄셈

❶ 덧셈 알아보기(1)

개념의 힘

예 21+5를 여러 가지 방법으로 구하기

방법1 이어 세기로 구하기

21 22 23 24 25 26

➜ 21에서 5만큼 이어 세면 26입니다.

방법2 십 배열판에 그림을 그려 구하기

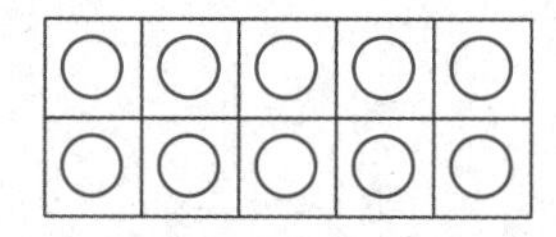

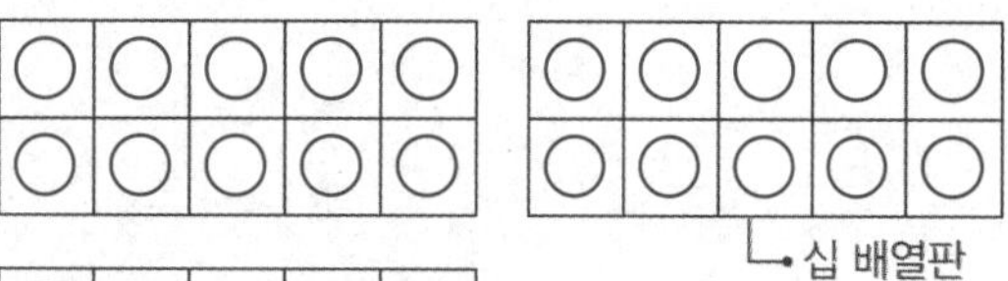

○	△	△	△	△
△				

➜ 21만큼 ○를 그린 다음 5만큼 △를 그리면 26입니다.

방법3 수 모형으로 구하기

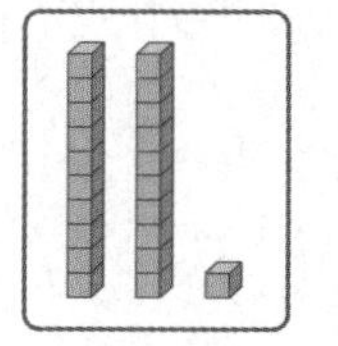

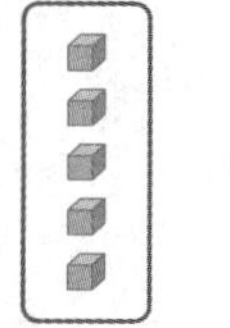

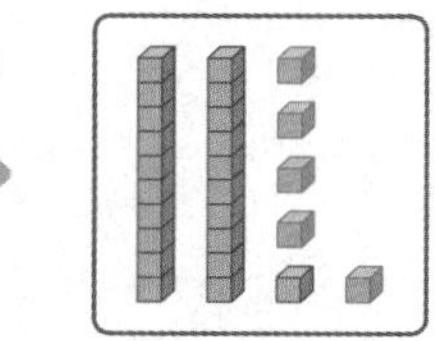

➜ 수 모형은 모두 십 모형 2개와 일 모형 6개로 26입니다.

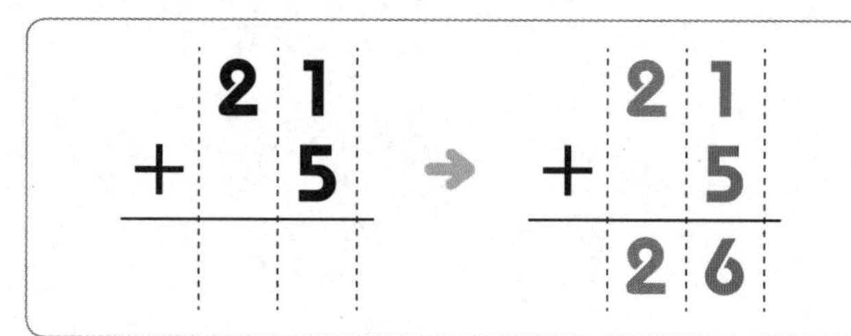

[1~2] 23+4를 여러 가지 방법으로 구하세요.

1 이어 세기로 구하세요.

23 24 25 □ □

23+4=□

2 더하는 수만큼 △를 그려 구하세요.

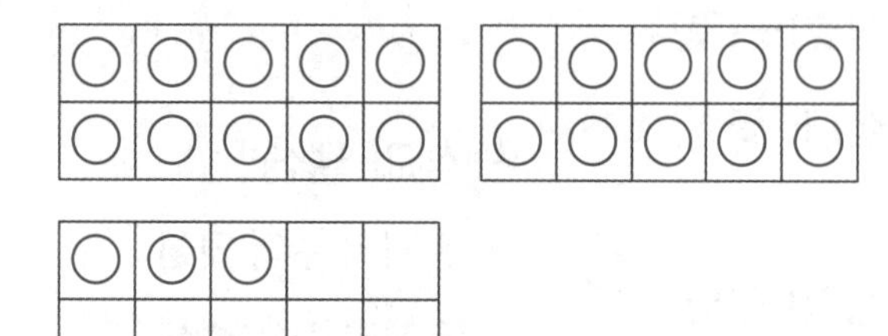

23+4=□

[3~4] 수 모형을 보고 덧셈을 해 보세요.

3

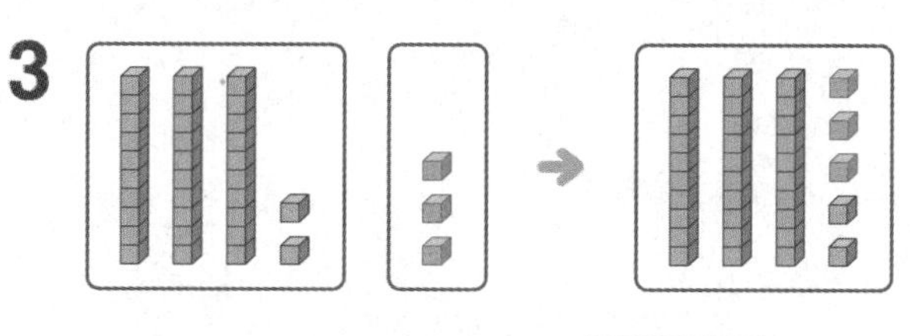

32+3=□

4

41+5=□

[5~6] □ 안에 알맞은 수를 써넣으세요.

5

$$\begin{array}{r} 6\ 6 \\ +\ \ \ 3 \\ \hline \square\square \end{array}$$

6

$$\begin{array}{r} 5\ 2 \\ +\ \ \ 4 \\ \hline \square\square \end{array}$$

[7~8] 덧셈을 해 보세요.

7 24+1

8 40+8

9 빈칸에 알맞은 수를 써넣으세요.

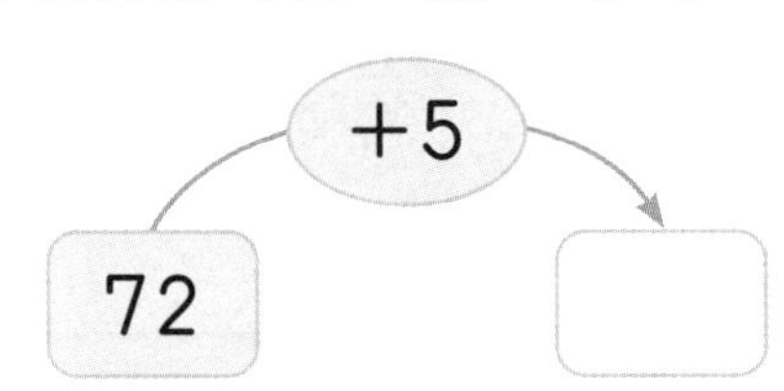

10 두 수의 합을 구하세요.

33　　6

(　　　　)

11 14+2를 바르게 계산한 것에 ○표 하세요.

$$\begin{array}{r} 1\ 4 \\ +\ \ \ 2 \\ \hline 1\ 6 \end{array}$$

$$\begin{array}{r} 1\ 4 \\ +\ 2\ \ \ \\ \hline 3\ 4 \end{array}$$

(　　)　(　　)

12 지우가 설명하는 수를 구하세요.

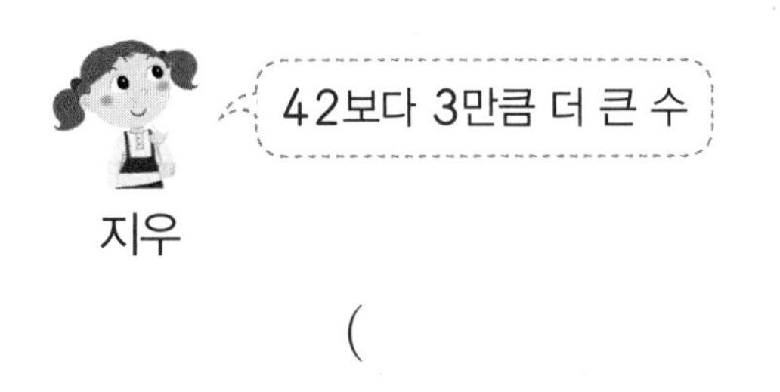

(　　　　)

13 계산 결과가 더 큰 것의 기호를 쓰세요.

㉠ 56+1
㉡ 51+8

(　　　　)

14 사탕이 21개, 초콜릿이 7개 있습니다. 사탕과 초콜릿은 모두 몇 개인가요?

사탕: 21개

초콜릿: 7개

식 ________________

답 ________________

② 덧셈 알아보기(2)

개념의 힘

예 20+30의 계산

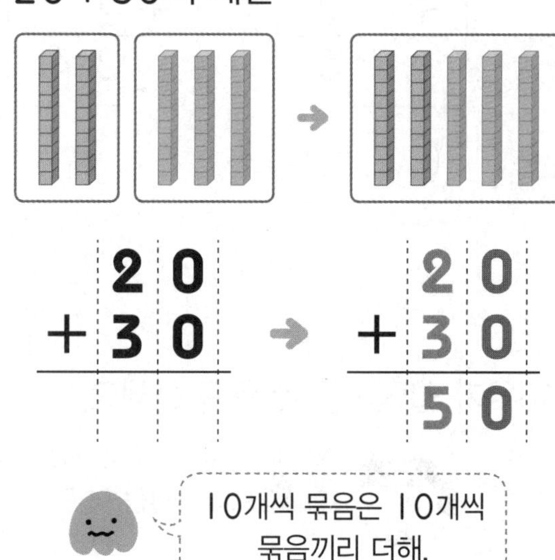

예 23+14의 계산

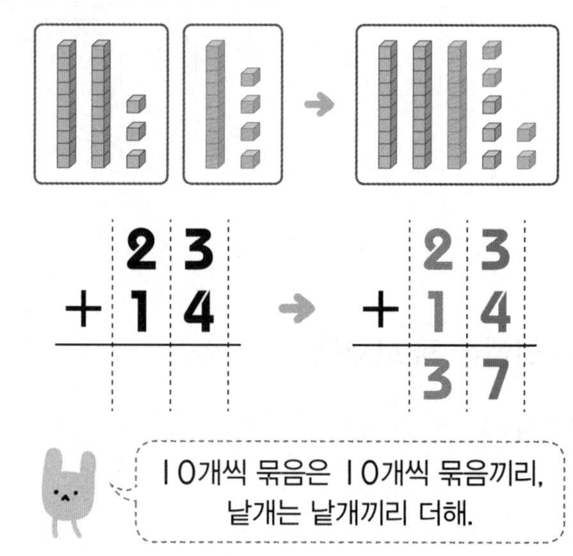

[1~2] 수 모형을 보고 덧셈을 해 보세요.

1

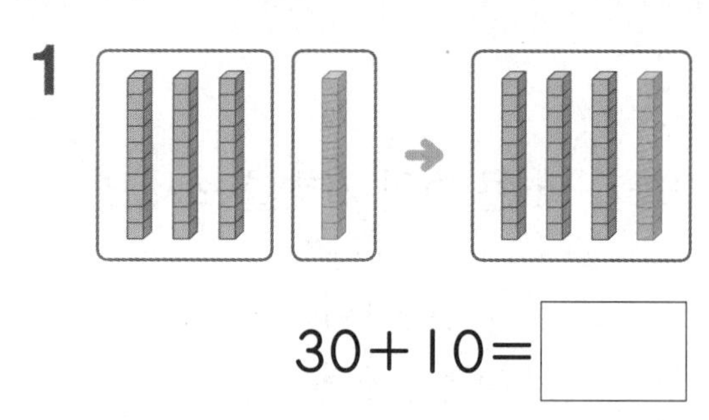

30+10=□

2

13+22=□

[3~4] □ 안에 알맞은 수를 써넣으세요.

3

$$\begin{array}{r} 3\ 0 \\ +\ 6\ 0 \\ \hline \square\square \end{array}$$

4

$$\begin{array}{r} 1\ 2 \\ +\ 4\ 5 \\ \hline \square\square \end{array}$$

[5~6] 덧셈을 해 보세요.

5 10+50

6 42+21

7 덧셈을 해 보세요.

15+32

( )

8 빈칸에 알맞은 수를 써넣으세요.

9 두 수의 합을 구하세요.

67 11

( )

10 계산 결과를 찾아 이어 보세요.

50+20	•	• 60
50+30	•	• 70
		• 80

11 계산 결과가 33인 것에 색칠해 보세요.

12 크기를 비교하여 ○ 안에 >, =, <를 알맞게 써넣으세요.

70+20 ○ 88

13 17+21을 바르게 계산한 사람의 이름을 쓰세요.

( )

14 상자에 구슬이 16개 있었는데 30개를 더 넣었습니다. 상자 안에 있는 구슬은 모두 몇 개인가요?

식 ____________________

답 ____________

①~② 덧셈

[1~6] 계산해 보세요.

1
$$\begin{array}{r} 5\ 6 \\ +\ \ \ 2 \\ \hline \end{array}$$

2
$$\begin{array}{r} 6\ 1 \\ +\ \ \ 4 \\ \hline \end{array}$$

3
$$\begin{array}{r} 6\ 0 \\ +\ 2\ 0 \\ \hline \end{array}$$

4
$$\begin{array}{r} 3\ 0 \\ +\ 3\ 0 \\ \hline \end{array}$$

5
$$\begin{array}{r} 2\ 6 \\ +\ 1\ 2 \\ \hline \end{array}$$

6
$$\begin{array}{r} 7\ 3 \\ +\ 2\ 4 \\ \hline \end{array}$$

[7~12] 세로로 쓰고 계산해 보세요.

7 47+2

+

8 52+4

+

9 40+40

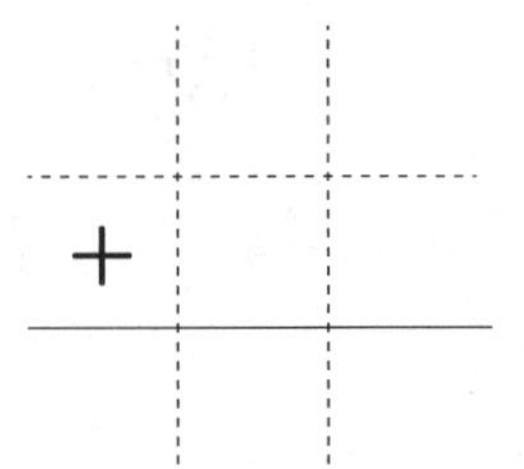

10 10+70

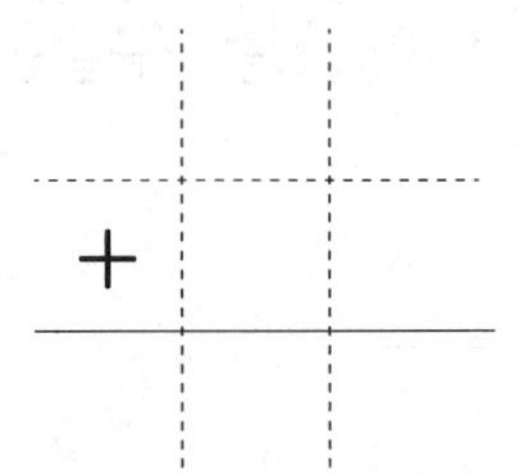

11 36+30

+

12 62+15

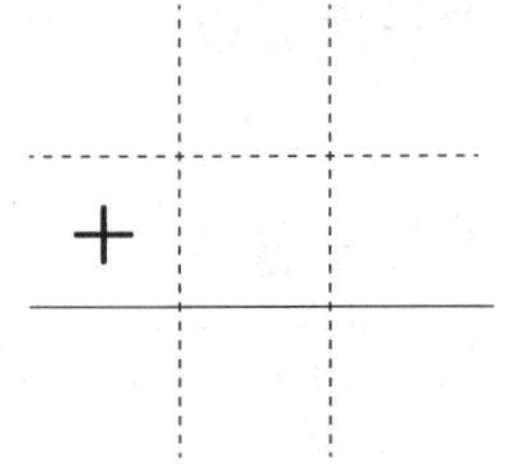

[13~16] 두 수의 합을 구하세요.

13

(   )

14

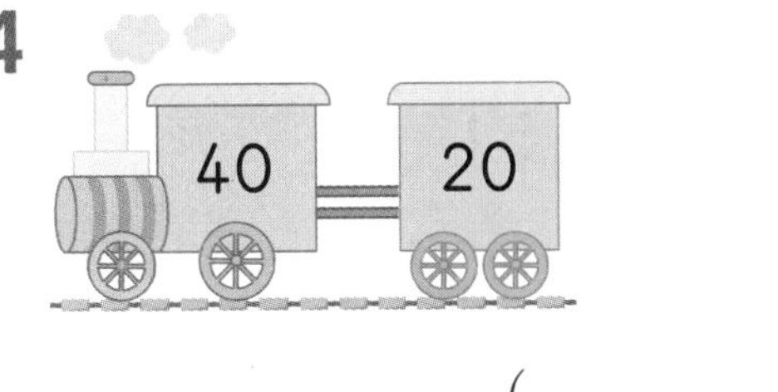

(   )

15

(   )

16

(   )

17 토끼와 함께 길을 따라가며 계산해 보세요.

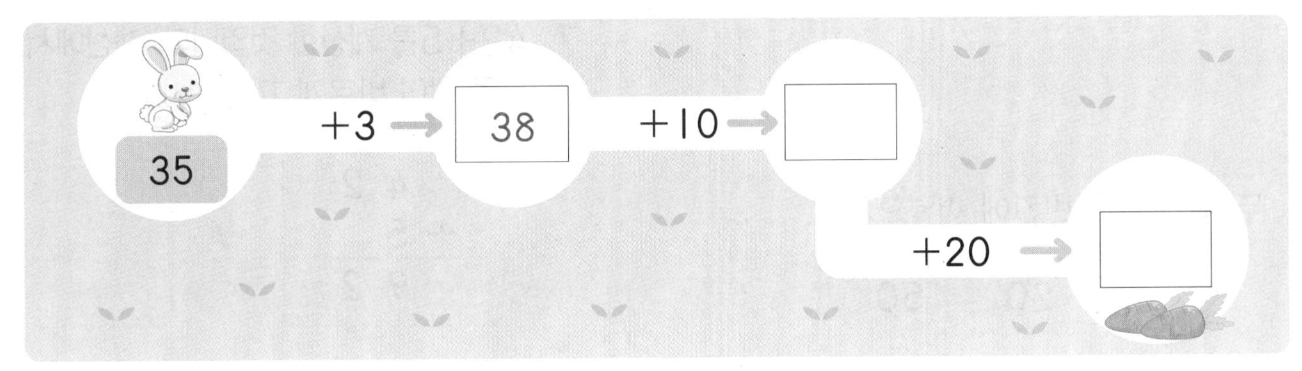

18 다람쥐와 함께 길을 따라가며 계산해 보세요.

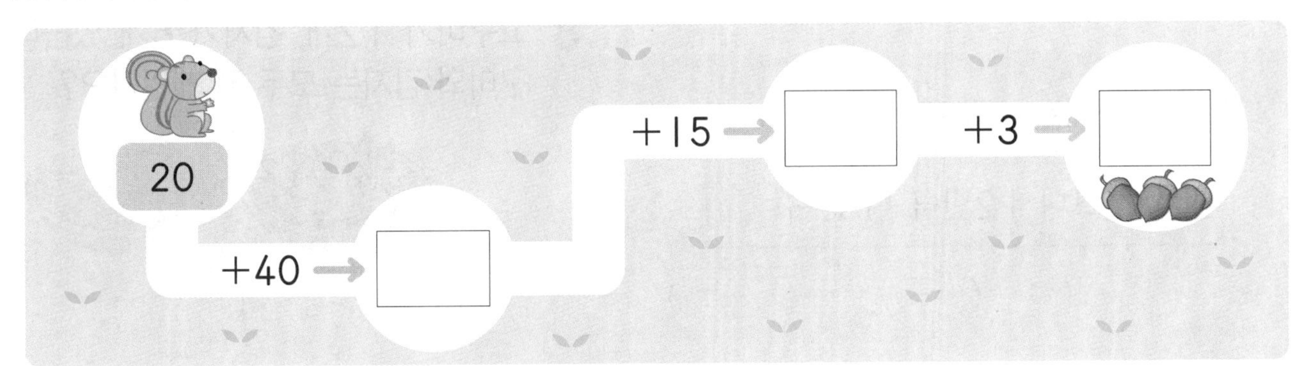

1 STEP 기본의 힘

1 덧셈을 해 보세요.

51+7

(　　　　　　　　)

2 수 모형은 모두 몇 개인지 구하려고 합니다. □ 안에 알맞은 수를 써넣으세요.

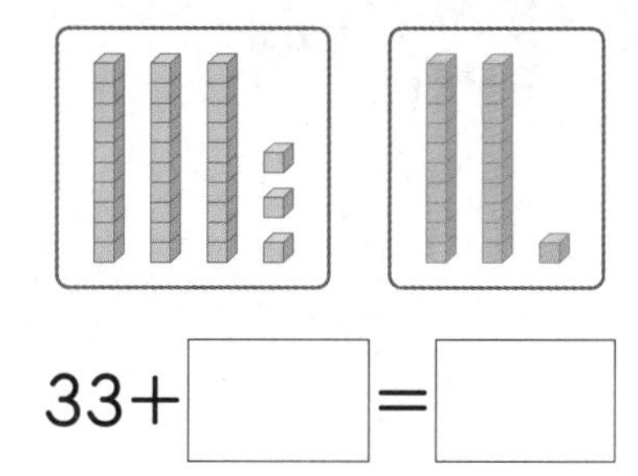

33+□=□

3 두 수의 합을 빈칸에 써넣으세요.

20	50

4 다음이 나타내는 수를 구하세요.

67보다 12만큼 더 큰 수

(　　　　　　　　)

5 가장 큰 수와 가장 작은 수의 합을 구하세요.

60　　71　　16

(　　　　　　　　)

6 계산 결과가 더 큰 것에 ○표 하세요.

72+5　　　63+20

(　　)　　　(　　)

7 42+5를 계산한 것입니다. 계산에서 잘못된 곳을 찾아 바르게 고쳐 보세요.

$$\begin{array}{r} 4\ 2 \\ +\ 5 \\ \hline 9\ 2 \end{array} \rightarrow \square$$

8 고구마가 12개, 감자가 6개 있습니다. 고구마와 감자는 모두 몇 개인가요?

(　　　　　　　　)

9 계산 결과가 같은 것끼리 이어 보세요.

32+20	•	•	26+22
45+3	•	•	50+2
10+60	•	•	40+30

[10~11] 그림을 보고 물음에 답하세요.

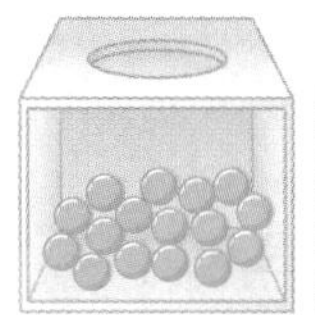
초록색 공 16개

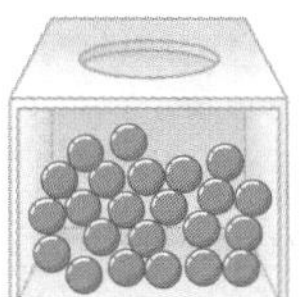
보라색 공 23개

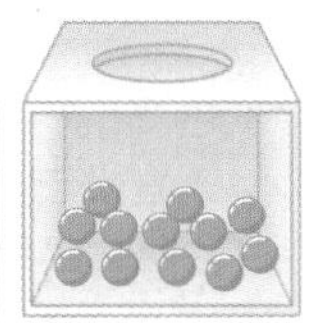
파란색 공 12개

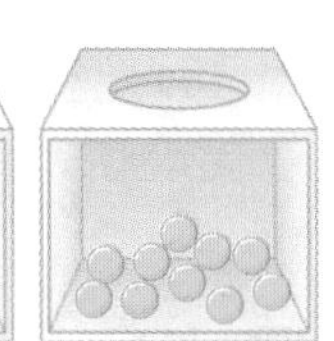
노란색 공 10개

10 초록색 공과 파란색 공은 모두 몇 개인가요?

식 ______________________

답 ______________

11 보라색 공과 노란색 공은 모두 몇 개인가요?

식 ______________________

답 ______________

12 대화를 읽고 하은이가 접은 종이학은 몇 개인지 구하세요.

( )

정보처리

13 ▢ 모양의 물건을 모두 찾아 적힌 수의 합을 구하세요.

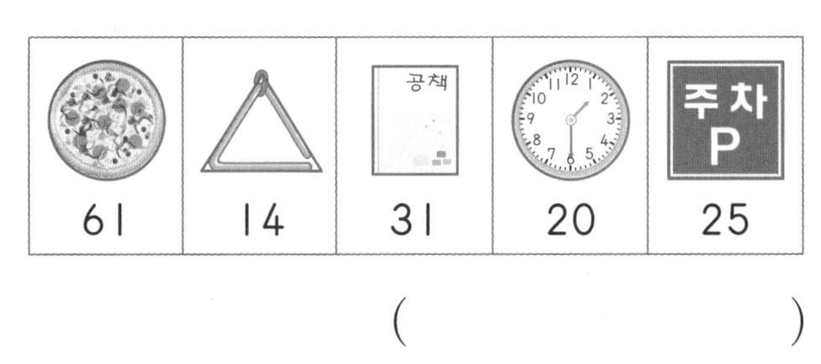

( )

추론

14 더해서 50이 되는 두 수를 찾아 덧셈식을 쓰세요.

20 30 40

▢ + ▢ =50

15 ▢ 안에 들어갈 수 있는 수를 찾아 ○표 하세요.

35+2<3▢

(5 , 6 , 7 , 8)

6 단원

덧셈과 뺄셈(3)

개념의 힘 Power ③ 뺄셈 알아보기(1)

개념의 힘

예 26－3을 여러 가지 방법으로 구하기

방법1 비교하기로 구하기

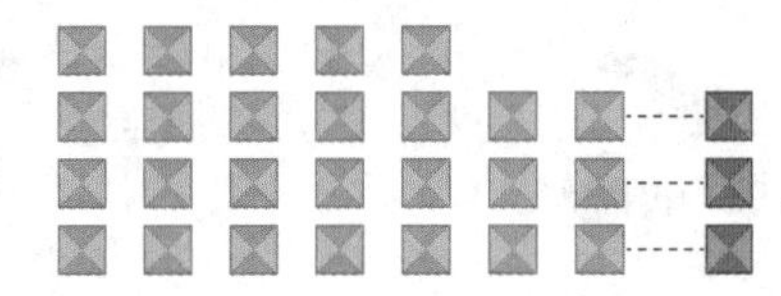

➔ 1개씩 연결하고 연결하지 못한 것을 세면 23입니다.

방법2 십 배열판에 그림을 그려 구하기

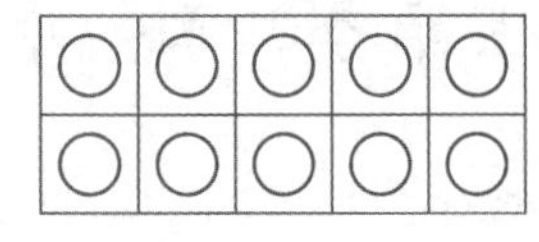
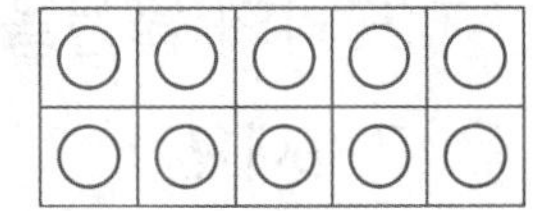
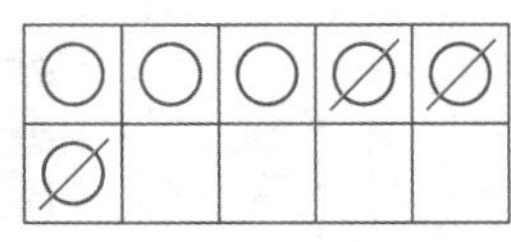

➔ 26만큼 ○를 그린 다음 3만큼 /으로 지우면 23입니다.

방법3 수 모형으로 구하기

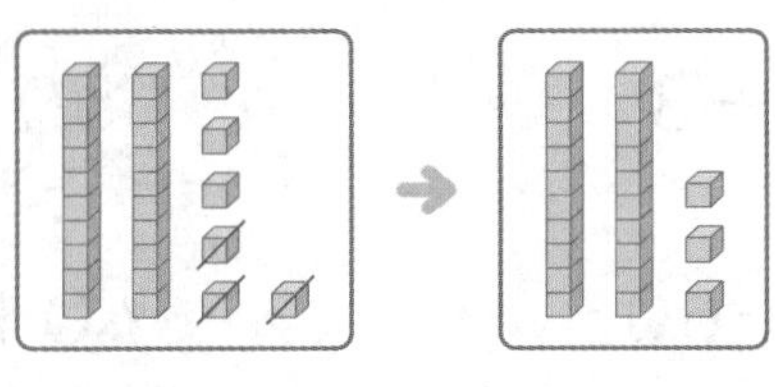

➔ 남은 수 모형은 십 모형 2개와 일 모형 3개로 23입니다.

$$\begin{array}{r} 26 \\ -\ \ 3 \\ \hline \end{array} \rightarrow \begin{array}{r} 26 \\ -\ \ 3 \\ \hline 23 \end{array}$$

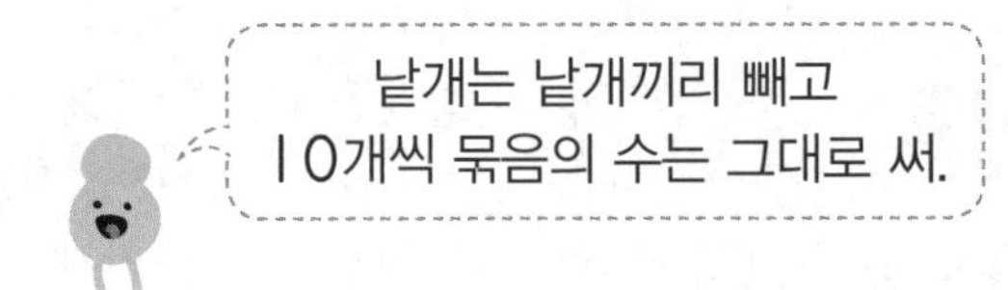

[1~2] 24－2를 여러 가지 방법으로 구하세요.

1 비교하기로 구하세요.

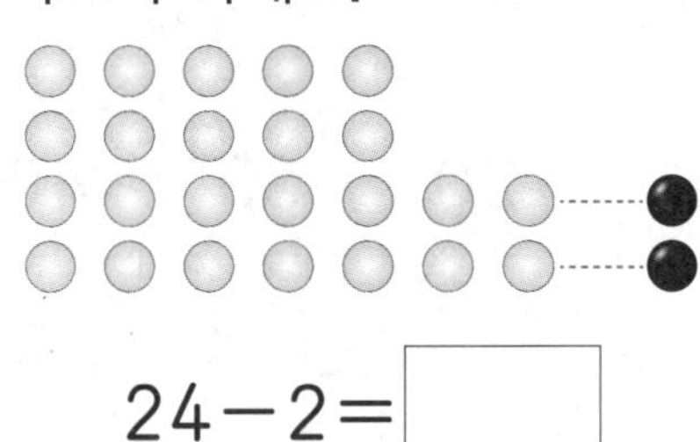

24－2=□

2 빼는 수 2만큼 /으로 지워 구하세요.

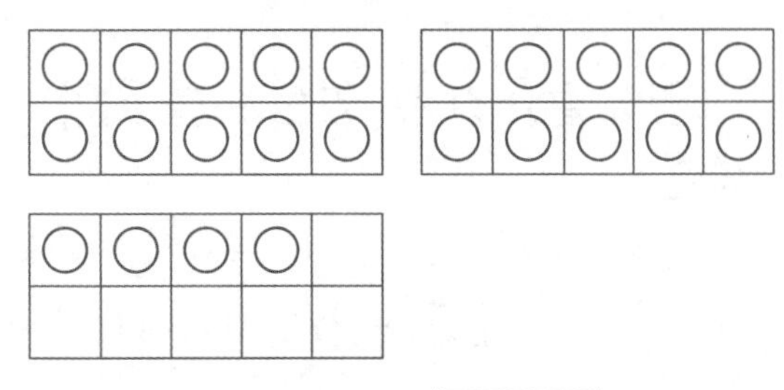

24－2=□

[3~4] 수 모형을 보고 뺄셈을 해 보세요.

3

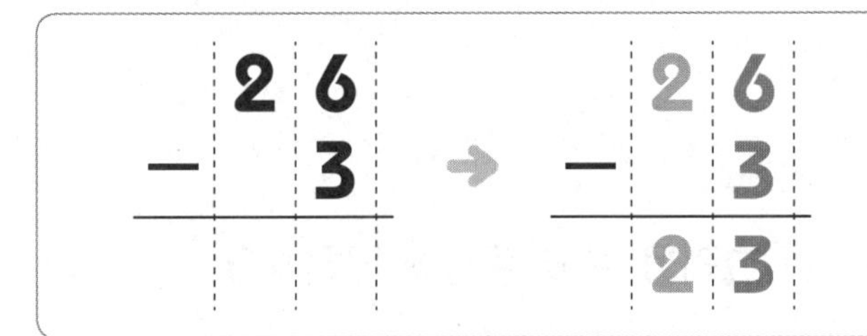

35－3=□

4

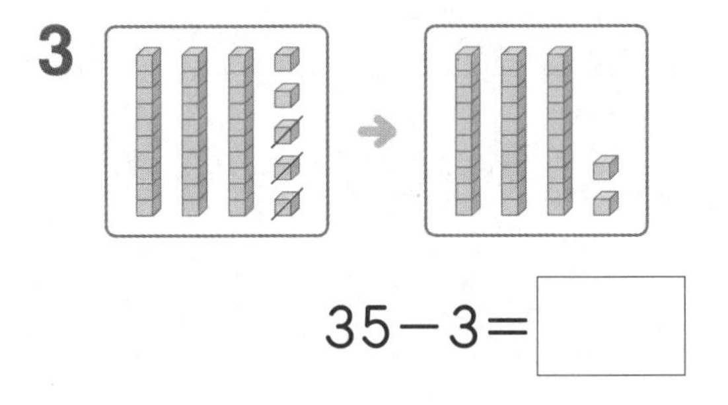

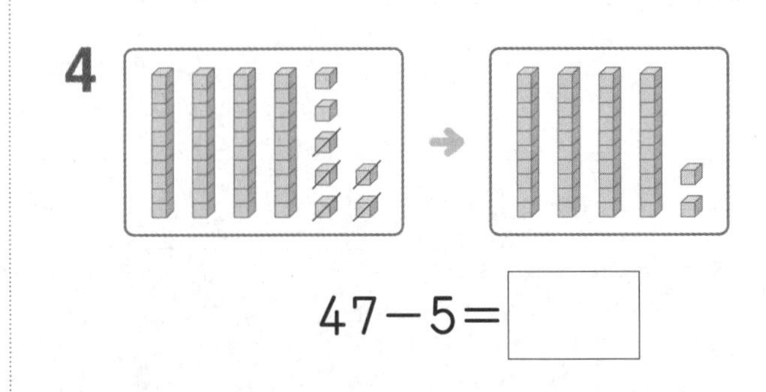

47－5=□

[5~6] □ 안에 알맞은 수를 써넣으세요.

5

$$\begin{array}{r} 5\ 7 \\ -\quad\ 3 \\ \hline \square\square \end{array}$$

6

$$\begin{array}{r} 8\ 6 \\ -\quad\ 4 \\ \hline \square\square \end{array}$$

[7~8] 뺄셈을 해 보세요.

7 78－6

8 63－1

9 빈칸에 알맞은 수를 써넣으세요.

45 → －4 → □

10 큰 수에서 작은 수를 뺀 값을 구하세요.

29 5

( )

11 계산을 바르게 한 것의 기호를 쓰세요.

㉠ 24－3=21
㉡ 28－5=25

( )

12 크기를 비교하여 ○ 안에 >, =, <를 알맞게 써넣으세요.

69－8 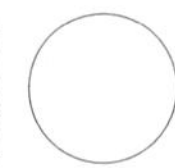 60

13 계산 결과가 52인 것을 찾아 색칠해 보세요.

14 밤이 37개 있었는데 5개를 먹었습니다. 남은 밤은 몇 개인가요?

식 ______________________

답 ______________________

6 단원 덧셈과 뺄셈(3)

④ 뺄셈 알아보기(2)

개념의 힘

예 50－20의 계산

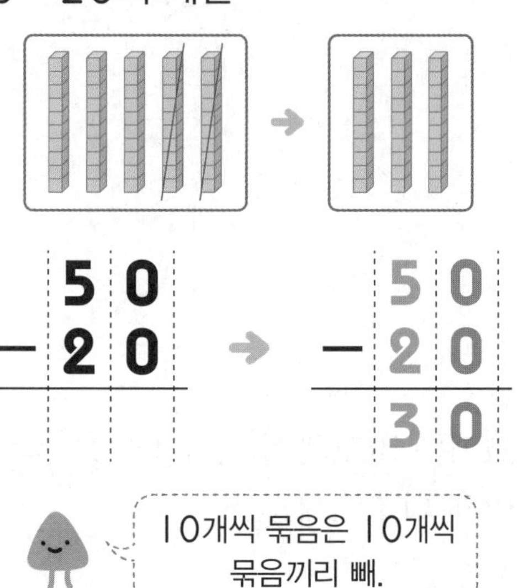

$$\begin{array}{r} 50 \\ -\ 20 \\ \hline \end{array} \rightarrow \begin{array}{r} 50 \\ -\ 20 \\ \hline 30 \end{array}$$

10개씩 묶음은 10개씩 묶음끼리 빼.

예 35－12의 계산

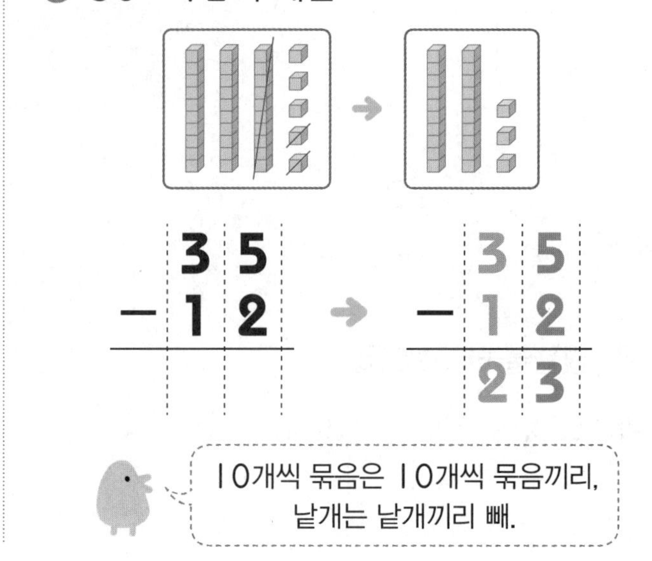

$$\begin{array}{r} 35 \\ -\ 12 \\ \hline \end{array} \rightarrow \begin{array}{r} 35 \\ -\ 12 \\ \hline 23 \end{array}$$

10개씩 묶음은 10개씩 묶음끼리, 낱개는 낱개끼리 빼.

[1~2] 수 모형을 보고 뺄셈을 해 보세요.

1

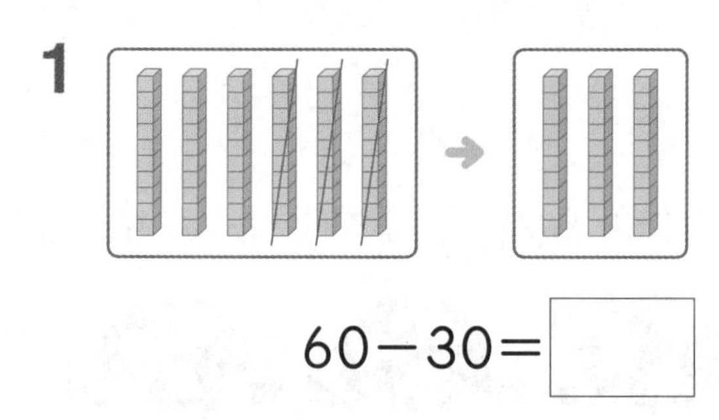

60－30=□

2

46－11=□

[3~4] □ 안에 알맞은 수를 써넣으세요.

3

$$\begin{array}{r} 7\ 0 \\ -\ 1\ 0 \\ \hline \square\square \end{array}$$

4

$$\begin{array}{r} 5\ 6 \\ -\ 2\ 4 \\ \hline \square\square \end{array}$$

[5~6] 뺄셈을 해 보세요.

5 40－30

6 26－13

7 뺄셈을 해 보세요.

49－18

( )

8 빈칸에 알맞은 수를 써넣으세요.

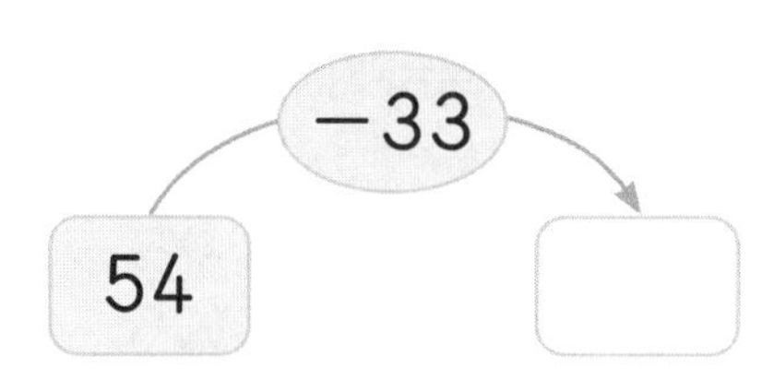

9 두 수의 차를 구하세요.

80 40

( )

10 다음이 나타내는 수를 구하세요.

69보다 45만큼 더 작은 수

( )

11 86－20을 바르게 계산한 것에 ○표 하세요.

$$\begin{array}{r} 86 \\ -\ 20 \\ \hline 84 \end{array} \qquad \begin{array}{r} 86 \\ -\ 20 \\ \hline 66 \end{array}$$

( ) ( )

12 계산 결과를 찾아 이어 보세요.

55－23 •		• 32
56－22 •		• 33
		• 34

13 계산 결과가 더 큰 것의 기호를 쓰세요.

㉠ 60－20
㉡ 66－14

( )

14 승아는 초콜릿 26개를 가지고 있었는데 동생에게 12개를 주었습니다. 승아에게 남은 초콜릿은 몇 개인가요?

식 ______________________

답 ______________________

6 단원 덧셈과 뺄셈(3)

개념의 힘 Power ⑤ 덧셈과 뺄셈하기

개념의 힘

1 덧셈 이야기를 식으로 나타내기

예

오리 12마리 닭 5마리

➔ 오리와 닭은 모두

$12+5=17$(마리)입니다.

2 규칙을 찾아 덧셈하기

$11+10=21$

$11+20=31$

$11+30=41$

$11+40=51$

➔ 같은 수에 **10씩 커지는 수를 더하면** 합도 10씩 커집니다.

3 뺄셈 이야기를 식으로 나타내기

예

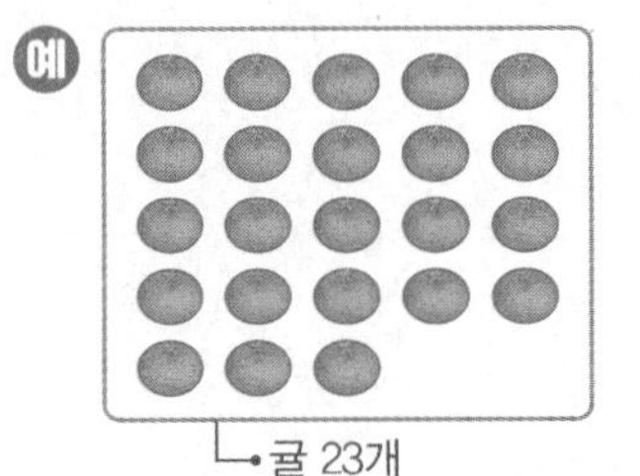

귤 23개

사과 12개

➔ 귤은 사과보다

$23-12=11$(개) 더 많습니다.

4 규칙을 찾아 뺄셈하기

$65-10=55$

$65-20=45$

$65-30=35$

$65-40=25$

➔ 같은 수에서 **10씩 커지는 수를 빼면** 차는 10씩 작아집니다.

1 그림을 보고 □ 안에 알맞은 수를 써넣으세요.

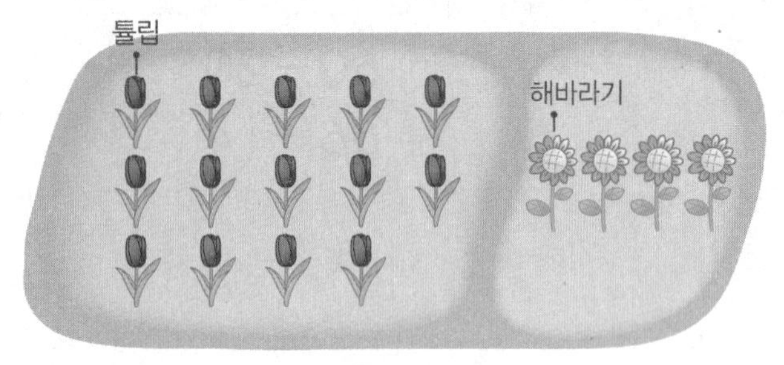

(1) 튤립은 □ 송이입니다.

(2) 해바라기는 □ 송이입니다.

(3) 튤립과 해바라기는 모두

$14+\square=\square$(송이)입니다.

2 그림을 보고 □ 안에 알맞은 수를 써넣으세요.

연필 10 10

색연필 10

(1) 연필은 □ 자루입니다.

(2) 색연필은 □ 자루입니다.

(3) 연필은 색연필보다

$26-\square=\square$(자루) 더 많습니다.

3 덧셈을 해 보세요.

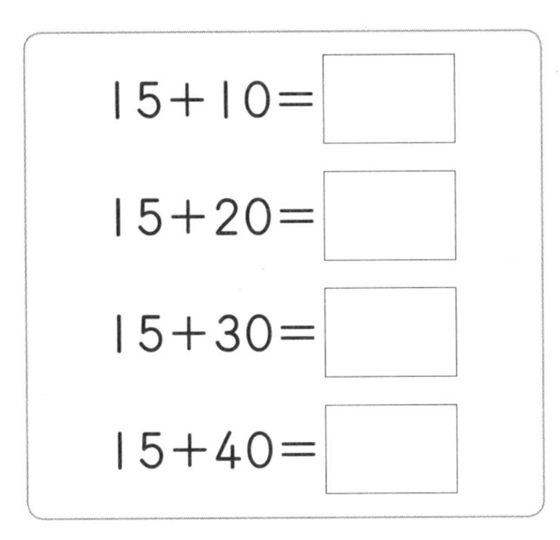

$15+10=\square$

$15+20=\square$

$15+30=\square$

$15+40=\square$

4 뺄셈을 해 보세요.

$58-10=\square$

$58-20=\square$

$58-30=\square$

$58-40=\square$

5 빈칸에 알맞은 수를 써넣으세요.

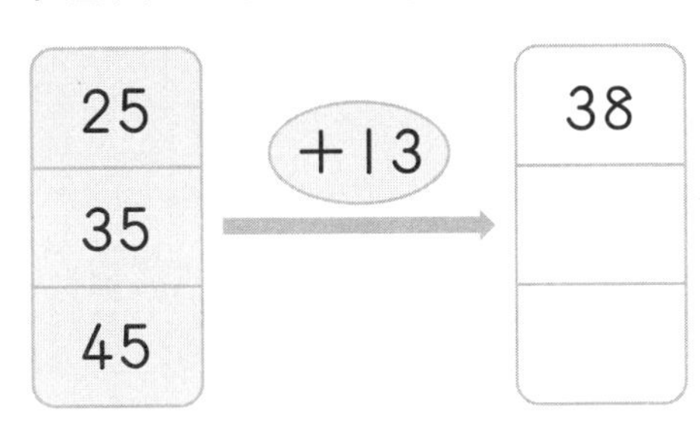

[6~7] 그림을 보고 물음에 답하세요.

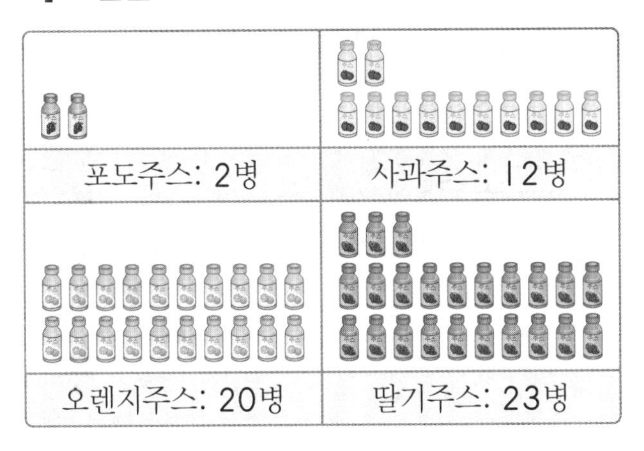

6 사과주스와 오렌지주스는 모두 몇 병인가요?

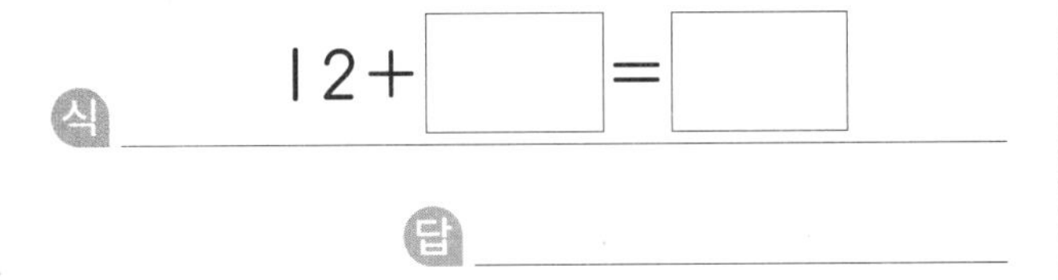

식 $12+\square=\square$

답 ________

7 딸기주스는 포도주스보다 몇 병 더 많은가요?

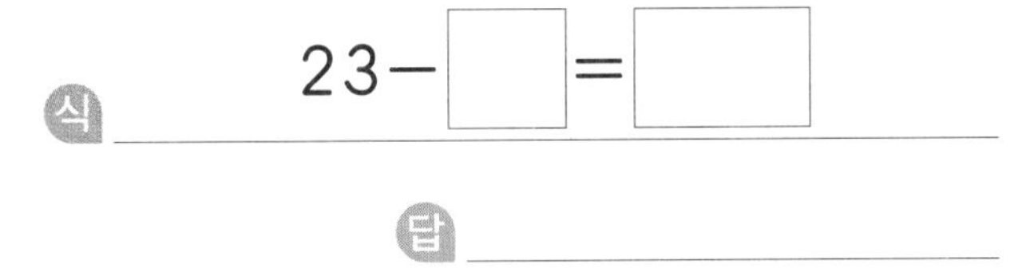

식 $23-\square=\square$

답 ________

8 농구공이 11개, 축구공이 13개 있습니다. 공은 모두 몇 개인가요?

( )

9 곶감이 47개 있었습니다. 그중에서 21개를 먹었다면 남은 곶감은 몇 개인가요?

( )

③~⑤ 뺄셈 / 덧셈과 뺄셈

[1~6] 계산해 보세요.

1
$$\begin{array}{r} 29 \\ -\ \ 3 \\ \hline \end{array}$$

2
$$\begin{array}{r} 36 \\ -\ \ 4 \\ \hline \end{array}$$

3
$$\begin{array}{r} 30 \\ -10 \\ \hline \end{array}$$

4
$$\begin{array}{r} 80 \\ -50 \\ \hline \end{array}$$

5
$$\begin{array}{r} 46 \\ -12 \\ \hline \end{array}$$

6
$$\begin{array}{r} 79 \\ -43 \\ \hline \end{array}$$

[7~12] 세로로 쓰고 계산해 보세요.

7 $57-6$

$-$

8 $45-1$

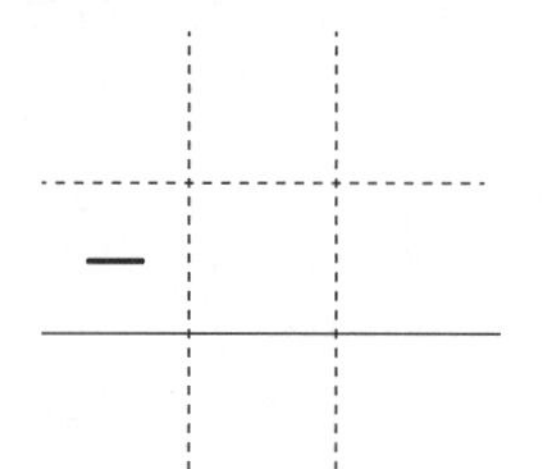

9 $70-40$

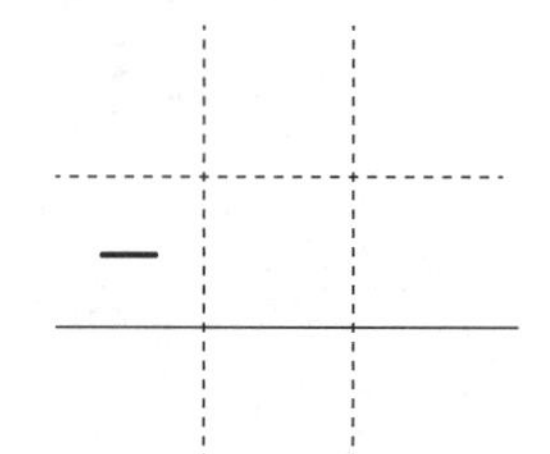

10 $90-20$

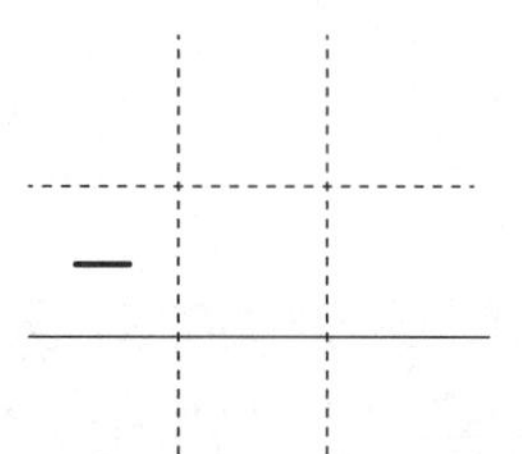

11 $38-15$

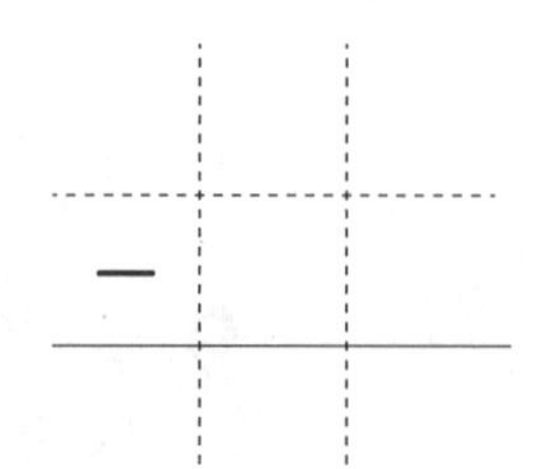

12 $85-34$

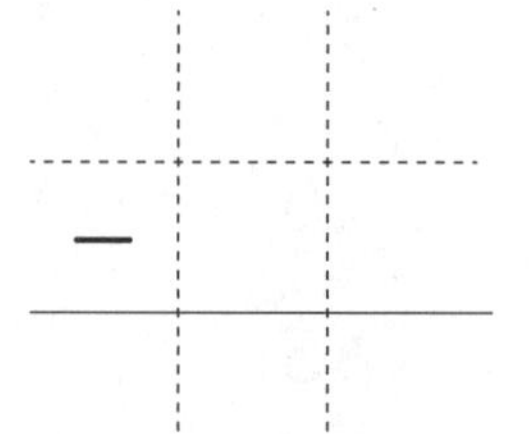

[13~14] 덧셈과 뺄셈을 해 보세요.

13

31+20=□

31+30=□

31+40=□

31+50=□

14

45−11=□

45−12=□

45−13=□

45−14=□

[15~18] 계산 결과를 찾아 색칠해 보세요.

15 24−3

16 90−30

17 78−46

18 54−32

1 STEP 기본의 힘

1 그림을 보고 □ 안에 알맞은 수를 써넣으세요.

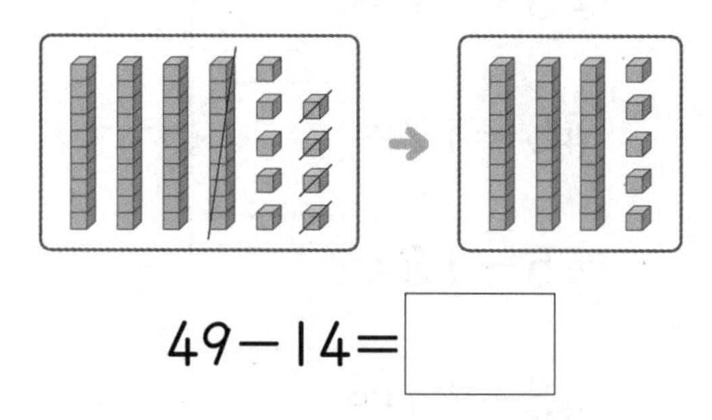

$49-14=$ □

2 뺄셈을 해 보세요.

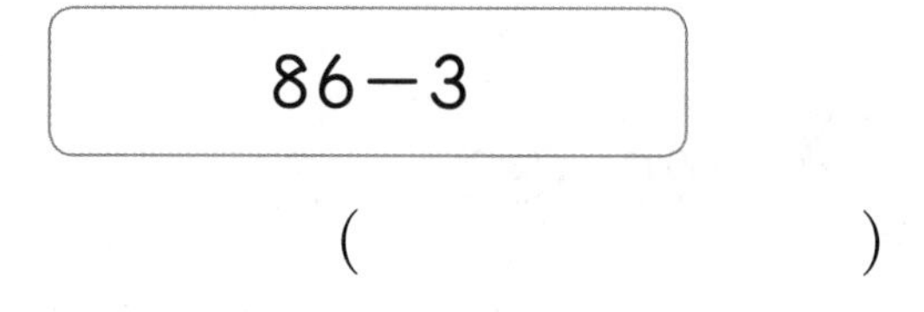

(　　　　　　)

3 선우가 설명하는 수를 구하세요.

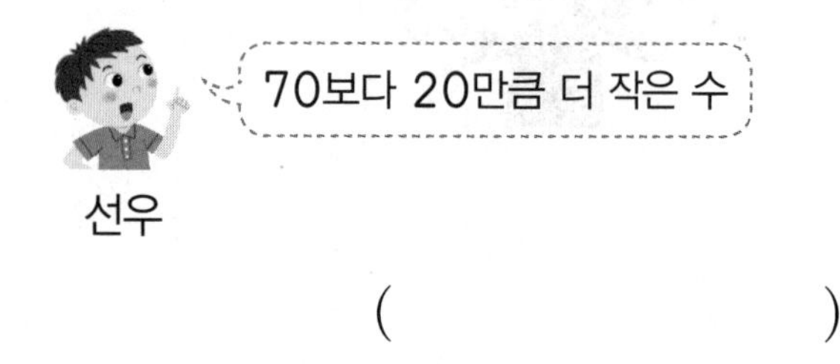

(　　　　　　)

4 덧셈을 해 보세요.

$32+50=$ □

$32+60=$ □

5 가장 큰 수와 가장 작은 수의 차를 구하세요.

70　　33　　96

(　　　　　　)

6 계산을 바르게 한 것의 기호를 쓰세요.

㉠ $65-12=52$
㉡ $79-23=56$

(　　　　　　)

7 계산 결과의 크기를 비교하여 ○ 안에 >, =, <를 알맞게 써넣으세요.

$56-4$ ○ $80-20$

8 계산 결과가 같은 것끼리 이어 보세요.

$70-40$ •		• $50-20$
$46-14$ •		• $45-10$
$37-2$ •		• $35-3$

9 친구들이 말하는 수를 각각 구하세요.

시윤 (　　　　　　　　)
하은 (　　　　　　　　)

[10~11] 준혁이와 예서는 투호 놀이를 하고 있습니다. 화살을 준혁이는 24개, 예서는 13개 넣었습니다. 물음에 답하세요.

10 준혁이와 예서가 넣은 화살은 모두 몇 개인가요?

식 ______________________

답 ______________

11 준혁이는 예서보다 화살을 몇 개 더 넣었나요?

12 □ 안에 알맞은 수를 찾아 ○표 하세요.

$65 - \square = 61$

(1 , 2 , 3 , 4)

정보처리

13 두 주머니에서 수를 하나씩 골라 식을 쓰고 계산해 보세요.

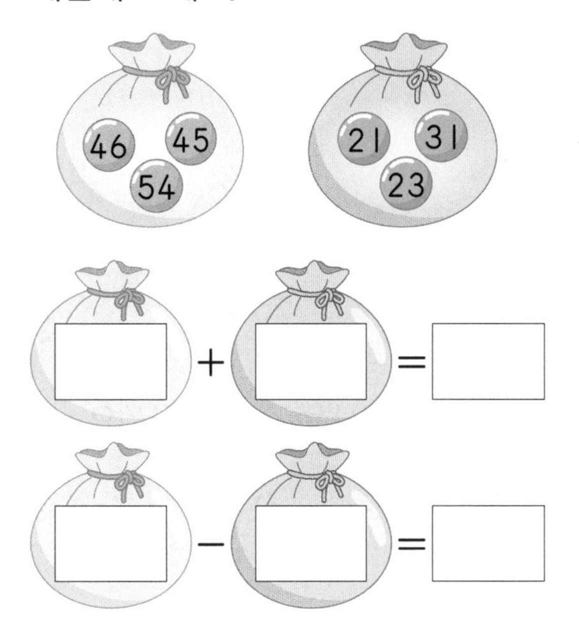

추론

14 규칙에 따라 빈칸을 채웠을 때 ㉡−㉠을 구하세요.

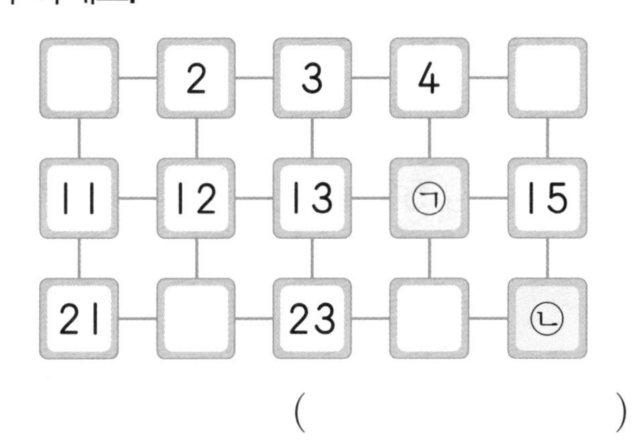

(　　　　　　　　)

6 단원 덧셈과 뺄셈(3)

2 STEP 응용의 힘

응용 1 나타내는 수 구하기

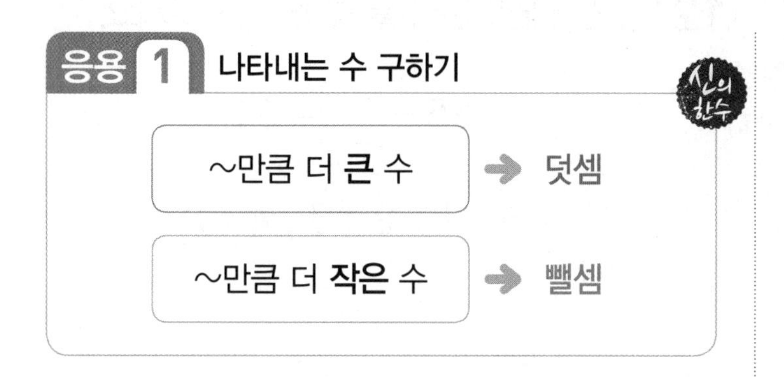

1 다음이 나타내는 수를 구하세요.

52보다 3만큼 더 큰 수

(　　　　　　　)

2 다음이 나타내는 수를 구하세요.

70보다 10만큼 더 작은 수

(　　　　　　　)

3 더 큰 수의 기호를 쓰세요.

㉠ 43보다 12만큼 더 큰 수
㉡ 57보다 5만큼 더 작은 수

(　　　　　　　)

응용 2 덧셈과 뺄셈 활용하기

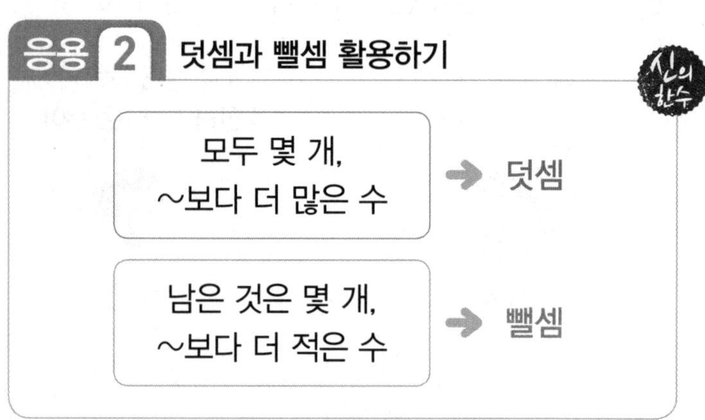

4 봉지에 소금빵이 20개, 크림빵이 30개 들어 있습니다. 봉지에 있는 빵은 모두 몇 개인가요?

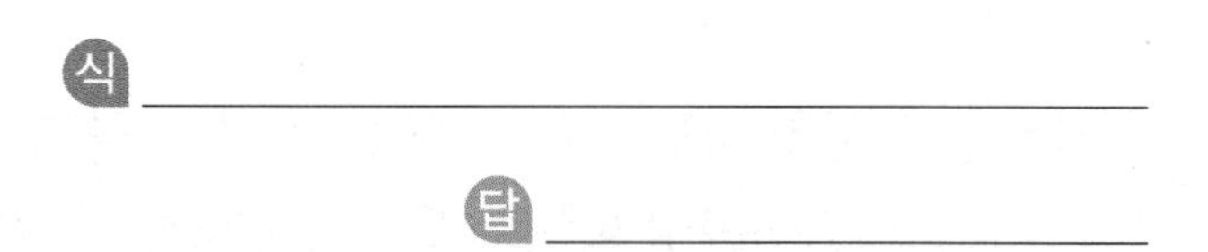

5 냉장고에 달걀이 36개 있었습니다. 그중에서 14개를 먹었다면 남은 달걀은 몇 개인가요?

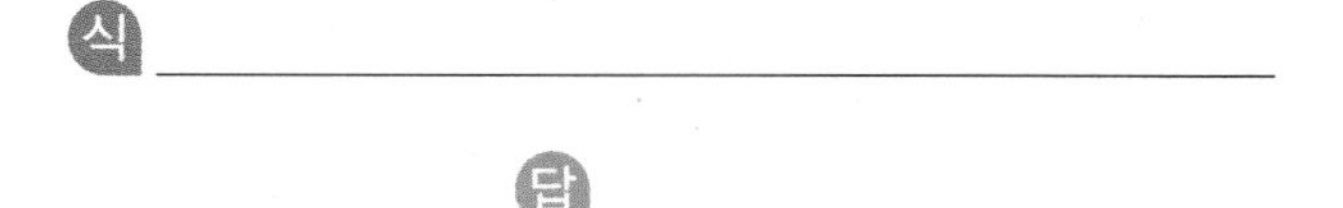

6 지안이는 색종이 24장을 가지고 있습니다. 나은이는 지안이보다 색종이를 11장 더 많이 가지고 있다면 나은이가 가지고 있는 색종이는 몇 장인가요?

식 ____________________

답 ____________________

정답 및 풀이 41쪽

응용 3 설명하는 수를 만들어 계산하기

신의 한수

수 카드를 이용하여 몇십몇을 만든 다음 계산합니다.

예 가장 큰 몇십몇

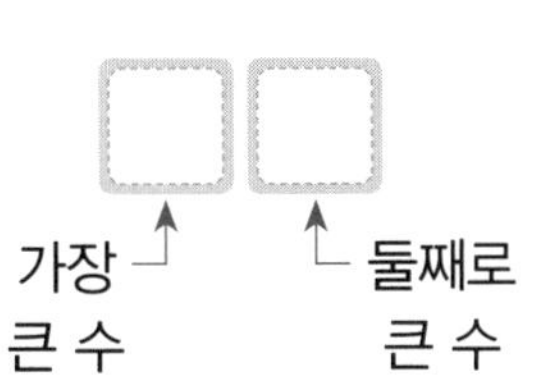

예 가장 작은 몇십몇

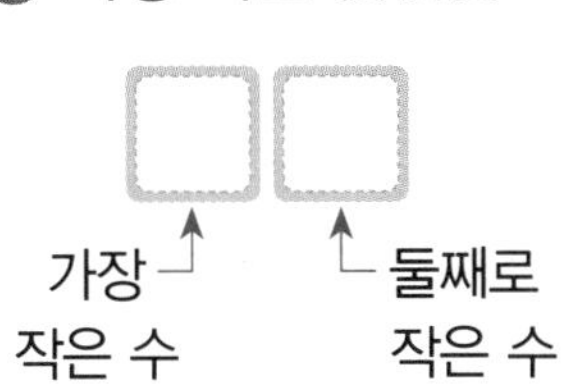

응용 4 □ 안에 알맞은 수 구하기

신의 한수

예 □ 안에 알맞은 수 구하기

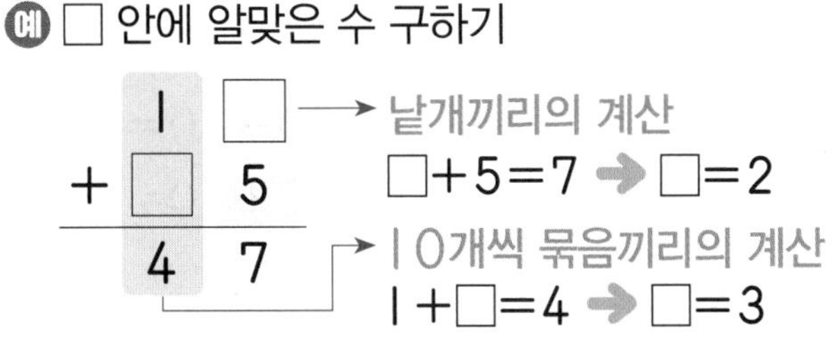

참고 구한 수를 □ 안에 넣어 계산하여 맞게 구했는지 확인해 봅니다.

7 3장의 수 카드 중 2장을 골라 한 번씩 사용하여 가장 큰 몇십몇을 만들었습니다. 만든 수보다 20만큼 더 큰 수를 구하세요.

2 3 4

(　　　　　　　　)

8 3장의 수 카드 중 2장을 골라 한 번씩 사용하여 가장 작은 몇십몇을 만들었습니다. 만든 수보다 15만큼 더 작은 수를 구하세요.

6 7 8

(　　　　　　　　)

9 4장의 수 카드를 한 번씩 사용하여 만들 수 있는 가장 큰 몇십몇과 가장 작은 몇십몇의 합을 구하세요.

2 3 4 5

(　　　　　　　　)

10 □ 안에 알맞은 수를 써넣으세요.

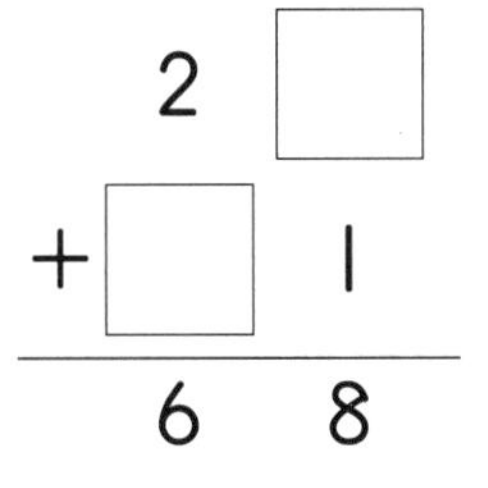

11 □ 안에 알맞은 수를 써넣으세요.

$$\begin{array}{r} \square\ 5 \\ +\ 2\ \square \\ \hline 5\ 9 \end{array}$$

12 □ 안에 알맞은 수를 써넣으세요.

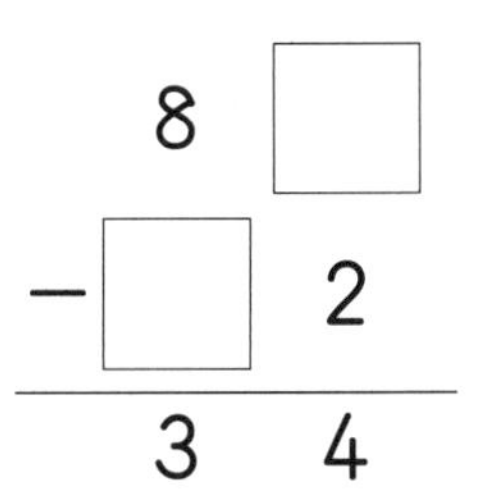

6 단원 덧셈과 뺄셈(3)

응용 5 기호가 나타내는 수 구하기

신의 한수

예 같은 기호는 같은 수를 나타낼 때 ㉡ 구하기

- $20+30=$㉠ → $20+30=50$
- ㉠$+10=$㉡ → $50+10=60$

➔ ㉡은 60입니다.

13 같은 기호는 같은 수를 나타낼 때 ㉡이 나타내는 수를 구하세요.

- $52+13=$㉠
- ㉠$-30=$㉡

(　　　　　　　　)

14 같은 기호는 같은 수를 나타낼 때 ㉡이 나타내는 수를 구하세요.

- $78-46=$㉠
- ㉠$-21=$㉡

(　　　　　　　　)

15 같은 기호는 같은 수를 나타낼 때 ㉡이 나타내는 수를 구하세요.

- $40+$㉠$=46$
- $99-$㉠$=$㉡

(　　　　　　　　)

응용 6 □ 안에 들어갈 수 있는 수 구하기

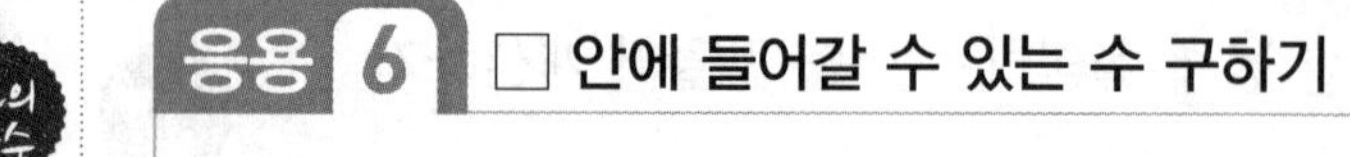

신의 한수

계산할 수 있는 식을 먼저 계산하고 조건에 맞는 수를 찾습니다.

예 □ 안에 들어갈 수 있는 수 구하기

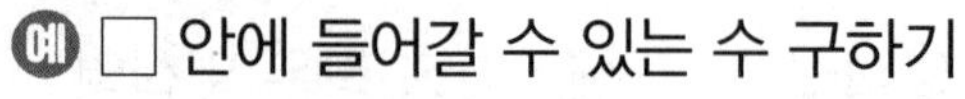

$21+13<3\square$

① $21+13=34$

② $34<3\square$이므로 □는 4보다 큰 수입니다.

16 1부터 9까지의 수 중에서 □ 안에 들어갈 수 있는 수를 모두 구하세요.

$35+12<4\square$

(　　　　　　　　)

17 1부터 9까지의 수 중에서 □ 안에 들어갈 수 있는 수를 모두 구하세요.

$78-24>5\square$

(　　　　　　　　)

18 1부터 9까지의 수 중에서 □ 안에 들어갈 수 있는 수를 모두 구하세요.

$42+36<\square 9$

(　　　　　　　　)

응용 7 어떤 수 몇십몇 구하기

신의 한수

어떤 수 몇십몇을 ■▲로 나타내 식을 세우고 낱개끼리의 계산, 10개씩 묶음끼리의 계산을 이용하여 어떤 수를 구합니다.

예 어떤 수 몇십몇에 14를 더하여 26이 되었을 때 어떤 수 구하기

```
    ■ ▲
  + 1 4
  -----
    2 6
```

■+1=2 ← 2, 6 → ▲+4=6

→ ■=1, → ▲=2

➜ ■▲=12

19 어떤 수 몇십몇에 32를 더했더니 46이 되었습니다. 어떤 수는 얼마인가요?

( )

20 어떤 수 몇십몇에 16을 더했더니 37이 되었습니다. 어떤 수는 얼마인가요?

( )

21 어떤 수 몇십몇에서 15를 뺐더니 42가 되었습니다. 어떤 수는 얼마인가요?

( )

응용 8 수 카드로 합이 가장 큰 식 만들기

신의 한수

10개씩 묶음의 수가 커지도록 덧셈식을 만듭니다.

예 수 카드 1, 2, 3, 4를 한 번씩 사용하여 합이 가장 큰 (몇십몇)+(몇십몇) 만들기

10개씩 묶음의 자리에는 가장 큰 수와 둘째로 큰 수를 놓습니다.

42+31=73

낱개의 자리에는 셋째로 큰 수와 넷째로 큰 수를 놓습니다.

22 4장의 수 카드를 한 번씩 사용하여 (몇십몇)+(몇십몇)을 만들어 합이 가장 클 때의 합을 구하세요.

1 2 3 6

( )

23 4장의 수 카드를 한 번씩 사용하여 (몇십몇)+(몇십몇)을 만들어 합이 가장 클 때의 합을 구하세요.

2 3 4 5

( )

3 STEP 서술형의 힘

연습 문제 풀기

연습 1 딸기우유는 23개, 초코우유는 24개 있습니다. 딸기우유와 초코우유는 모두 몇 개인가요?

식 ______________________

답 ______________

연습 2 노란색 풍선은 38개, 파란색 풍선은 노란색 풍선보다 6개 더 적게 있습니다. 파란색 풍선은 몇 개인가요?

식 ______________________

답 ______________

연습 3 운동장에 남자 어린이는 32명, 여자 어린이는 35명 있습니다. 운동장에 있는 어린이는 모두 몇 명인가요?

식 ______________________

답 ______________

연습 4 서윤이네 집에 귤이 46개 있었습니다. 서윤이네 가족이 귤 12개를 먹었다면 남은 귤은 몇 개인가요?

식 ______________________

답 ______________

대표 유형 1 덧셈과 뺄셈을 활용하여 두 사람이 가지고 있는 물건 수 구하기

예서는 밤을 41개 주웠습니다. 시원이는 예서보다 밤을 3개 더 많이 주웠습니다. 예서와 시원이가 주운 밤은 모두 몇 개인가요?

해결 방법

1 (시원이가 주운 밤의 수)=41+□=□(개)

2 (예서와 시원이가 주운 밤의 수)=41+□=□(개)

답

유형 코칭 시원이가 주운 밤의 수를 구하고, 예서와 시원이가 주운 밤의 수의 합을 구합니다.

위의 해결 방법을 따라 풀이를 쓰고 답을 구하세요.

1-1 지아는 칭찬 도장을 30개 받았습니다. 현우는 지아보다 칭찬 도장을 10개 더 적게 받았습니다. 지아와 현우가 받은 칭찬 도장은 모두 몇 개인가요?

풀이

답 

1-2 윤아와 연서는 색종이를 각각 25장씩 가지고 있었습니다. 윤아는 10장을 사용하고 연서는 12장을 사용했다면 윤아와 연서에게 남은 색종이는 모두 몇 장인가요?

풀이

답 

대표 유형 2 계산 결과가 주어진 식 만들기

4장의 수 카드 중 2장을 골라 두 수의 합이 45가 되도록 덧셈식을 만들려고 합니다. 골라야 하는 두 수를 구하세요.

23 34 12 11

해결 방법

1 낱개끼리 더해서 5가 되는 두 수를 모두 찾기: 23과 ☐, 34와 ☐

2 위 1에서 찾은 두 수의 합을 구하면 23+☐=☐, 34+☐=☐

이므로 골라야 하는 두 수는 ☐, ☐입니다.

답 ____________

유형 코칭 두 수의 합이 45가 되는 두 수를 고르려면 먼저 낱개끼리의 합이 5가 되는 수를 찾아봅니다.

위의 해결 방법을 따라 풀이를 쓰고 답을 구하세요.

2-1 4장의 수 카드 중 2장을 골라 두 수의 합이 57이 되도록 덧셈식을 만들려고 합니다. 골라야 하는 두 수를 구하세요.

42 24 43 15

풀이

답 ____________

2-2 4장의 수 카드 중 2장을 골라 두 수의 차가 32가 되도록 뺄셈식을 만들려고 합니다. 골라야 하는 두 수를 구하세요.

65 54 23 22

풀이

답 ____________

대표 유형 3 덧셈과 뺄셈을 활용하여 남은 수 구하기

지유와 선우가 같은 수만큼 쿠키를 가지고 있었습니다. 지유는 가지고 있던 쿠키 중에서 12개를 먹었더니 13개가 남았습니다. 선우는 가지고 있던 쿠키 중에서 4개를 먹었다면 선우에게 남은 쿠키는 몇 개인가요?

해결 방법

1 (지유가 처음에 가지고 있던 쿠키 수)=12+□=□(개)

2 (선우가 처음에 가지고 있던 쿠키 수)=□개

3 (선우에게 남은 쿠키 수)=□-□=□(개)

답 ____________

유형 코칭 지유가 처음에 가지고 있던 쿠키 수를 구하려면 먹은 쿠키 수와 남은 쿠키 수의 합을 구합니다.

위의 해결 방법을 따라 풀이를 쓰고 답을 구하세요.

3-1 연아와 하준이가 같은 수만큼 사탕을 가지고 있었습니다. 연아는 가지고 있던 사탕 중에서 12개를 먹었더니 22개가 남았습니다. 하준이는 가지고 있던 사탕 중에서 10개를 먹었다면 하준이에게 남은 사탕은 몇 개인가요?

풀이

답 ____________

3-2 은지와 주원이는 같은 수만큼 연필을 가지고 있었습니다. 은지는 가지고 있던 연필 중에서 15자루를 친구에게 선물로 주었더니 14자루가 남았습니다. 주원이는 가지고 있던 연필 중에서 7자루를 사용하였다면 주원이에게 남은 연필은 몇 자루인가요?

풀이

답 ____________

단원평가

점수

1 그림을 보고 □ 안에 알맞은 수를 써넣으세요.

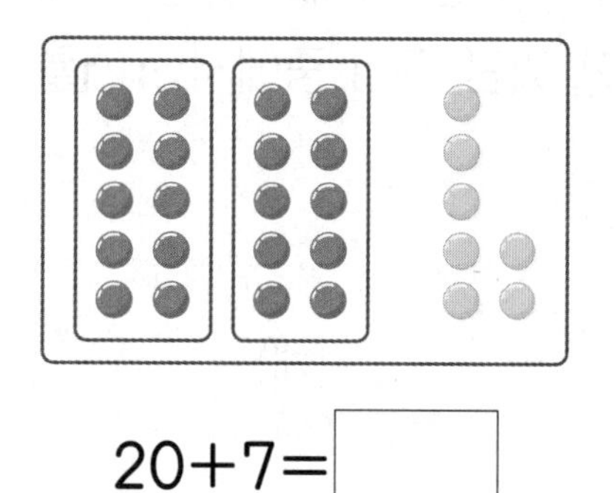

20+7=□

[2~3] 계산해 보세요.

2 43+20

3 56−14

4 빈칸에 알맞은 수를 써넣으세요.

5 다음이 나타내는 수를 쓰세요.

26보다 3만큼 더 큰 수

(　　　　　)

6 계산 결과가 24인 식에 ○표 하세요.

56−30	48−24
(　　)	(　　)

7 가장 큰 수와 가장 작은 수의 합을 구하세요.

30　40　50

(　　　　　)

8 두 수의 합과 차를 각각 구하세요.

66　31

합 (　　　　　)

차 (　　　　　)

9 잘못 계산한 사람의 이름을 쓰세요.

( )

10 크기를 비교하여 ○ 안에 >, =, <를 알맞게 써넣으세요.

$$51+7 \bigcirc 55$$

문제 해결

11 책장에 위인전이 30권, 동화책이 20권 꽂혀 있습니다. 책장에 있는 위인전과 동화책은 모두 몇 권인가요?

( )

12 계산 결과가 같은 것끼리 이어 보세요.

30+6 •	• 45−13
21+11 •	• 38−2

[13~14] 나눔 장터에서 붙임딱지로 살 수 있는 물건입니다. 물음에 답하세요.

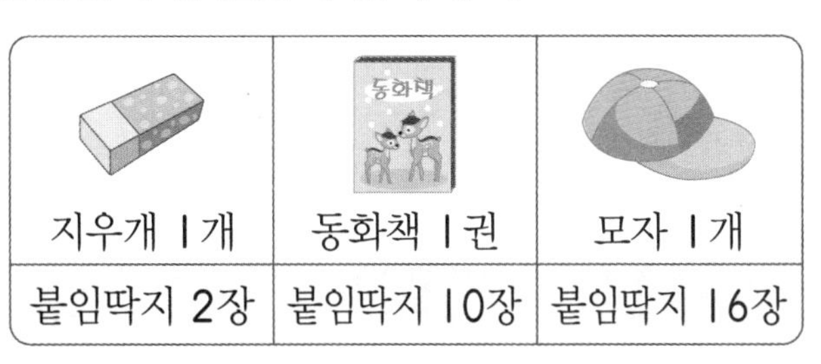

지우개 1개	동화책 1권	모자 1개
붙임딱지 2장	붙임딱지 10장	붙임딱지 16장

13 혜지는 붙임딱지 45장을 가지고 있습니다. 혜지가 동화책 1권을 산다면 혜지에게 남는 붙임딱지는 몇 장인가요?

식 ______________

답 ______________

14 민주는 붙임딱지 49장을 가지고 있습니다. 민주가 모자 1개를 산다면 민주에게 남는 붙임딱지는 몇 장인가요?

식 ______________

답 ______________

정보처리

15 ㉠과 ㉡의 합을 구하세요.

㉠ 13+34
㉡ 40−20

( )

16 1부터 9까지의 수 중에서 □ 안에 들어갈 수 있는 수를 모두 구하세요.

$$59-3<5\square$$

( )

17 어떤 수 몇십몇에서 13을 뺐더니 65가 되었습니다. 어떤 수는 얼마인가요?

( )

추론

18 4장의 수 카드를 한 번씩 사용하여 (몇십몇)+(몇십몇)을 만들었을 때 합이 가장 클 때의 합을 구하세요.

1 3 4 5

( )

서술형

19 과수원에서 귤을 재아는 32개 땄고, 은서는 재아보다 2개 더 많이 땄습니다. 재아와 은서가 딴 귤은 모두 몇 개인지 풀이 과정을 쓰고 답을 구하세요.

풀이

답

서술형

20 같은 기호는 같은 수를 나타낼 때 ㉡이 나타내는 수는 얼마인지 구하려고 합니다. 풀이 과정을 쓰고 답을 구하세요.

67−4=㉠

㉠−30=㉡

풀이

답

마야 숫자로 덧셈과 뺄셈하기

☆ 오랜 옛날에는 현재 우리가 사용하는 숫자가 아닌 다른 형태의 숫자를 사용했어요. 그중 하나인 마야 숫자에 대해 알아보고 덧셈과 뺄셈을 해 보세요.

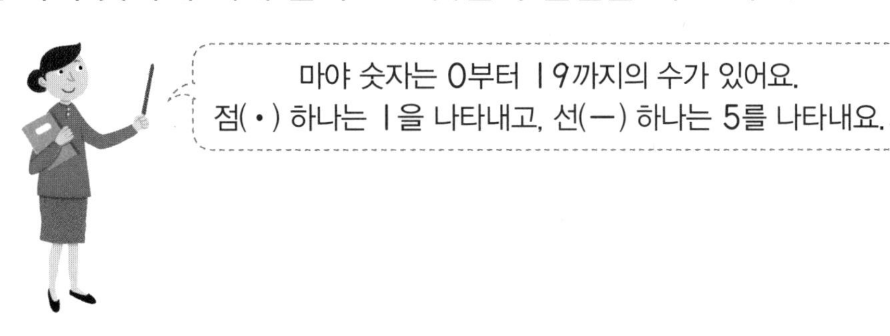

〈마야 숫자〉

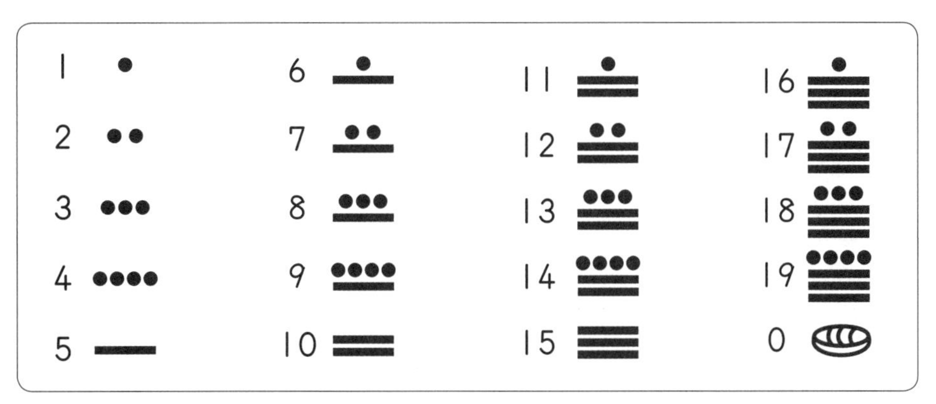

1 (12) + (6) 의 계산 결과 구하기

(12) = 12, (6) = ☐ 이고,

덧셈을 해 보면 ☐ + ☐ = ☐ 입니다.

2 (17) − •••• 의 계산 결과 구하기

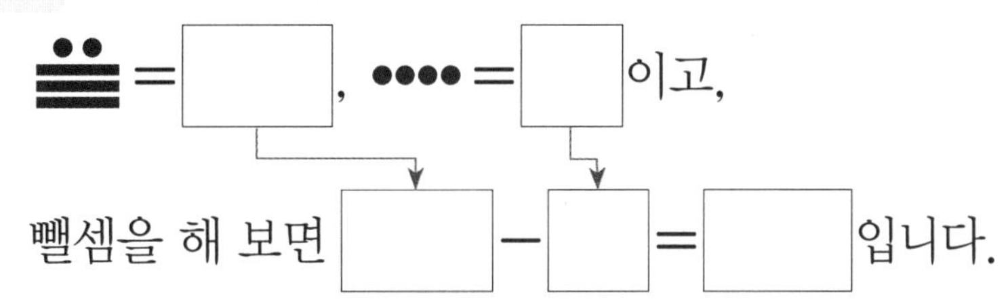

(17) = ☐, •••• = ☐ 이고,

뺄셈을 해 보면 ☐ − ☐ = ☐ 입니다.

6 단원

덧셈과 뺄셈(3)

MEMO

www.chunjae.co.kr

꼭 알아야 할

사자성어

'언행일치'는 '말과 행동이 같아야 한다'는 뜻을 가진 단어에요.
이것은 곧 말한 대로 지키는 것이
중요하다는 걸 의미하기도 해요.
오늘부터 부모님, 선생님, 친구와의 약속과
내가 세운 공부 계획부터 꼭 지켜보는 건 어떨까요?

정답 및 풀이 포인트 3가지

▶ 혼자서도 이해할 수 있는 친절한 문제 풀이 제시

▶ 문제 해결에 필요한 핵심 내용 또는
틀리기 쉬운 내용을 담은 참고 및 주의 사항 수록

▶ 예시 답안 및 단계별 채점 기준과 배점 제시로
실전 서술형 문항 완벽 대비

정답 및 풀이

1 단원 100까지의 수

6~7쪽 Power 개념의 힘 ❶

1 60　　2 80
3 (1) 칠십에 ○표 (2) 여든에 ○표
4 (1) 70 (2) 9　　5 육십, 예순
6 구십, 아흔　　7 (선 잇기)
8 (● 그리기)　　9 80
10 6개　　11 80개

7 60 ➔ 육십, 예순　　90 ➔ 구십, 아흔
80 ➔ 팔십, 여든

8 ●가 10개씩 묶음 6개이므로 60입니다.
●를 10개 더 그립니다.

9 여든을 수로 쓰면 80입니다.

10 송편은 10개씩 묶음 6개입니다.
➔ 송편을 한 접시에 10개씩 모두 담으려면 접시는 6개 필요합니다.

11 10개씩 묶음 8개는 80이므로 호박은 모두 80개입니다.

8~9쪽 Power 개념의 힘 ❷

1 68　　2 팔십오에 ○표
3 7, 6 / 76　　4 97
5 6　　6 57개
7 칠십오, 일흔다섯
8 예
9 쉰여섯　　10 팔십오
11 73장

6 사탕을 10개씩 묶어 보면 10개씩 묶음 5개와 낱개 7개입니다. ➔ 57개

7 빨대의 수는 10개씩 묶음 7개와 낱개 5개와 같으므로 75입니다. ➔ 75(칠십오, 일흔다섯)

10 언니는 85(팔십오)번이 적힌 모자를 샀습니다.

11 10장씩 묶음 7개와 낱개 3장은 73장이므로 가연이가 모은 칭찬 붙임딱지는 모두 73장입니다.

10~11쪽 1STEP 기본의 힘

10쪽　1 7, 70　　2 구십오, 아흔다섯
3 예
4 (선 잇기)　　5 66, 예순여섯에 ○표
6 (위에서부터) 8, 8, 97　　7 6칸
11쪽　8 ㉢　　9 8 / 83
10 하은　　11 9줄
12 ㉢　　13 74개
14 2개

7 한 줄에 10칸입니다. 색칠한 칸이 6줄과 3칸이므로 6칸을 더 색칠해야 합니다.

8 ㉢ 87 ➔ 팔십칠, 여든일곱

9 구슬은 10개씩 묶음 5개와 낱개를 10개씩 묶은 것 3개, 낱개 3개입니다.
10개씩 묶음 8개와 낱개 3개 ➔ 83개

10 지호: 사과가 일흔다섯 개 있습니다.

11 90은 10개씩 묶음 9개이므로 생선은 모두 9줄이 됩니다.

12 ㉢ 10개씩 묶음 9개와 낱개 6개는 96입니다.
➔ 96(구십육, 아흔여섯)

13 10개씩 묶음 7개와 낱개 4개는 74개이므로 농장에서 딴 감은 모두 74개입니다.

14 60은 10개씩 묶음 6개이고 80은 10개씩 묶음 8개입니다. 수첩이 80권이 되려면 10권씩 묶음 $8-6=2$(개)가 더 필요합니다.

12~13쪽  개념의 힘 ③

1 55
2 57
3 78, 80
4 (1) 60 (2) 98
5 (위에서부터) 44, 48 / 63, 67, 70 / 75 / 82, 87
6 100, 백
7

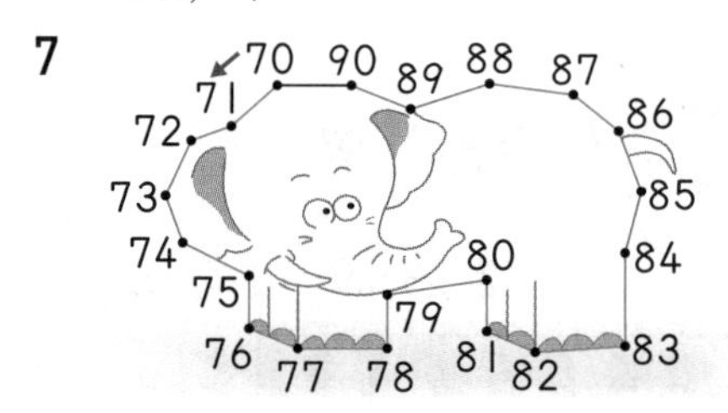

8 (위에서부터) 90 / 95, 91 / 98, 99
9 지우
10 (위에서부터) 82, 81 / 79, 78
11 63번

8 86부터 100까지의 수를 순서대로 씁니다.

9 민재: 90보다 1만큼 더 작은 수는 89입니다.

10 수의 순서를 거꾸로 하여 쓰면 수가 1씩 작아집니다.

11 64보다 1만큼 더 작은 수는 63이므로 원영이의 등번호는 63번입니다.

14~15쪽  개념의 힘 ④

1 작습니다에 ○표
2 $<$
3 $>$
4 93에 ○표
5 $<$ / (1) 작습니다에 ○표 (2) 큽니다에 ○표
6 62, 55
7 (1) $<$ (2) $>$
8 82에 ○표
9 선우
10 ㉡
11 81에 ○표, 73에 △표
12 재하

7 참고
10개씩 묶음의 수가 클수록 크고 10개씩 묶음의 수가 같으면 낱개의 수가 클수록 큽니다.

8 10개씩 묶음의 수가 7보다 큰 수는 82이므로 74보다 큰 수는 82입니다.

9 주원: 칠십구 ➜ 79
77과 79의 10개씩 묶음의 수가 같으므로 낱개의 수를 비교하면 $7<9$이므로 더 작은 수는 77입니다.

10 77과 81의 10개씩 묶음의 수를 비교하면 $7<8$이므로 $77<81$입니다.

11 10개씩 묶음의 수를 비교하면 $7<8$이므로 81이 가장 크고, 75와 73의 낱개의 수를 비교하면 $5>3$이므로 73이 가장 작습니다.

12 10개씩 묶음의 수를 비교하면 $7>6$이므로 $76>69$입니다.
➜ 동화책을 더 많이 읽은 사람은 재하입니다.

16~17쪽  개념의 힘 ⑤

1 7
2 4, 8
3 짝수에 ○표
4 예 , 홀수에 ○표
5 8, 짝수에 ○표
6 15, 홀수에 ○표
7 (1) 짝 (2) 홀
8

9

10

10	11	12	13	14	15	16
17	18	19	20	21	22	23
24	25	26	27	28	29	30

11 3개
12 유하

7 참고
낱개의 수가 0, 2, 4, 6, 8인 수는 짝수, 1, 3, 5, 7, 9인 수는 홀수입니다.

11 홀수는 17, 45, 13이므로 모두 3개입니다.

12 지유: 15는 홀수이고 20은 짝수입니다.
유하: 4와 10은 모두 짝수입니다.
➜ 짝수만 모은 사람은 유하입니다.

18~19쪽 Power+ 개념의 힘 ❸~❺

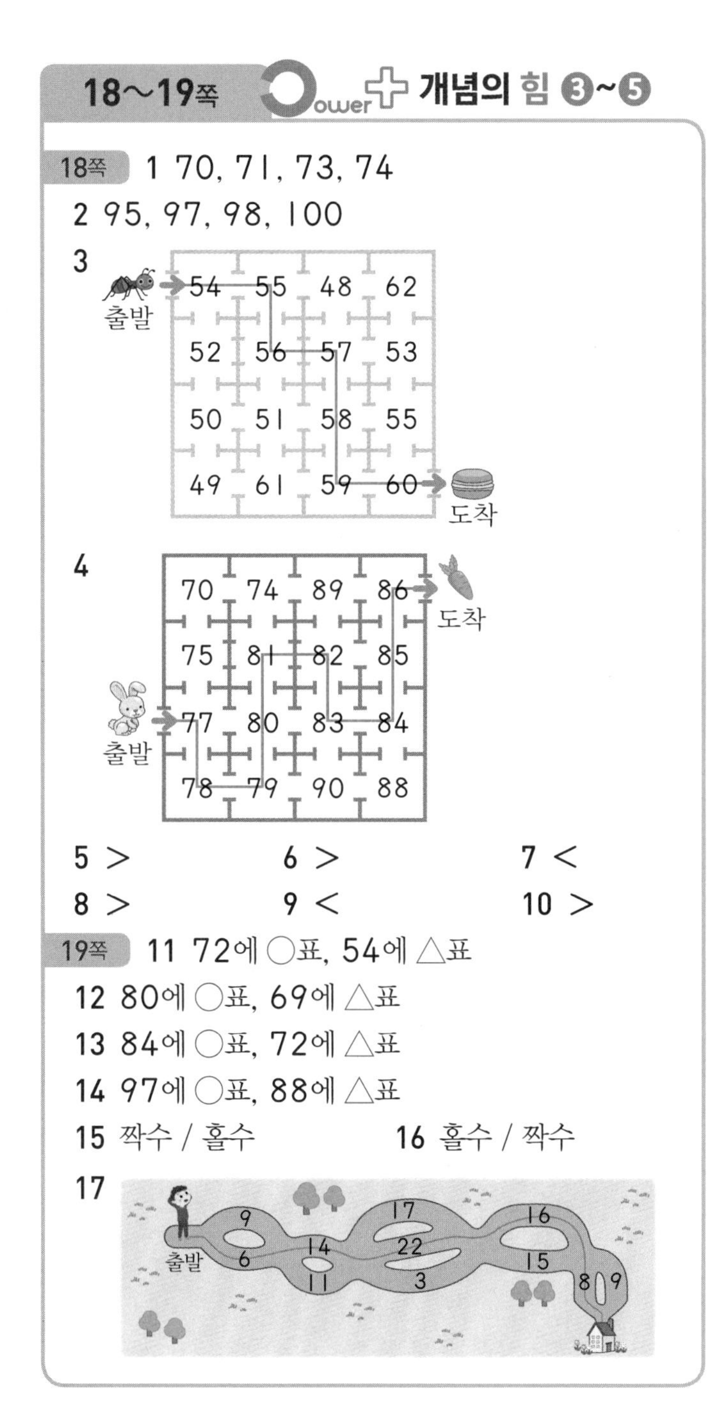

18쪽 1 70, 71, 73, 74

2 95, 97, 98, 100

3

4

5 >　　6 >　　7 <

8 >　　9 <　　10 >

19쪽 11 72에 ○표, 54에 △표

12 80에 ○표, 69에 △표

13 84에 ○표, 72에 △표

14 97에 ○표, 88에 △표

15 짝수 / 홀수　　16 홀수 / 짝수

17

14 10개씩 묶음의 수를 비교하면 8<9이므로 88이 가장 작고 94와 97의 낱개의 수를 비교하면 4<7이므로 97이 가장 큽니다.

15 연필은 12자루이고 둘씩 짝을 지을 때 남는 것이 없으므로 짝수입니다.
지우개는 9개이고 둘씩 짝을 지을 때 하나가 남으므로 홀수입니다.

16 귤은 11개이고 둘씩 짝을 지을 때 하나가 남으므로 홀수입니다.
사과는 10개이고 둘씩 짝을 지을 때 남는 것이 없으므로 짝수입니다.

20~21쪽 1STEP 기본의 힘

20쪽 1 72에 ○표, 70에 △표

2 13, 홀수　　3 >

4 10, 8, 16에 ○표　　5 윤재

6 (위에서부터) 68, 71 / 74, 75, 78 / 80, 82, 83

7 일흔여덟, 여든

21쪽 8 14, 18 / 3, 7, 15

9 93번　　10 윤아 할머니

11 89　　12 수민

13 서준　　14 ㉡

5 윤재: 99점보다 1점 낮은 점수는 98점입니다.
참고
99보다 1만큼 더 큰 수가 100입니다.

6 63부터 84까지 수의 순서를 생각하며 씁니다.

7 일흔다섯은 75이므로 75부터 수를 순서대로 씁니다.

75	–	76	–	77	–	78	–	79	–	80
일흔다섯		일흔여섯		일흔일곱		일흔여덟		일흔아홉		여든

9 92와 94 사이에 있는 수는 93이므로 93번 동화책을 꽂아야 합니다.

10 76<82이므로 윤아 할머니의 연세가 더 많습니다.
7<8

11 94부터 수의 순서를 거꾸로 하여 씁니다.
→ 94 – 93 – 92 – 91 – 90 – 89 (㉠)

12 5는 둘씩 짝을 지을 때 하나가 남으므로 홀수입니다.
5−1=4이므로 짝수이고, 5+1=6은 짝수입니다.

13 10개씩 묶음의 수를 비교하면 8<9이므로 88이 가장 작습니다.
95와 91의 낱개의 수를 비교하면 5>1이므로 95가 가장 큽니다.
→ 줄넘기를 가장 많이 넘은 사람은 서준입니다.

14 73과 놓여져 있는 수의 크기를 각각 비교합니다.
73은 69보다 크고 75보다 작으므로 수 카드 73은 69와 75 사이인 ㉡에 놓아야 합니다.

22~25쪽 2STEP 응용의 힘

1 ( )(×)( )	2 ( )( )(×)	15 6개	16 5개
3 ㉢	4 ㉡	17 7개	18 4개
5 ( )(○)	6 민재	19 2개	20 3개
7 ㉡	8 84	21 지아	22 소희
9 98	10 75개	23 옥수수	24 3개
11 97개	12 67	25 4개	
13 78	14 88		

응용 1 읽은 것을 모두 수로 나타낸 후 다른 수를 찾아보자.

3 ㉠ 예순일곱 → 67　　㉡ 67
㉢ 10개씩 묶음 7개와 낱개 6개인 수 → 76
따라서 나타내는 수가 다른 하나는 ㉢입니다.

> 참고
> 10개씩 묶음 ●개와 낱개 ▲개 → ●▲

4 ㉠ 아흔넷 → 94　　㉡ 구십오 → 95
㉢ 10개씩 묶음 9개와 낱개 4개인 수 → 94
따라서 나타내는 수가 다른 하나는 ㉡입니다.

응용 2 수는 상황에 따라 두 가지로 읽을 수 있다.

> 참고
> 번호, 층수 등은 일, 이, 삼, ...으로 말하고 나이, 순서 등은 하나, 둘, 셋, ...으로 말합니다.

5 축구 선수인 진호의 등 번호는 67(육십칠)번입니다.

6 할아버지의 연세는 85(여든다섯)살입니다.

7 ㉡ 이 건물은 75(칠십오)층까지 있습니다.

응용 3 낱개 10개는 10개씩 묶음 1개와 같음을 이용하자.

9 낱개 18개는 10개씩 묶음 1개와 낱개 8개와 같습니다.
→ 10개씩 묶음 $8+1=9$(개)와 낱개 8개이므로 98입니다.

10 낱개 25개는 10개씩 묶음 2개와 낱개 5개와 같습니다.
→ 치즈는 10개씩 묶음 $5+2=7$(개)와 낱개 5개이므로 모두 75개입니다.

> 참고
> 낱개 25개
> →
>
> | 10개씩 묶음 | 낱개 |
> |---|---|
> | 2개 | 5개 |

11 낱개 27개는 10개씩 묶음 2개와 낱개 7개와 같습니다.
→ 시장에서 사 온 호두는 10개씩 묶음 $7+2=9$(개)와 낱개 7개이므로 모두 97개입니다.

응용 4 거꾸로 생각하여 어떤 수를 구하자.

> 비법
> 1만큼 더 작은 수는 바로 앞의 수, 1만큼 더 큰 수는 바로 뒤의 수입니다.

12 □보다 1만큼 더 큰 수가 68이므로 □는 68보다 1만큼 더 작은 수인 67입니다.

13 □보다 1만큼 더 작은 수가 77이므로 □는 77보다 1만큼 더 큰 수인 78입니다.

14 어떤 수보다 1만큼 더 큰 수가 90이므로 어떤 수는 90보다 1만큼 더 작은 수인 89입니다.
→ 89보다 1만큼 더 작은 수는 88입니다.

응용 5 ●보다 크고 ▲보다 작은 수를 구한 후 수의 개수를 세어 보자.

15 66보다 크고 73보다 작은 수는 67, 68, 69, 70, 71, 72로 모두 6개입니다.

16 일흔여덟 ➡ 78, 여든넷 ➡ 84
78보다 크고 84보다 작은 수는 79, 80, 81, 82, 83으로 모두 5개입니다.

17 10개씩 묶음 8개와 낱개 8개인 수: 88
88보다 크고 96보다 작은 수는 89, 90, 91, 92, 93, 94, 95로 모두 7개입니다.

> 참고
> ●보다 크고 ▲보다 작은 수에 ●와 ▲는 포함되지 않습니다.

응용 6 먼저 10개씩 묶음의 수가 같은지 비교한 후 낱개의 수를 비교하자.

18 84와 8□의 10개씩 묶음의 수가 같으므로 낱개의 수를 비교하면 $4>\square$입니다.
따라서 □ 안에 들어갈 수 있는 수는 0, 1, 2, 3으로 모두 4개입니다.

19 77과 7□의 10개씩 묶음의 수가 같으므로 낱개의 수를 비교하면 $7<\square$입니다.
따라서 □ 안에 들어갈 수 있는 수는 8, 9로 모두 2개입니다.

20 65와 □4의 10개씩 묶음의 수를 비교하면 $6<\square$이므로 □ 안에 들어갈 수 있는 수는 7, 8, 9입니다. 낱개의 수를 비교하면 $5>4$이므로 □ 안에 6은 들어갈 수 없습니다. 따라서 □ 안에 들어갈 수 있는 수는 7, 8, 9로 모두 3개입니다.

> 주의
> 10개씩 묶음의 수를 비교한 후 낱개의 수를 꼭 비교해야 합니다.

응용 7 세 수의 크기를 비교하여 설명에 알맞은 수를 찾아보자.

21 번호표를 가장 먼저 뽑은 사람을 구하려면 뽑은 번호표의 수가 가장 작은 사람을 찾습니다. 따라서 $53<58<62$이므로 번호표를 가장 먼저 뽑은 사람은 지아입니다.

22 소희: 75장, 은지: 예순아홉 장 ➡ 69장
민재: 72보다 1만큼 더 큰 수 ➡ 73장
따라서 $75>73>69$이므로 우표를 가장 많이 모은 사람은 소희입니다.

23 옥수수: 10개씩 묶음 6개와 낱개 15개 ➡ 75개
고구마: 81개, 감자: 아흔 개 ➡ 90개
따라서 $75<81<90$이므로 가장 적은 것은 옥수수입니다.

> 비법
> 가장 먼저 뽑은 번호표를 구할 때는 세 수 중 가장 작은 수를 찾고, 가장 많은 개수를 구할 때는 가장 큰 수를 찾습니다.

응용 8 조건을 만족하는 수를 차례대로 찾아보자.

24 64보다 큰 수 중에서 10개씩 묶음의 수가 6인 수는 65, 66, 67, 68, 69입니다.
이 중에서 홀수는 65, 67, 69이므로 모두 3개입니다.

25 87보다 작은 수 중에서 10개씩 묶음의 수가 8인 수는 80, 81, 82, 83, 84, 85, 86입니다. 이 중에서 짝수는 80, 82, 84, 86으로 모두 4개입니다.

26쪽 3 STEP 서술형의 힘 연습 문제 풀기

1 3개
2 6상자, 2병
3 6명
4 파란색 색종이

3 58과 65 사이에 있는 수는 59, 60, 61, 62, 63, 64입니다.
➡ 58번째와 65번째 사이에 서 있는 학생은 모두 6명입니다.

4 빨간색 색종이: 10장씩 묶음 7개와 낱개 6장 ➔ 76장
파란색 색종이: 일흔여덟 장 ➔ 78장
따라서 76<78이므로 파란색 색종이가 더 많습니다.

27~29쪽 3 STEP 서술형의 힘

서술형 문제는 풀이를 확인하세요.

대표 유형 1	대표 유형 2	대표 유형 3
❶ 77, 78, 79	❶ 9, 6	❶ 6, 9
❷ 79	❷ 9, 8	❷ 68, 59, 95
답 79	❸ 윤주	❸ 68, 59 / 68, 59
1-1 답 71	답 윤주	답 68, 59
1-2 답 87	2-1 답 장미	3-1 답 75, 84
	2-2 답 지윤, 현우, 혜주, 동현	

대표 유형 1 먼저 주어진 수부터 1씩 커지는(작아지는) 수를 순서대로 써 보자.

1-1 예 ❶ 66부터 1씩 커지는 수를 순서대로 씁니다.
66, 67, 68, 69, 70, 71, …
(4개)
❷ ㉠에 알맞은 수: 71
답 71

채점 기준
❶ 66부터 1씩 커지는 수를 순서대로 씀.
❷ ㉠에 알맞은 수를 구함.

1-2 예 ❶ 93부터 1씩 작아지는 수를 순서대로 씁니다.
93, 92, 91, 90, 89, 88, 87, …
(5개)
❷ ㉠에 알맞은 수: 87
답 87

채점 기준
❶ 93부터 1씩 작아지는 수를 순서대로 씀.
❷ ㉠에 알맞은 수를 구함.

대표 유형 2 10개씩 묶음의 수를 비교한 후 낱개의 수를 비교하자.

2-1 예 ❶ 10개씩 묶음의 수가 장미는 8, 해바라기는 5, 튤립은 6, 국화는 7입니다.
❷ 10개씩 묶음의 수 비교하기: 8>7>6>5
❸ 가장 많이 심은 꽃: 장미
답 장미

채점 기준
❶ 10개씩 묶음의 수를 각각 구함.
❷ 10개씩 묶음의 수를 비교함.
❸ 가장 많이 심은 꽃을 구함.

2-2 예 ❶ 10개씩 묶음의 수가 지윤이는 6, 동현이와 혜주는 8, 현우는 7입니다.
❷ 10개씩 묶음의 수 비교하기: 8>7>6
동현이와 혜주의 낱개의 수 비교하기: 8>5 ➔ 88>85
❸ 붙임딱지를 적게 모은 사람부터 차례로 이름 쓰기: 지윤, 현우, 혜주, 동현
답 지윤, 현우, 혜주, 동현

채점 기준
❶ 10개씩 묶음의 수를 각각 구함.
❷ 10개씩 묶음의 수를 비교하고 낱개의 수를 비교함.
❸ 붙임딱지를 적게 모은 사람부터 차례로 이름을 씀.

대표 유형 3 먼저 수 카드에서 합을 만족하는 수를 찾아 몇십몇을 만들자.

3-1 예 ❶ 수 카드에서 합이 12인 두 수 찾기: 7과 5, 4와 8
❷ 위 ❶에서 찾은 수로 몇십몇 만들기: 75, 57, 48, 84
❸ 위 ❷에서 10개씩 묶음의 수가 낱개의 수보다 큰 수는 75, 84입니다.
➔ 조건을 만족하는 수: 75, 84
답 75, 84

채점 기준
❶ 수 카드에서 합이 12인 두 수를 찾음.
❷ ❶에서 찾은 수로 몇십몇을 만듦.
❸ 조건을 만족하는 수를 모두 구함.

30~32쪽  단원평가

서술형 문제는 풀이를 확인하세요.

1 90
2 63
3 8, 짝수에 ○표
4 >
5 98, 100
6 (위에서부터) 77, 79, 80
7 18, 46에 ○표, 23, 31, 9에 △표
8 오십칠
9 ㉣
10 민주
11 92개
12 5개
13 ㉢
14 83개
15 96
16 62
17 88
18 3개
19 답 5개
20 답 민호

3 사과는 8개이고 8은 둘씩 짝을 지을 때 남는 것이 없으므로 짝수입니다.

4 10개씩 묶음의 수가 같으므로 낱개의 수를 비교하면 84는 83보다 큽니다.

5 99보다 1만큼 더 작은 수는 99 바로 앞의 수인 98이고, 99보다 1만큼 더 큰 수는 99 바로 뒤의 수인 100입니다.

7 짝수: 18, 46 홀수: 23, 31, 9

참고
낱개의 수가 0, 2, 4, 6, 8인 수는 짝수, 1, 3, 5, 7, 9인 수는 홀수입니다.

8 번호를 나타내므로 오십칠이라고 읽습니다.

9 ㉠, ㉡, ㉢ 90, ㉣ 80
→ 나타내는 수가 다른 하나는 ㉣입니다.

10 88<97이므로 민주가 토마토를 더 많이 땄습니다.

11 낱개를 10개씩 묶어 보면 10개씩 묶음 1개와 낱개 2개입니다.
따라서 10개씩 묶음 9개와 낱개 2개와 같으므로 수수깡은 모두 92개입니다.

12 58과 64 사이에 있는 수는 59, 60, 61, 62, 63으로 모두 5개입니다.

13 ㉢ 일흔넷 → 74
74는 10개씩 묶음 7개와 낱개 4개입니다.

14 낱개 23개는 10개씩 묶음 2개와 낱개 3개와 같습니다. 10개씩 묶음 6개와 낱개 23개는 10개씩 묶음 6+2=8(개)와 낱개 3개와 같으므로 양배추는 모두 83개입니다.

15 10개씩 묶음의 수가 클수록 큰 수이므로 10개씩 묶음의 수에는 9, 낱개의 수에는 짝수인 6을 놓습니다.
→ 96

16 어떤 수보다 1만큼 더 큰 수가 64이므로 어떤 수는 64보다 1만큼 더 작은 수인 63입니다.
→ 63보다 1만큼 더 작은 수는 62입니다.

17 83부터 1씩 커지는 수를 순서대로 씁니다.
83, 84, 85, 86, 87, 88, ...
(84~87: 4개)
→ ㉠에 알맞은 수: 88

18 52보다 큰 수 중에서 10개씩 묶음의 수가 5인 수는 53, 54, 55, 56, 57, 58, 59입니다.
이 중에서 짝수는 54, 56, 58로 모두 3개입니다.

19 풀이 예 ❶ 75와 7□의 10개씩 묶음의 수가 같으므로 낱개의 수를 비교하면 5>□입니다.
❷ □ 안에 들어갈 수 있는 수는 0, 1, 2, 3, 4로 모두 5개입니다. 답 5개

채점 기준	
❶ 10개씩 묶음의 수를 비교하고 낱개의 수를 비교함.	2점
❷ □ 안에 들어갈 수 있는 수를 구하여 모두 몇 개인지 구함.	3점

20 풀이 예 ❶ 수현: 64개, 민호: 예순여섯 개 → 66개, 준하: 59보다 1만큼 더 큰 수 → 60개
❷ 66>64>60이므로 종이배를 가장 많이 접은 사람은 민호입니다. 답 민호

채점 기준	
❶ 세 사람이 접은 종이배의 수를 각각 구함.	3점
❷ 종이배를 가장 많이 접은 사람은 누구인지 구함.	2점

33쪽 창의·사고력의 힘!

㉣

㉣ 10개씩 묶음 9개는 90입니다.

본책 26~33쪽

2 단원 덧셈과 뺄셈(1)

36~37쪽  개념의 힘 ❶

1 I　　2 4

3 (위에서부터) 8 / 7 / 7, 8

4 (위에서부터) 6 / 4 / 4, 6

5 (계산 순서대로) 7, 9, 9

6 (계산 순서대로) 3, 9, 9

7 7 / 예

○	○	○	○	○
○	○			

8 8　　9 9

10　　11 ㉡

12 6개

8 $3+4+1=7+1=8$

9 $3+2+4=5+4=9$

10 $1+3+5=4+5=9$
$4+2+2=6+2=8$

11 ㉠ $2+1+5=3+5=8$

12 (오이의 수)+(당근의 수)+(호박의 수)
$=3+2+1=5+1=6$(개)

38~39쪽  개념의 힘 ❷

1 3　　2 (○)(　)

3 (위에서부터) 3 / 4 / 4, 3

4 (위에서부터) 3 / 4 / 4, 3

5 예 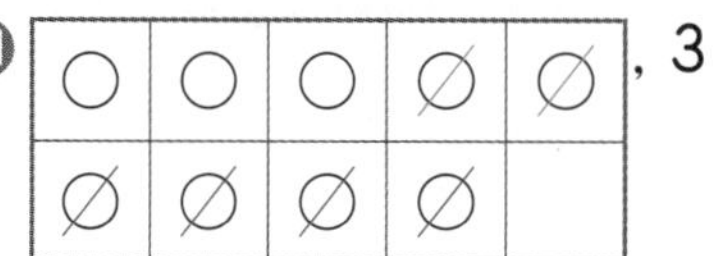 , 3

6 (계산 순서대로) 4, 2, 2

7 (1) 2 (2) I　　8 ㉠

9 I　　10 3 / 3, 2

11 >　　12 3개

5 ○ 9개 중에서 4개에 /표 한 후, 2개에 /표 합니다.

8 주의
세 수의 뺄셈은 앞에서부터 차례대로 계산해야 합니다.

10 0에서 오른쪽으로 9칸 가고, 왼쪽으로 4칸, 3칸 되돌아오면 2가 됩니다.
➔ $9-4-3=5-3=2$

11 $6-2-3=4-3=1$ ➔ $2>1$

12 (남은 초콜릿의 수)
=(전체 초콜릿의 수)−(진호에게 준 초콜릿의 수)
−(예지에게 준 초콜릿의 수)
$=8-3-2=5-2=3$(개)

40~41쪽 Power 개념의 힘 ❶~❷

40쪽 1 6　　2 3, 8
3 2　　4 I, 3
5 9　　6 7
7 7　　8 3
9 2　　10 3
41쪽 11 8　　12 4
13 5, I, 8　　14 4, 2, 3
15 (왼쪽부터) 6, 9　　16 (왼쪽부터) 3, 2

4 양 6마리 중에서 2마리와 I마리가 각각 울타리 밖으로 나갔습니다.
(울타리에 남은 양의 수)$=6-2-1=4-1=3$

11 $3+3+2=6+2=8$

12 $9-3-2=6-2=4$

13 (멜론의 수)+(참외의 수)+(수박의 수)
$=2+5+1=7+1=8$

14 (사과의 수)−(복숭아의 수)−(멜론의 수)
$=9-4-2=5-2=3$

15 $3+2+4=5+4=9$
$1+4+1=5+1=6$

16 $9-3-4=6-4=2$
$8-3-2=5-2=3$

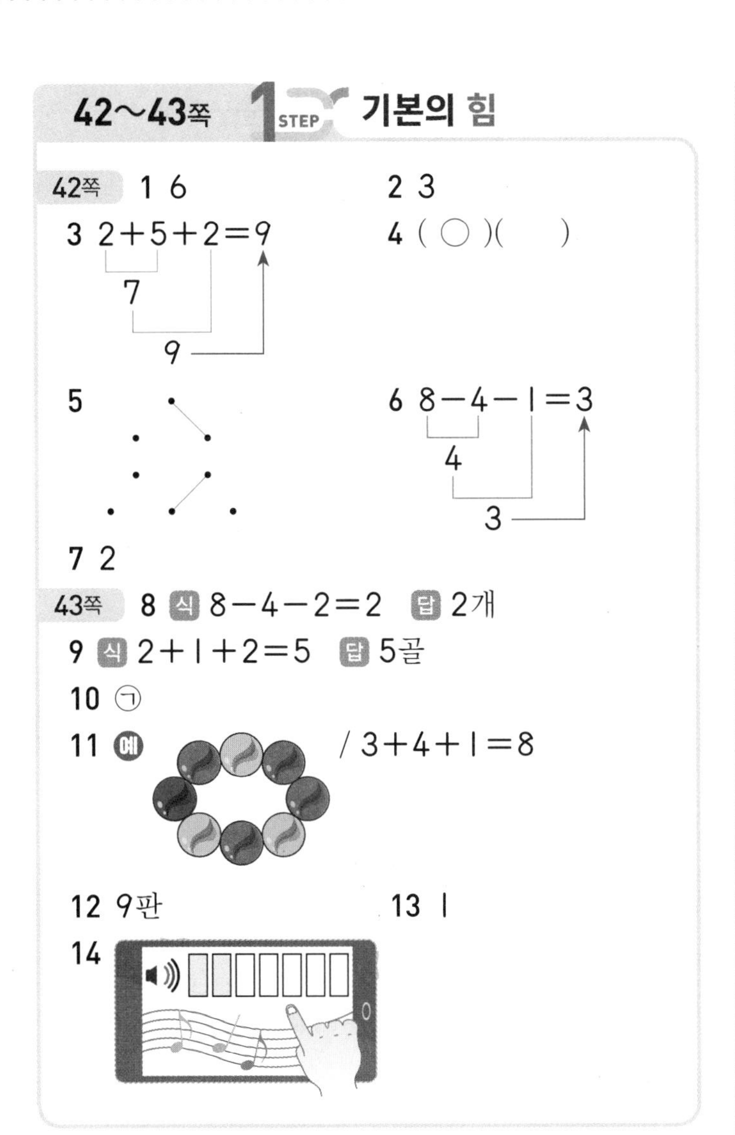

42~43쪽 1 STEP 기본의 힘

42쪽 1 6　　2 3

3 $2+5+2=9$ (7, 9)　　4 (○)(　　)

5　　6 $8-4-1=3$ (4, 3)

7 2

43쪽 8 식 $8-4-2=2$ 답 2개

9 식 $2+1+2=5$ 답 5골

10 ㉠

11 예 / $3+4+1=8$

12 9판　　13 1

14

8 (남아 있는 고구마의 수)
$=8-4-2=4-2=2$(개)

참고
식을 세울 때 빼는 수의 순서를 바꾸어 써도 정답입니다.

9 (1반이 넣은 골의 수의 합)
$=2+1+2=3+2=5$(골)

참고
식을 세울 때 더하는 수의 순서를 바꾸어 써도 정답입니다.

10 ㉠ $5+2+2=7+2=9$
㉡ $3+1+4=4+4=8$
➔ $9>8$이므로 계산 결과가 더 큰 것은 ㉠입니다.

12 $1+6+2=7+2=9$(판)

13 보기는 맨 위에 있는 수에서 양쪽에 있는 두 수를 빼면 가운데의 수가 되는 규칙입니다.
$★=8-2-5=6-5=1$

14 $7-2-3=5-3=2$(칸)

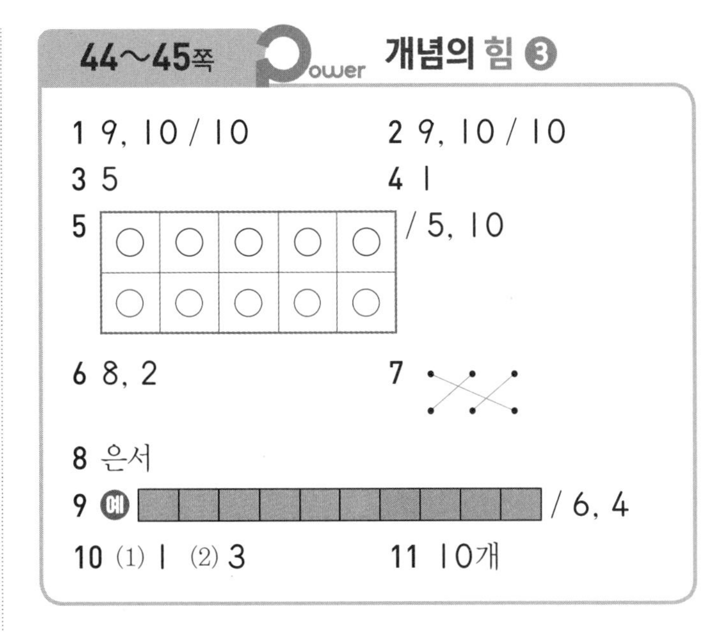

44~45쪽 Power 개념의 힘 3

1 9, 10 / 10　　2 9, 10 / 10

3 5　　4 1

5 / 5, 10

6 8, 2　　7

8 은서

9 예 / 6, 4

10 (1) 1 (2) 3　　11 10개

9 $1+9$, $2+8$, $3+7$, $4+6$, $5+5$, $6+4$, $7+3$, $8+2$, $9+1$ 등 여러 가지 방법으로 덧셈식을 만들 수 있습니다.

10 (1) 9와 더하여 10이 되는 수는 1입니다.
(2) 7과 더하여 10이 되는 수는 3입니다.

11 (핫도그의 수)+(감자튀김의 수)
$=4+6=10$(개)

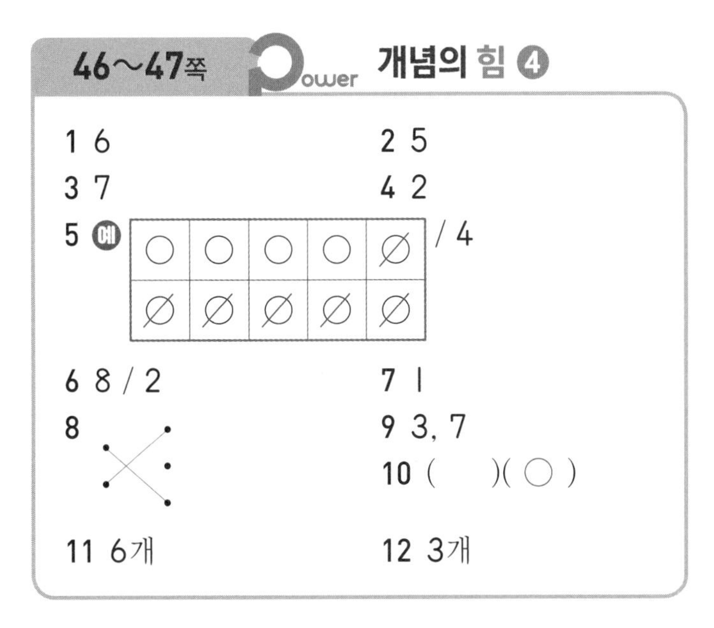

46~47쪽 Power 개념의 힘 4

1 6　　2 5

3 7　　4 2

5 예 / 4

6 8 / 2　　7 1

8　　9 3, 7

10 (　　)(○)

11 6개　　12 3개

11 (전체 컵의 수)−(넘어뜨린 컵의 수)
$=10-4=6$(개)

12 빨간색 사탕은 노란색 사탕보다 $10-7=3$(개) 더 많습니다.

48~49쪽 Power 개념의 힘 ⑤

1 10, 12　　2 10, 14
3 10, 14　　4 10, 12
5 (계산 순서대로) 10, 15, 15
6 (계산 순서대로) 10, 16, 16
7 (　)(○)　　8 (선 잇기)
9 $5+5+2=12$
10 5　6　4
$5+\boxed{6+4}=\boxed{15}$
11 1, 13　　12 13마리

7 $3+2+8$에서 뒤의 두 수 2와 8을 더해 10을 만들 수 있습니다.

8 $6+4+9=10+9$, $7+5+5=7+10$

10 6과 4를 모으면 10이 되므로 6과 4를 묶습니다.
➜ $5+\boxed{6+4}=5+10=15$

11 9와 더하여 10이 되는 수는 1입니다.
➜ $1+9+3=10+3=13$

12 (갈치의 수)+(고등어의 수)+(꽁치의 수)
$=3+6+4=3+10=13$(마리)

50~51쪽 Power+ 개념의 힘 ③~⑤

50쪽 1 10　2 10　3 7
4 5　5 10　6 10
7 10　8 10　9 2
10 6　11 9　12 8
13 3
51쪽 14 3　15 2　16 9
17 6　18 1　19 7
20 2, 12　21 3, 14
22 5, 15 / 14 / 5, 14

22 $4+6+5=10+5=15$
$4+3+7=4+10=14$
$4+5+5=4+10=14$

52~53쪽 1STEP 기본의 힘

52쪽 1 10　　2 13
3 (○)(　)　　4 16
5 6, 4
6 (위에서부터) 9, 3, 7, 5
7 (위에서부터) 4, 개 / 6, 나 / 3, 리
53쪽 8 <
9 식 $10-8=2$ 답 2개　10 5개
11 예

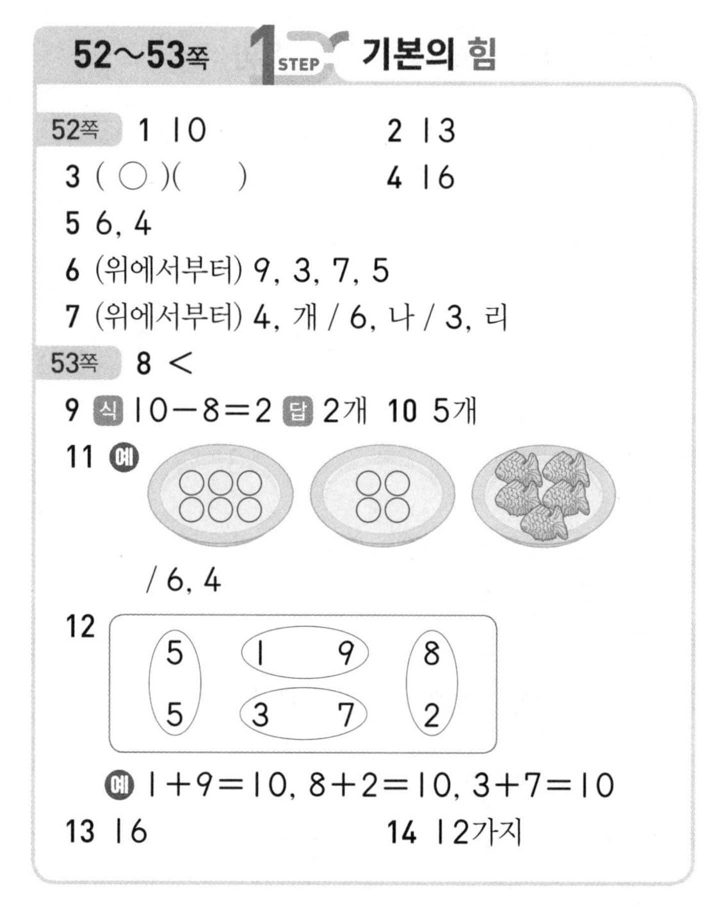

/ 6, 4
12 (5, 5) (1, 9) (8, 2) (3, 7)
예 $1+9=10$, $8+2=10$, $3+7=10$
13 16　　14 12가지

5 구슬 10개에서 6개를 꺼내면 4개가 남습니다.
➜ $10-6=4$

6 1과 9, 2와 8, 3과 7, 4와 6, 5와 5, 6과 4, 7과 3, 8과 2, 9와 1을 더하면 10이 됩니다.

7 $10-6=4$ ➜ 개, $10-4=6$ ➜ 나,
$10-7=3$ ➜ 리

8 $3+1+9=3+10=13$ ➜ $13<15$

9 (세희가 넣은 개수)−(은서가 넣은 개수)
$=10-8=2$(개)

10 더 접어야 할 종이학의 수를 □개라 하면
$5+\square=10$ ➜ $5+\boxed{5}=10$이므로 더 접어야 할 종이학은 5개입니다.

11 빈 접시 두 개에 합이 10개가 되도록 ○를 그리고 □ 안에 각각의 접시에 그린 ○의 수를 써넣습니다.

12 $9+1=10$, $2+8=10$, $7+3=10$을 답으로 써도 정답입니다.

13 $9+1+6=10+6=16$

14 유미: 2가지, 수정: 3가지, 연희: 7가지
➜ $2+3+7=2+10=12$(가지)

54~57쪽 2STEP 응용의 힘

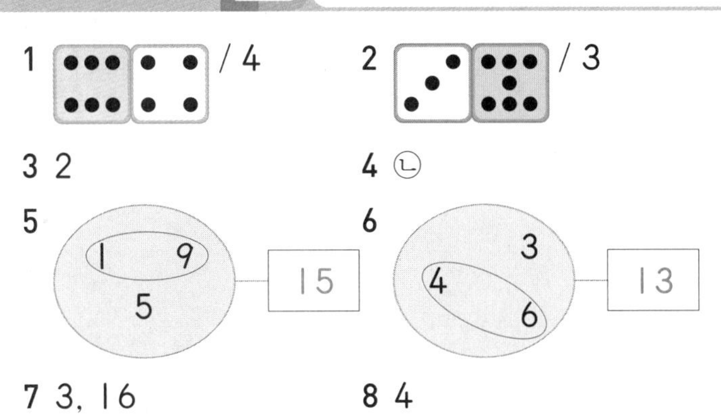

1 / 4　2 / 3
3 2　4 ㉡
5 15　6 13
7 3, 16　8 4
9 14개 / 13개　10 12장 / 15장

11 9　12 3
13 2 / 4　14 3, 4
15 4, 2
16 예 $2+1+9=12$, $2+2+8=12$, $2+3+7=12$, $2+4+6=12$
17 7개　18 6개
19 17살　20 5
21 6　22 2
23 ❶ 2 ❷ 6 ❸ 12　24 13

응용 1 먼저 더해서 10이 되는 수를 찾자.

1 6과 더해서 10이 되는 수는 4이므로 □ 안에 알맞은 수는 4입니다.

2 7과 더해서 10이 되는 수는 3이므로 □ 안에 알맞은 수는 3입니다.

3 $9+1=10$이므로 $\square+8=10$에서 $\square=2$입니다.

4 $6+4=10$이므로 ㉠$=6$입니다.
$5+5=10$이므로 ㉡$=5$입니다.
➜ $6>5$이므로 더 작은 것은 ㉡입니다.

참고
㉠과 ㉡에 알맞은 수를 구한 후 두 수의 크기를 비교합니다.

응용 2 합이 10이 되는 두 수를 먼저 더하자.

비법
두 수를 더해 10을 만들면 나머지 수를 쉽게 더할 수 있습니다.

5 $1+9+5=10+5=15$

6 $4+6+3=10+3=13$

7 7과 더해서 10이 되는 수는 3입니다.
➜ $7+3+6=10+6=16$

8 $2+8+\square=14$, $10+\square=14$ ➜ $\square=4$
$5+\square+5=14$, $10+\square=14$ ➜ $\square=4$
따라서 □ 안에 공통으로 들어갈 수는 4입니다.

응용 3 같은 종류나 색깔별 놓인 물건의 수를 차례로 세어 보자.

9 같은 종류의 빵끼리 차례대로 세어 봅니다.

빵			
식빵	5개	4개	5개
크루아상	3개	6개	4개

(식빵의 개수)$=5+4+5=10+4=14$(개)
(크루아상의 개수)$=3+6+4=3+10=13$(개)

참고
각 줄의 빵의 수를 구한 후 같은 종류끼리 모아 세 수의 덧셈식을 세워 구합니다.

10

빨간색	4장	2장	6장
초록색	3장	7장	5장

(빨간색 색종이의 수)$=4+2+6=10+2=12$(장)
(초록색 색종이의 수)$=3+7+5=10+5=15$(장)

비법
같은 색깔의 색종이의 수를 차례대로 세어 봅니다.

응용 4 수가 놓인 규칙을 찾아 빈 곳에 알맞은 수를 써넣자.

11 (㉠ ㉡ / ㉢ ㉣) ㉠+㉡+㉢=㉣인 규칙입니다.
빈 곳에 알맞은 수는 $3+2+4=9$입니다.

비법
주어진 네 칸을 ㉠, ㉡, ㉢, ㉣이라 놓고 수가 변하는 규칙을 찾아 식을 만듭니다.

12 (㉠ ㉡ / ㉢ ㉣) ㉠−㉡−㉢=㉣인 규칙입니다.
빈 곳에 알맞은 수는 $8-4-1=3$입니다.

13 $9-1-4=4$, $8-2-5=1$, $6-3-1=2$이므로 가운데의 수는 위의 수에서 아래의 두 수를 뺀 값이 되는 규칙입니다.
➔ ㉠$=8-4-2=4-2=2$, ㉡$=7-1-2=6-2=4$

참고
○ 안의 세 수와 가운데 수가 변하는 규칙을 찾아 식을 만듭니다.

응용 5 먼저 식을 간단히 한 후 빈 곳에 들어갈 수를 구하자.

14 □+□+2=9에서 □+□=7이어야 합니다. 주어진 수 카드 중 더해서 7이 되는 두 수는 3과 4입니다.
➔ $3+4+2=9$ 또는 $4+3+2=9$

15 주어진 수 카드 중 9에서 순서대로 빼었을 때 3이 나오는 두 수는 4와 2입니다.
➔ $9-4-2=3$ 또는 $9-2-4=3$

주의
9−㉠−㉡=3에서 ㉠−㉡=6이라고 생각하지 않도록 주의합니다.

16 $2+5+5=12$, $2+6+4=12$, $2+7+3=12$, $2+8+2=12$, $2+9+1=12$를 답으로 써도 정답입니다.

응용 6 상황에 맞게 덧셈식 또는 뺄셈식을 세워 구하자.

17 (서윤이가 가지고 있던 풍선의 수)$=4+6=10$(개)
(동생에게 주고 남은 풍선의 수)$=10-3=7$(개)

18 (지윤이가 산 만두의 수)$=5+5=10$(개)
(지윤이가 먹고 남은 만두의 수)$=10-4=6$(개)

19 (소희의 나이)=(은채의 나이)$-2=6-2=4$(살)
(세 사람의 나이의 합)$=7+6+4=7+10=17$(살)

비법
소희의 나이는 은채보다 2살 적으므로 뺄셈식을 만듭니다.

응용 7 식을 간단히 한 후 두 식에 모두 들어갈 수 있는 수를 구하자.

20 ㉠ $8-1-3=4$, $4<$□이므로 □ 안에 들어갈 수 있는 수는 5, 6, 7, 8, 9입니다.
㉡ $10-4=6$, $6>$□이므로 □ 안에 들어갈 수 있는 수는 1, 2, 3, 4, 5입니다.
➔ □ 안에 공통으로 들어갈 수 있는 수는 5입니다.

21 ㉠ $9-2-2=5$, $5<\square$이므로 □ 안에 들어갈 수 있는 수는 6, 7, 8, 9입니다.
㉡ $10-3=7$, $7>\square$이므로 □ 안에 들어갈 수 있는 수는 1, 2, 3, 4, 5, 6입니다.
➔ □ 안에 공통으로 들어갈 수 있는 수는 6입니다.

22 ㉠ $7-3-1=3$, $3>\square$이므로 □ 안에 들어갈 수 있는 수는 1, 2입니다.
㉡ $6-1-\square=5-\square$이므로 $5-\square<4$
□=1이면 $5-1=4 \rightarrow 4<4$(×), □=2이면 $5-2=3 \rightarrow 3<4$(○)
□=3이면 $5-3=2 \rightarrow 2<4$(○), □=4이면 $5-4=1 \rightarrow 1<4$(○)
➔ □ 안에 들어갈 수 있는 수는 2, 3, 4입니다.
따라서 □ 안에 공통으로 들어갈 수 있는 수는 2입니다.

비법
㉡은 식을 간단히 한 후 □ 안에 수를 차례로 넣어 봅니다.

응용 8 같은 모양에 같은 수를 넣어가며 모양이 나타내는 수를 구하자.

23 ❶ $9-4-3=2$이므로 ▲=2입니다.
❷ ▲=2이므로 ▲+▲+▲=2+2+2=6, ★=6입니다.
❸ ▲=2, ★=6이므로 4+▲+★=4+2+6=12, ♥=12입니다.

비법
맨 위의 식을 간단히 하여 ▲가 나타내는 수를 구한 후 두 번째 식에 ▲=2를 넣어 ★이 나타내는 수를 구합니다.

24 $8-3-2=3$이므로 ●=3입니다.
●=3이므로 ●+●+●=3+3+3=9, ★=9입니다.
➔ ●=3, ★=9이므로 1+★+●=1+9+3=13, ♥=13입니다.

58쪽 3STEP 서술형의 힘 연습 문제 풀기

1 식 $3+1+2=6$ 답 6개
2 식 $8+2=10$ 답 10명
3 식 $10-7=3$ 답 3송이
4 식 $5+2+5=12$ 답 12대

1 (세 사람이 산 아이스크림의 수)$=3+1+2=4+2=6$(개)

참고
세 사람이 산 아이스크림의 수를 모두 더합니다.

2 (지금 버스에 타고 있는 사람의 수)$=8+2=10$(명)

3 (남은 장미의 수)$=10-7=3$(송이)

4 (주차장에 있는 자동차의 수)$=5+2+5=12$(대)

59~61쪽 3STEP 서술형의 힘

서술형 문제는 풀이를 확인하세요.

대표 유형 1
❶ 5, 2
❷ 5, 2 / 2, 12
답 12개
1-1 답 9개
1-2 답 13개

대표 유형 2
❶ 8, 2
❷ 6, 4
❸ 치즈에 ○표, 4, 2, 2
답 치즈, 2개
2-1 답 오렌지주스, 4병
2-2 답 소현, 4개

대표 유형 3
❶ 3
❷ 3, 6
❸ 6, 4 / 4
답 4장
3-1 답 6개
3-2 답 2자루

대표 유형 1 세 사람이 펼친(접은) 손가락의 수를 모두 더하자.

1-1 예 ❶ 펼친 손가락의 수 세어 보기: 가은 2개, 태연 2개, 현주 5개
❷ (세 사람이 펼친 손가락의 수)=2+2+5
=4+5=9(개)

답 9개

채점 기준
❶ 세 사람이 펼친 손가락의 수를 각각 구함.
❷ 세 사람이 펼친 손가락은 모두 몇 개인지 구함.

1-2 예 ❶ 접은 손가락의 수 세어 보기: 재훈 5개, 영우 3개, 송호 5개
❷ (세 사람이 접은 손가락의 수)=5+3+5
=10+3=13(개)

답 13개

채점 기준
❶ 세 사람이 접은 손가락의 수를 각각 구함.
❷ 세 사람이 접은 손가락은 모두 몇 개인지 구함.

대표 유형 2 먼저 뺄셈식을 이용하여 남은 물건의 수를 각각 구하자.

❶ (남은 달걀의 수)=10−8=2(개)
❷ (남은 치즈의 수)=10−6=4(개)
❸ 치즈가 4−2=2(개) 더 많이 남았습니다.

2-1 예 ❶ (남은 오렌지주스의 수)=10−3=7(병)
❷ (남은 사과주스의 수)=10−7=3(병)
❸ 오렌지주스가 7−3=4(병) 더 많이 남았습니다.

답 오렌지주스, 4병

채점 기준
❶ 남은 오렌지주스의 수를 구함.
❷ 남은 사과주스의 수를 구함.
❸ 어떤 주스가 몇 병 더 많이 남았는지 구함.

2-2 예 ❶ (은찬이가 가지고 있는 구슬의 수)=10−4=6(개)
❷ (소현이가 가지고 있는 구슬의 수)=7+3=10(개)
❸ 소현이가 10−6=4(개) 더 많이 가지고 있습니다.

답 소현, 4개

채점 기준
❶ 은찬이가 가지고 있는 구슬의 수를 구함.
❷ 소현이가 가지고 있는 구슬의 수를 구함.
❸ 누가 구슬을 몇 개 더 많이 가지고 있는지 구함.

대표 유형 3 모르는 수를 ●라 하여 식을 세워 구하자.

❶ 재연이가 동생과 똑같이 나누어 가졌으므로 재연이와 동생은 붙임딱지를 각각 3장씩 가진 것입니다.
❷ (재연이와 동생이 가진 붙임딱지의 수)=3+3=6(장)
❸ 친구에게 준 붙임딱지의 수를 ●장이라 하면 10−●=6에서 ●=4입니다.
➔ 친구에게 준 붙임딱지의 수: 4장

3-1 예 ❶ 수아가 동생과 똑같이 나누어 가졌으므로 수아와 동생은 지우개를 각각 2개씩 가진 것입니다.
❷ (수아와 동생이 가진 지우개의 수)=2+2=4(개)
❸ 친구에게 준 지우개의 수를 ●개라 하면 10−●=4에서 ●=6입니다.
➔ 친구에게 준 지우개의 수: 6개

답 6개

채점 기준
❶ 수아와 동생이 각각 가진 지우개의 수를 구함.
❷ 수아와 동생이 가진 지우개 수의 합을 구함.
❸ 친구에게 준 지우개의 수를 구함.

3-2 예 ❶ 윤영이가 언니와 똑같이 나누어 가졌으므로 윤영이와 언니는 색연필을 각각 4자루씩 가진 것입니다.
❷ (윤영이와 언니가 가진 색연필의 수)=4+4=8(자루)
❸ 윤영이가 필통에 넣은 색연필의 수를 ●자루라 하면 10−●=8에서 ●=2입니다.
➔ 윤영이가 필통에 넣은 색연필의 수: 2자루

답 2자루

채점 기준
❶ 윤영이와 언니가 각각 가진 색연필의 수를 구함.
❷ 윤영이와 언니가 가진 색연필 수의 합을 구함.
❸ 필통에 넣은 색연필의 수를 구함.

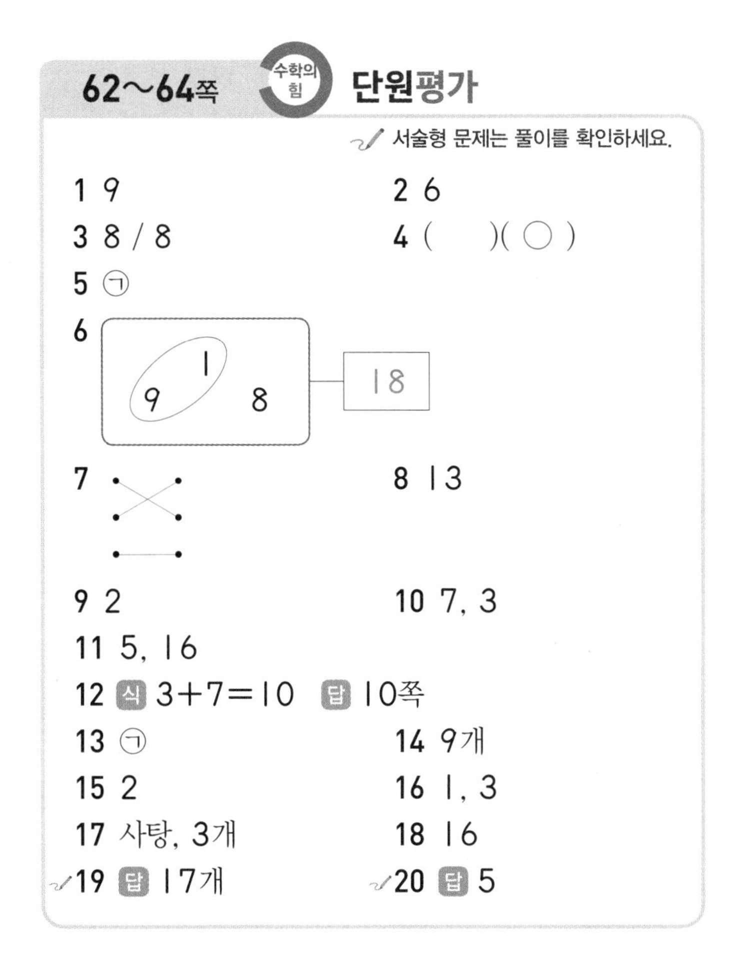

62~64쪽 수학의 힘 단원평가

서술형 문제는 풀이를 확인하세요.

1 9   2 6

3 8 / 8   4 (   )(○)

5 ㉠

6 9, 1, 8 — 18

7

9 2   10 7, 3

11 5, 16

12 식 3+7=10 답 10쪽

13 ㉠   14 9개

15 2   16 1, 3

17 사탕, 3개   18 16

19 답 17개   20 답 5

9 가장 큰 수는 7입니다. ➔ $7-4-1=3-1=2$

10 처음에 세워져 있던 볼링 핀 10개 중에서 쓰러뜨린 볼링 핀 7개를 뺍니다.
➔ $10-7=3$

13 $4+6=10$이므로 ㉠=4입니다.
$8+2=10$이므로 ㉡=2입니다.
➔ $4>2$이므로 더 큰 것은 ㉠입니다.

14 비법
아침, 점심, 저녁에 먹은 도토리의 수를 모두 더합니다.
$=2+4+3=6+3=9$(개)

15 (㉠ ㉡ / ㉢ ㉣) ㉠−㉡−㉢=㉣의 규칙입니다.
➔ $9-5-2=2$

16 주어진 수 카드 중 9에서 순서대로 빼었을 때 5가 나오는 두 수는 1과 3입니다.
➔ $9-1-3=5$, $9-3-1=5$

17 (남은 사탕의 수)$=10-4=6$(개)
(남은 초콜릿의 수)$=10-7=3$(개)
➔ 사탕이 $6-3=3$(개) 더 많이 남았습니다.

18 $7-4-1=2$이므로 ▲$=2$입니다.
▲+▲+▲$=2+2+2=6$이므로 ★$=6$입니다.
★+▲$+8=6+2+8=6+10=16$이므로
♥$=16$입니다.

19 풀이 예 ❶ (준수가 먹은 국화빵의 수)
$=$(재연이가 먹은 국화빵의 수)$+1$
$=6+1=7$(개)
❷ (세 사람이 먹은 국화빵의 수)
$=4+6+7=10+7=17$(개) 답 17개

채점 기준

❶ 준수가 먹은 국화빵의 수를 구함.	1점
❷ 세 사람이 먹은 국화빵은 모두 몇 개인지 구함.	4점

20 풀이 예 ❶ ㉠ $7-2-1=4$, $4<$□이므로 □ 안에 들어갈 수 있는 수는 5, 6, 7, 8, 9입니다.
❷ ㉡ $10-4=6$, $6>$□이므로 □ 안에 들어갈 수 있는 수는 1, 2, 3, 4, 5입니다.
❸ □ 안에 공통으로 들어갈 수 있는 수는 5입니다.
답 5

채점 기준

❶ ㉠에서 □ 안에 들어갈 수 있는 수를 구함.	1점
❷ ㉡에서 □ 안에 들어갈 수 있는 수를 구함.	1점
❸ □ 안에 공통으로 들어갈 수 있는 수를 구함.	3점

65쪽 창의·사고력의 힘!

1 (위에서부터) 3, 1, 4
2 (위에서부터) 4, 5, 3, 9

1 가운데 수를 □라 하면 $2+$□$+5$에서 $2+5=7$이므로 선으로 연결된 세 수의 합은 $7+$□입니다.
$3+4=7$이므로 위아래 빈 곳에 3, 4를 써넣습니다. 이때 1부터 5까지의 수를 한 번씩만 사용하므로 가운데 수는 사용하지 않은 수인 1입니다.

2 가운데 수를 □라 하면 $2+$□$+8$에서 $2+8=10$이므로 선으로 연결된 세 수 중에서 양 끝의 두 수의 합은 10입니다.
➔ $1+9=10$, $3+7=10$, $4+6=10$이므로 왼쪽에서부터 4, 9, 3을 써넣습니다.
이때 1부터 9까지의 수를 한 번씩만 사용하므로 가운데 수는 사용하지 않은 수인 5입니다.

3 단원 모양과 시각

68~69쪽 Power 개념의 힘 ❶

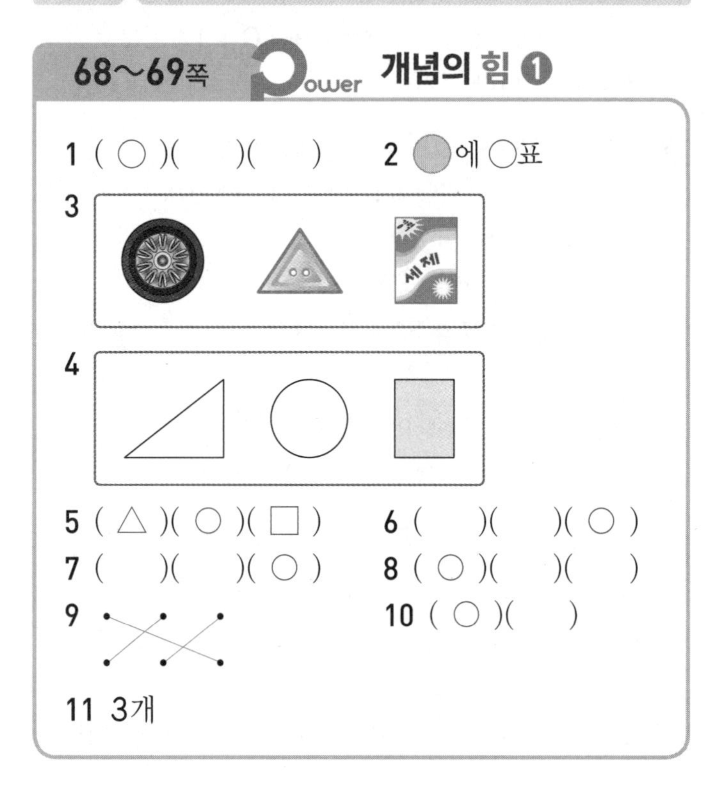

1 (○)( )( ) 2 ●에 ○표

3

4

5 (△)(○)(□) 6 ( )( )(○)

7 ( )( )(○) 8 (○)( )( )

9 10 (○)( )

11 3개

7 바퀴는 ● 모양이므로 ● 모양의 물건을 찾으면 다트판입니다.

8 수첩, 달력, 초콜릿은 모두 ■ 모양입니다.

9 피자, 훌라후프: ● 모양
계산기, 스케치북: ■ 모양
쿠키, 거울: ▲ 모양

10 왼쪽: 동전, CD, 시계 ➔ ● 모양
오른쪽: 액자 ➔ ■ 모양, 옷걸이, 표지판 ➔ ▲ 모양

11 ■ 모양은 수학책, 필통, 자석으로 모두 3개입니다.

70~71쪽 Power 개념의 힘 ❷

1 ( )(○) 2 ( )( )(○)

3 ( )(○)( ) 4 ( )( )(○)

5 ■에 ○표 6 예림

7 8 ▲에 ○표

9 ㉠

10 ㉢ 11 2개

7 우유는 ■ 모양, 물통은 ● 모양, 나무 블록은 ▲ 모양이 나옵니다.

8 전체 모양을 완성하면 뾰족한 부분이 3군데이므로 ▲ 모양입니다.

9 점판 위의 빨간색 점 4개를 순서대로 곧은 선으로 이으면 ■ 모양이 그려집니다.

10 곧은 선이 3개인 모양은 ▲ 모양입니다.
㉠ 튜브: ● 모양, ㉡ 수첩: ■ 모양,
㉢ 표지판: ▲ 모양

11 뾰족한 부분이 없는 모양은 ● 모양입니다.
➔ ● 모양의 과자는 2개입니다.

72~73쪽 Power 개념의 힘 ❸

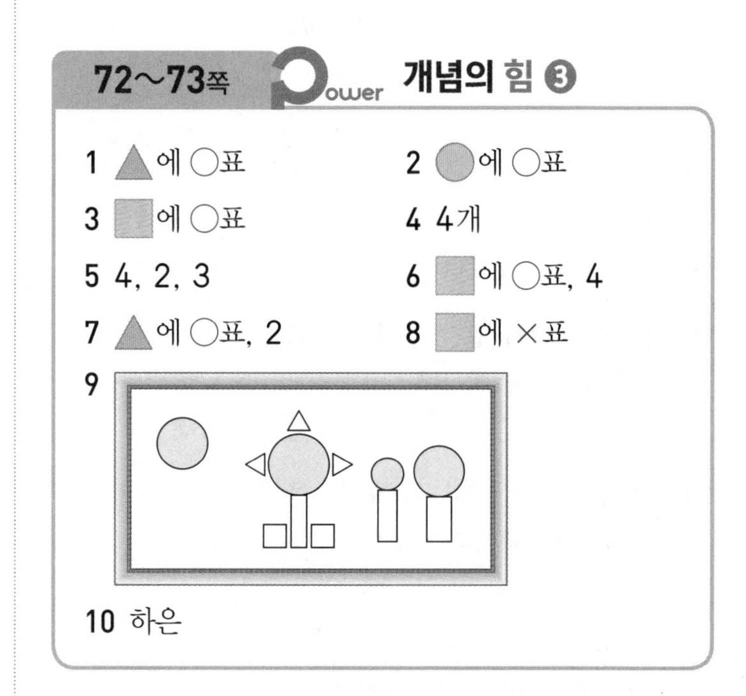

1 ▲에 ○표 2 ●에 ○표

3 ■에 ○표 4 4개

5 4, 2, 3 6 ■에 ○표, 4

7 ▲에 ○표, 2 8 ■에 ×표

9

10 하은

5 ■ 모양 4개, ▲ 모양 2개, ● 모양 3개로 꾸몄습니다.

6 낙타의 다리는 ■ 모양 4개로 꾸몄습니다.

7 낙타의 혹은 ▲ 모양 2개로 꾸몄습니다.

8 ▲ 모양 4개, ● 모양 3개로 꾸몄습니다.

9 둥근 부분만 있는 모양인 ● 모양 4개를 모두 찾아 색칠합니다.

10 주원: ■ 모양은 5개 이용했습니다.

참고
■ 모양 5개, ▲ 모양 4개, ● 모양 2개로 꾸몄습니다.

74~75쪽 1STEP 기본의 힘

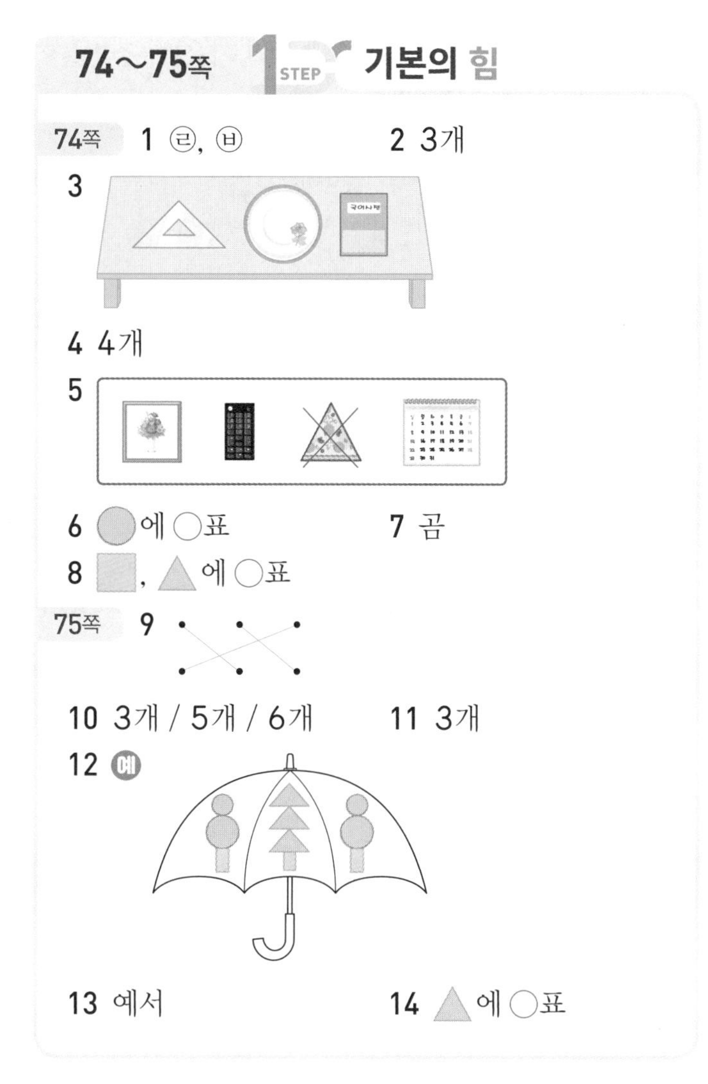

74쪽 1 ㉣, ㉥ 2 3개

3

4 4개

5

6 ◯에 ○표 7 곰

8 ▢, △에 ○표

75쪽 9

10 3개 / 5개 / 6개 11 3개

12 예

13 예서 14 △에 ○표

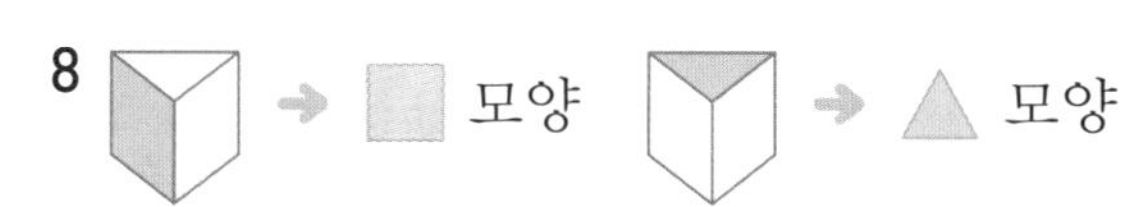

6 둥근 부분이 있으므로 ◯ 모양입니다.

7 호랑이: ◯ 모양은 뾰족한 부분이 없습니다.
토끼: △ 모양은 곧은 선이 3개입니다.

8 → ▢ 모양 → △ 모양

10 ▢ 모양 3개, △ 모양 5개, ◯ 모양 6개로 꾸몄습니다.

11 선우가 먹은 샌드위치는 △ 모양입니다.
△ 모양은 표지판, 옷걸이, 접시로 모두 3개입니다.

12 ▢, △, ◯ 모양을 빠짐없이 이용하여 꾸며 봅니다.

13 지윤: ▢ 모양은 달력, 공책, 체중계가 있습니다.
예서: ◯ 모양은 시계, 훌라후프로 2개 있습니다.
민준: △ 모양은 거울, 삼각자로 2개 있습니다.

14 ▢ 모양: 3개, △ 모양: 7개, ◯ 모양: 5개
→ 가장 많이 이용한 모양은 △ 모양입니다.

76~77쪽 Power 개념의 힘 ❹

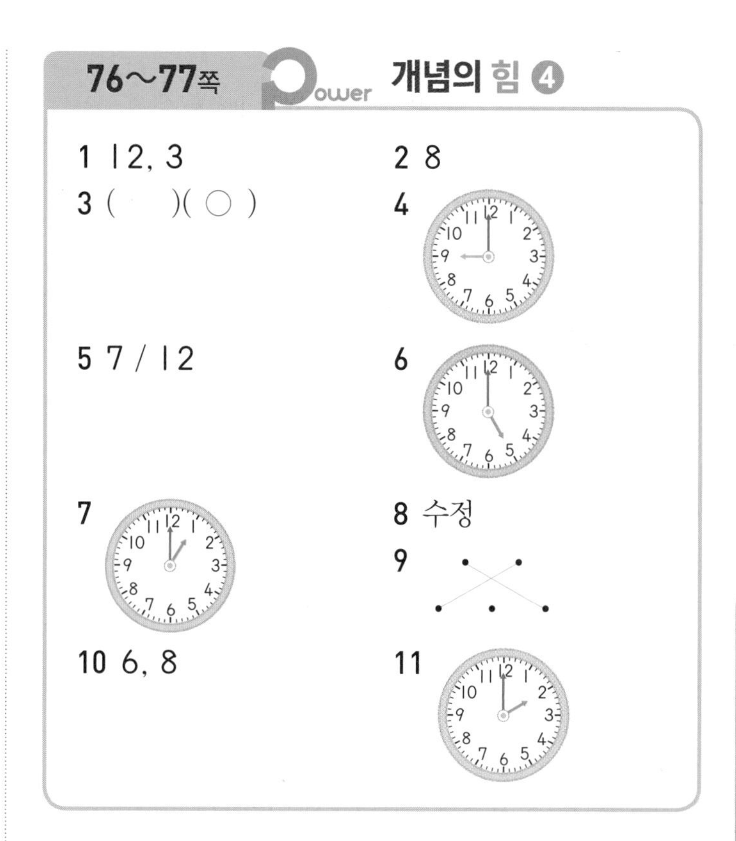

1 12, 3 2 8

3 ( )(○) 4

5 7 / 12 6

7 8 수정

9

10 6, 8 11

8 디지털시계의 시각은 4시이므로 짧은바늘이 4, 긴바늘이 12를 가리키게 나타낸 사람을 찾습니다.

9 짧은바늘 9, 긴바늘 12 → 9시
짧은바늘 10, 긴바늘 12 → 10시

11 2시는 짧은바늘이 2, 긴바늘이 12를 가리키게 그립니다.

78~79쪽 Power 개념의 힘 ❺

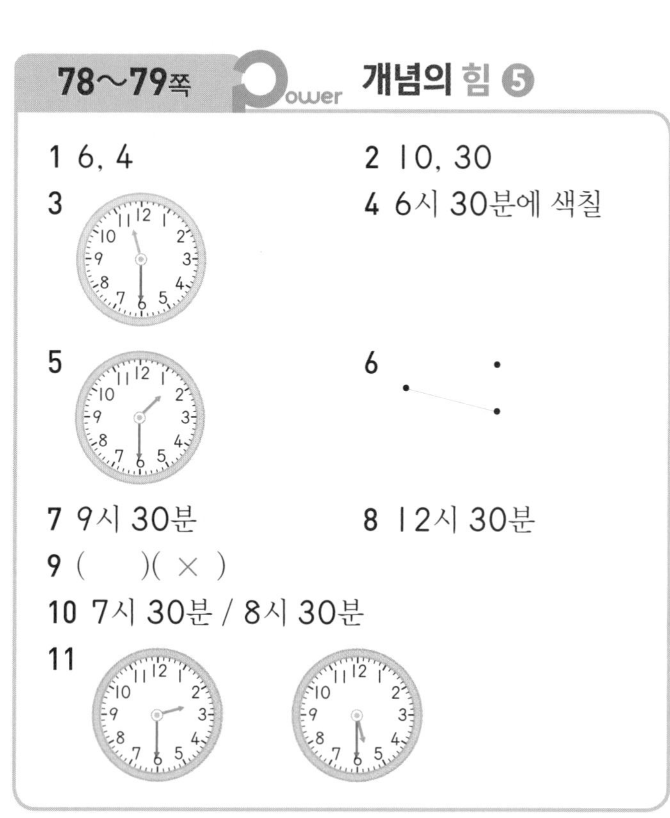

1 6, 4 2 10, 30

3 4 6시 30분에 색칠

5 6

7 9시 30분 8 12시 30분

9 ( )(×)

10 7시 30분 / 8시 30분

11

6 비법

긴바늘이 6을 가리키면 몇 시 30분입니다.

7 짧은바늘이 9와 10의 가운데, 긴바늘이 6을 가리키면 9시 30분입니다.

8 짧은바늘이 12와 1의 가운데, 긴바늘이 6을 가리키므로 12시 30분입니다.

9 긴바늘이 6을 가리킬 때 짧은바늘은 숫자와 숫자 가운데에 있어야 합니다.

10 • 영어 공부를 시작한 시각: 짧은바늘이 7과 8의 가운데, 긴바늘이 6을 가리키므로 7시 30분입니다.
• 영어 공부를 끝낸 시각: 짧은바늘이 8과 9의 가운데, 긴바늘이 6을 가리키므로 8시 30분입니다.

11 • 승마 연습을 한 시각은 짧은바늘이 2와 3의 가운데, 긴바늘이 6을 가리키게 그립니다.
• 수영을 한 시각은 짧은바늘이 5와 6의 가운데, 긴바늘이 6을 가리키게 그립니다.

80~81쪽 1 STEP 기본의 힘

80쪽 1 (1) 5 (2) 3, 30 2

3 ×

4 9, 30

5

6 경수

7 ㉠, ㉣

81쪽 8

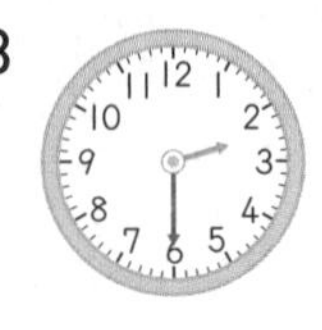

9 4시 30분 /

10 ( )( )(×) 11 9

12

13 시작 시각 끝난 시각

3 8시 30분은 짧은바늘이 8과 9의 가운데, 긴바늘이 6을 가리키게 그립니다.

4 짧은바늘이 9와 10의 가운데, 긴바늘이 6을 가리키므로 9시 30분입니다.

5 디지털시계가 나타내는 시각이 12시 30분이므로 짧은바늘이 12와 1의 가운데, 긴바늘이 6을 가리키게 그립니다.

주의

짧은바늘과 긴바늘이 가리키는 방향이 바뀌지 않도록 주의합니다.

6 정우: 4시 30분, 민준: 3시 30분, 경수: 2시 30분

7 긴바늘이 12를 가리킬 때의 시각은 몇 시이므로 ㉠ 6시, ㉣ 10시입니다.

참고

몇 시 30분은 긴바늘이 6을 가리킵니다.

8 2시 30분은 짧은바늘이 2와 3의 가운데, 긴바늘이 6을 가리키게 그립니다.

9 짧은바늘이 4와 5의 가운데, 긴바늘이 6을 가리키면 4시 30분입니다.

10 가운데: 1시, 오른쪽: 10시

11 시계의 짧은바늘이 8을 가리키므로 긴바늘이 한 바퀴 돌면 짧은바늘은 9를 가리킵니다.

비법

긴바늘이 한 바퀴 돌면 짧은바늘은 숫자 한 칸을 움직입니다.

12 • 청소하기: 짧은바늘이 9, 긴바늘이 12를 가리킵니다.
• 공원에서 꽃 사진 찍기: 짧은바늘이 11과 12의 가운데, 긴바늘이 6을 가리킵니다.
• 친구와 햄버거 가게 가기: 짧은바늘이 1과 2의 가운데, 긴바늘이 6을 가리킵니다.

13 • 시작 시각: 짧은바늘이 5와 6의 가운데, 긴바늘이 6을 가리키게 그립니다.
• 끝난 시각: 짧은바늘이 8, 긴바늘이 12를 가리키게 그립니다.

82~85쪽 2STEP 응용의 힘

1 ●에 ○표	2 ▲에 ○표	13 윤진	14 엄마
3 ㉠	4 재호	15 숙제하기, 축구하기, 영화 보기	
5 초아	6 게임, 책 읽기	16 가	17 나
7 3개	8 3개	18 영채	19 9시 30분
9 (2)(1)(3)	10 ㉡, ㉣	20 2시	21 5시 30분
11 ㉠, ㉢	12 5개	22 5개	23 4개

응용 1 각 모양의 특징을 생각하여 설명하는 모양을 찾아보자.

3 뾰족한 부분이 있는 모양은 ■, ▲ 모양이고, 이 중에서 수학 익힘책을 본뜬 모양은 ■ 모양입니다. ➔ ■ 모양은 ㉠입니다.

> 참고
> 뾰족한 부분과 곧은 선이 있는 모양은 ■와 ▲ 모양이고 ● 모양은 둥근 부분만 있습니다.

응용 2 짧은바늘과 긴바늘이 가리키는 위치를 보고 시각을 알아보자.

5 유진: 8시 30분, 세찬: 9시, 초아: 9시 30분
➔ 9시 30분에 아침 식사를 한 사람은 초아입니다.

6 긴바늘이 6을 가리키는 시각은 몇 시 30분입니다.
따라서 긴바늘이 6을 가리키는 시각에 한 일은 게임과 책 읽기입니다.

> 비법
> 긴바늘이 12를 가리키면 몇 시, 긴바늘이 6을 가리키면 몇 시 30분입니다.

응용 3 색깔이나 크기와 관계없이 모양이 같은 것을 찾아보자.

9 자석, 공책, 계산기: ■ 모양 ➔ 3개
시계, 표지판: ▲ 모양 ➔ 2개
접시, 피자, 동전, 과녁판: ● 모양 ➔ 4개
따라서 개수가 적은 것부터 차례로 쓰면 ▲ 모양, ■ 모양, ● 모양입니다.

응용 4 본뜬 모양의 일부분을 보고 ■, ▲, ● 모양 중 알맞은 모양을 찾아보자.

10 본뜬 모양은 ● 모양입니다.
➔ ● 모양을 본뜰 수 있는 물건은 ㉡ 음료수 캔, ㉣ 거울입니다.

11 본뜬 모양은 ■ 모양입니다.
➔ ■ 모양을 본뜰 수 있는 물건은 ㉠ 주사위, ㉢ 시계입니다.

12 본뜬 모양은 ▲ 모양입니다. ➔ 꾸민 모양에서 ▲ 모양은 5개입니다.

> 참고
> 본뜬 모양에 뾰족한 부분이 있는지 또는 둥근 부분이 있는지를 보고 모양을 찾습니다.

응용 5 먼저 각 시각을 구한 후 시각의 순서를 알아보자.

14 아빠: 7시, 엄마: 6시, 주호: 7시 30분 ➔ 가장 일찍 일어난 사람은 엄마입니다.

15 영화 보기: 4시 30분, 숙제하기: 2시, 축구하기: 2시 30분
몇 시를 나타내는 숫자를 비교하면 2가 4보다 빠른 시각이므로 영화 보기를 가장 늦게 했고, 2시가 2시 30분보다 30분 빠른 시각이므로 가장 먼저 한 일은 숙제하기입니다.

> 비법
> 순서에 따라 먼저 도착하면 빠른 시각이고, 나중에 도착하면 늦은 시각입니다.

응용 6 주어진 모양 조각과 만든 모양의 개수를 비교하자.

16 가: ■ 모양 2개, ▲ 모양 4개, ● 모양 3개
나: ■ 모양 2개, ▲ 모양 5개, ● 모양 3개

17 주어진 모양 조각: ■ 모양 3개, ▲ 모양 2개, ● 모양 2개
가: ■ 모양 2개, ▲ 모양 2개, ● 모양 3개
나: ■ 모양 3개, ▲ 모양 2개, ● 모양 2개

18 주어진 모양 조각: ■ 모양 4개, ▲ 모양 2개, ● 모양 3개
수지: ■ 모양 4개, ▲ 모양 1개, ● 모양 4개
지윤: ■ 모양 4개, ▲ 모양 2개, ● 모양 2개
영채: ■ 모양 4개, ▲ 모양 2개, ● 모양 3개

주의
주어진 모양 조각과 만든 모양의 각 개수도 같고 모양 조각의 크기와 색깔도 같은지 꼭 확인합니다.

응용 7 설명하는 시각을 순서대로 알아보자.

19 긴바늘이 6을 가리키면 몇 시 30분입니다.
9시와 10시 사이의 시각 중에서 긴바늘이 6을 가리키는 시각은 9시 30분입니다.

20 긴바늘이 12를 가리키면 몇 시입니다.
1시와 3시 사이의 시각 중에서 긴바늘이 12를 가리키는 시각은 2시입니다.

21 긴바늘이 6을 가리키면 몇 시 30분입니다.
5시와 8시 사이의 시각 중에서 긴바늘이 6을 가리키는 시각은 5시 30분, 6시 30분, 7시 30분이고 이 중에서 6시보다 빠른 시각은 5시 30분입니다.

참고
●시와 ▲시 사이의 시각에는 ●시와 ▲시는 포함되지 않습니다.

응용 8 ■, ▲, ● 모양의 개수를 각각 세어 보고, 수의 크기를 비교하자.

22 ■ 모양 4개, ▲ 모양 3개, ● 모양 8개이므로 가장 많은 모양은 ● 모양, 가장 적은 모양은 ▲ 모양입니다.
➔ 가장 많은 모양은 가장 적은 모양보다 $8-3=5$(개) 더 많습니다.

23 ■ 모양 5개, ▲ 모양 9개, ● 모양 4개이므로 가장 많은 모양은 ▲ 모양, 둘째로 많은 모양은 ■ 모양입니다.
➔ 가장 많은 모양은 둘째로 많은 모양보다 $9-5=4$(개) 더 많습니다.

참고
모양의 개수를 셀 때에는 빠뜨리거나 두 번 세지 않도록 표시를 하면서 세어 봅니다.

86쪽 3 STEP 서술형의 힘 연습 문제 풀기

1 10시 30분
2 지훈
3 3개
4 예 7시에 일어났고, 2시 30분에 강아지와 산책을 했습니다.

2 혜지: ■, ▲, ● 모양을 모두 이용하여 만들었습니다.

4 평가 기준
7시와 2시 30분의 시각을 바르게 쓰고, 그림과 관계있는 말을 썼으면 정답으로 합니다.

87~89쪽 3STEP 서술형의 힘

서술형 문제는 풀이를 확인하세요.

대표 유형 1	대표 유형 2	대표 유형 3
❶ 7, 12	❶ 4, 3	❶ ③, 3 / ②, ③, 2
❷ 7시	❷ ■에 ○표, $4-3=1$	❷ $3+2=5$
답 7시	답 ■에 ○표, 1개	답 5개
1-1 답 11시 30분	2-1 답 ▲에 ○표, 3개	3-1 답 5개
1-2 답 지후	2-2 답 ▲에 ○표, 2개	3-2 답 8개

대표 유형 1 거울에 비친 시계에서 짧은바늘과 긴바늘이 가리키는 위치를 알아보자.

1-1 예 ❶ 시계의 짧은바늘이 11와 12의 가운데, 긴바늘이 6을 가리킵니다.
❷ 서윤이가 거울을 본 시각: 11시 30분

답 11시 30분

채점 기준
❶ 시계의 짧은바늘과 긴바늘이 가리키는 위치를 구함.
❷ 서윤이가 거울을 본 시각을 구함.

1-2 예 ❶ 민서: 시계의 짧은바늘이 4와 5의 가운데, 긴바늘이 6을 가리킵니다.
➔ 숙제를 끝낸 시각: 4시 30분
❷ 지후: 시계의 짧은바늘이 4, 긴바늘이 12를 가리킵니다.
➔ 숙제를 끝낸 시각: 4시
❷ 4시가 4시 30분보다 빠른 시각이므로 숙제를 더 먼저 끝낸 사람은 지후입니다.

답 지후

채점 기준
❶ 민서가 숙제를 끝낸 시각을 구함.
❷ 지후가 숙제를 끝낸 시각을 구함.
❸ 숙제를 더 먼저 끝낸 사람은 누구인지 구함.

대표 유형 2 자른 모양에서 각 모양의 개수를 세어 보자.

2-1 예 ❶ 종이를 선을 따라 모두 자르면 ■ 모양이 3개, ▲ 모양이 6개 생깁니다.
❷ ▲ 모양이 $6-3=3$(개) 더 많습니다.

답 ▲에 ○표, 3개

채점 기준
❶ ■와 ▲ 모양이 각각 몇 개 생기는지 구함.
❷ 어떤 모양이 몇 개 더 많은지 구함.

2-2 예

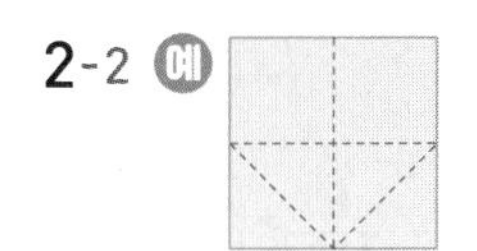

❶ 색종이를 펼친 모양은 왼쪽과 같습니다. 선을 따라 모두 자르면 ■ 모양이 2개, ▲ 모양이 4개 생깁니다.
❷ ▲ 모양이 $4-2=2$(개) 더 많습니다.

답 ▲에 ○표, 2개

채점 기준
❶ ■와 ▲ 모양이 각각 몇 개 생기는지 구함.
❷ 어떤 모양이 몇 개 더 많은지 구함.

대표 유형 3 작은 모양 1개짜리, 2개짜리, ... 모양의 개수를 각각 세어 보자.

3-1 예

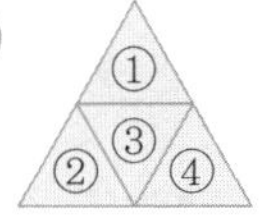

❶ ▲ 모양 1개짜리: ①, ②, ③, ④ ➔ 4개
▲ 모양 4개짜리: ①+②+③+④ ➔ 1개
❷ 그림에서 찾을 수 있는 크고 작은 ▲ 모양의 개수: $4+1=5$(개)

답 5개

채점 기준
❶ ▲ 모양 1개짜리, ▲ 모양 4개짜리의 개수를 각각 구함.
❷ 크고 작은 ▲ 모양은 모두 몇 개인지 구함.

3-2 예

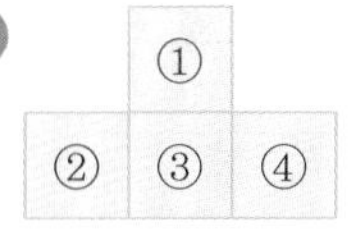

❶ ■ 모양 1개짜리: ①, ②, ③, ④ ➔ 4개
■ 모양 2개짜리: ②+③, ③+④, ①+③ ➔ 3개
■ 모양 3개짜리: ②+③+④ ➔ 1개
❷ 그림에서 찾을 수 있는 크고 작은 ■ 모양의 개수: $4+3+1=8$(개)

답 8개

채점 기준
❶ ■ 모양 1개짜리, 2개짜리, 3개짜리의 개수를 각각 구함.
❷ 크고 작은 ■ 모양은 모두 몇 개인지 구함.

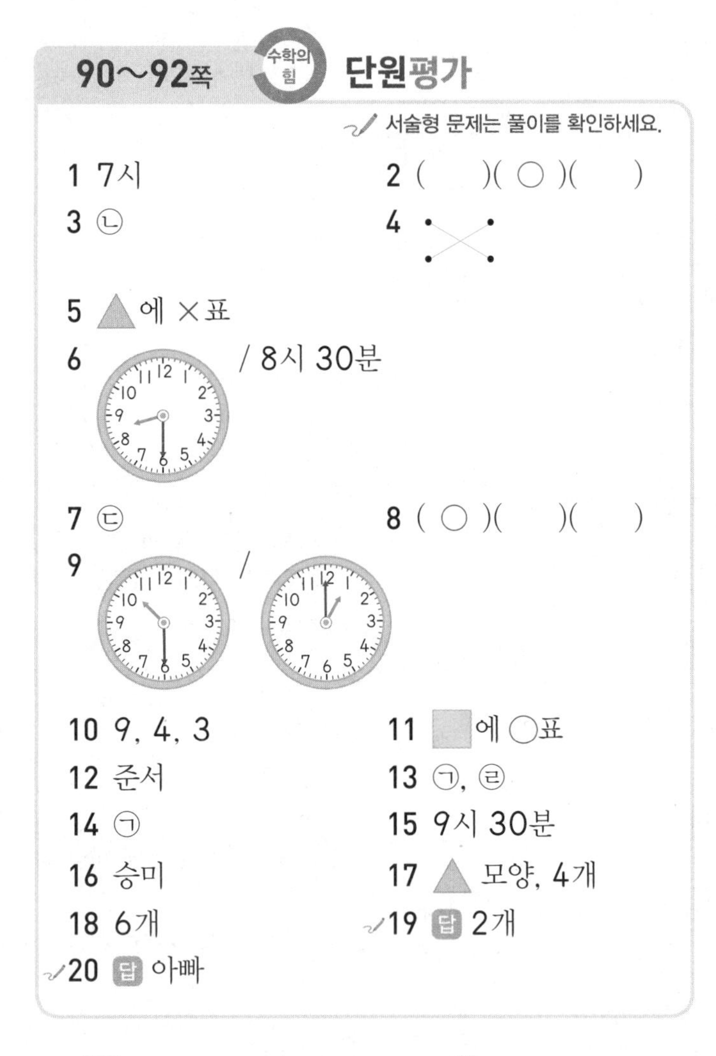

90~92쪽 수학의 힘 **단원평가**

서술형 문제는 풀이를 확인하세요.

1 7시
2 ( )(○)( )
3 ㉡
4
5 ▲에 ×표
6 / 8시 30분
7 ㉢
8 (○)( )( )
9 /
10 9, 4, 3
11 ■에 ○표
12 준서
13 ㉠, ㉣
14 ㉠
15 9시 30분
16 승미
17 ▲ 모양, 4개
18 6개
19 답 2개
20 답 아빠

10 ■ 모양 9개, ▲ 모양 4개, ● 모양 3개로 만든 모양입니다.

11 9, 4, 3 중에서 가장 큰 수는 9이므로 가장 많이 이용한 모양은 ■ 모양입니다.

12 소현: 2시, 준서: 3시
➔ 3시에 집에 도착한 사람은 준서입니다.

13 긴바늘이 6을 가리킬 때의 시각은 몇 시 30분입니다.

14 뾰족한 곳이 4군데인 모양은 ■ 모양이므로 ㉠입니다.

15 ➔ 9시 30분

16 주어진 모양 조각: ■ 모양 2개, ▲ 모양 2개, ● 모양 1개
은혜: ■ 모양 1개, ▲ 모양 2개, ● 모양 2개
승미: ■ 모양 2개, ▲ 모양 2개, ● 모양 1개

17 색종이를 펼친 모양은 왼쪽과 같습니다. 따라서 선을 따라 모두 자르면 ▲ 모양이 4개 생깁니다.

18 ① ② ③

■ 모양 1개짜리: ①, ②, ③ ➔ 3개
■ 모양 2개짜리: ①+②, ②+③ ➔ 2개
■ 모양 3개짜리: ①+②+③ ➔ 1개
따라서 그림에서 찾을 수 있는 크고 작은 ■ 모양은 모두 3+2+1=6(개)입니다.

19 풀이 예 ❶ ■ 모양: 계산기, 메모지, 공책, 달력 ➔ 4개
❷ ▲ 모양: 옷걸이, 표지판 ➔ 2개
❸ ■ 모양의 물건은 ▲ 모양의 물건보다 4−2=2(개) 더 많습니다.

답 2개

채점 기준

❶ ■ 모양의 물건의 개수를 구함.	2점
❷ ▲ 모양의 물건의 개수를 구함.	2점
❸ ■ 모양의 물건은 ▲ 모양의 물건보다 몇 개 더 많은지 구함.	1점

20 풀이 예 ❶ 아빠: 7시, 엄마: 6시, 은채: 6시 30분
❷ 늦은 시각부터 순서대로 쓰면 7시, 6시 30분, 6시이므로 가장 늦게 집에 들어온 사람은 아빠입니다.

답 아빠

채점 기준

❶ 세 사람이 저녁에 집에 들어온 시각을 각각 구함.	3점
❷ 가장 늦게 집에 들어온 사람은 누구인지 구함.	2점

93쪽 **창의·사고력의 힘!**

낮에 운동장에서 만나기로 한 시각

밤에 집에 도착한 시각

• 낮에 운동장에서 만나기로 한 시각: 1시 30분
• 밤에 집에 도착한 시각: 8시에서 시계의 긴바늘이 한 바퀴 돈 후의 시각은 9시입니다.

4 단원 덧셈과 뺄셈(2)

96~97쪽  개념의 힘 ❶

1 11 / 11
2 예 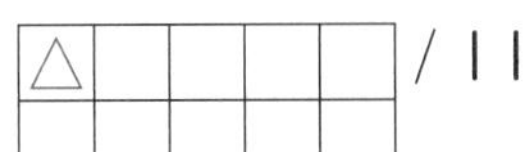 / 11
3 3, 11
4 (계산 순서대로) 4, 15
5 예 / 11개
6 3, 12
7 (1) 14 (2) 16
8 17
9 6, 13 / 13
10 12개

6 음료수 9병에서 10, 11, 12라고 이어 세기를 하면 12병입니다.

7 (1) $5+9=14$ (5 4) (2) $8+8=16$ (2 6)

8 $9+8=17$ (1 7)

9 (물 속에 있던 거북의 수)
+(물 속에 더 들어 온 거북의 수)
$=7+6=13$(마리)

10 지우가 주운 밤은 6개입니다.
(민재가 주운 밤의 수)+(지우가 주운 밤의 수)
$=6+6=12$(개)

98~99쪽  개념의 힘 ❷

1 12
2 (계산 순서대로) 2, 13
3 (계산 순서대로) (1) 4, 11 (2) 2, 3, 15
4 (계산 순서대로) 3, 13
5 (계산 순서대로) 3, 13
6 14
7 11
8 (계산 순서대로) 7, 1, 11 / 1, 2, 11
9 (선 잇기)
10 13개

4 4를 1과 3으로 가르기하여 9와 1을 더해 10을 만들고 남은 3을 더하면 13이 됩니다.

5 9를 3과 6으로 가르기하여 4와 6을 더해 10을 만들고 남은 3을 더하면 13이 됩니다.

6 $8+6=14$ (4 4)

9 $7+9=16$ (6 1) $9+9=18$ (8 1)

10 (하준이가 모은 페트병의 수)
=(윤아가 모은 페트병의 수)+5
$=8+5=13$(개)

100~101쪽  개념의 힘 ❸

1 12, 13, 14
2 커집니다에 ○표
3 11
4 13, 13, 13
5 16, 15, 14
6 (선 잇기)
7 은서
8 $8+7$에 ○표
9 $8+6$, $7+7$에 △표
10 같습니다에 ○표
11 7

4 더해지는 수가 1씩 작아지고 더하는 수가 1씩 커지면 합은 같습니다.

5 $8+8=16$, $8+7=15$, $8+6=14$

다른 풀이
더해지는 수는 그대로이고 더하는 수가 1씩 작아지면 합도 1씩 작아지므로 $8+8=16$, $8+7=15$, $8+6=14$입니다.

6 더해지는 수와 더하는 수를 바꾸어 더해도 합은 같습니다.

8 $9+6=15$이므로 합이 같은 식은 $8+7=15$입니다.

9 $9+5=14$이므로 합이 같은 식은 $8+6=14$, $7+7=14$입니다.

11 $4+8=12$에서 더해지는 수는 그대로이고 합은 1만큼 작아졌으므로 더하는 수는 1만큼 작은 수인 7입니다.

본책 90~101쪽

102~103쪽 Power 개념의 힘 ❶~❸

102쪽 1 11　2 8, 12
3 13　4 6, 15
5 13　6 14　7 11
8 15　9 12　10 15
11 13　12 17　13 18
103쪽 14 13, 14, 15　15 14, 13, 12
16 14, 14, 14　17 11, 11, 11
18

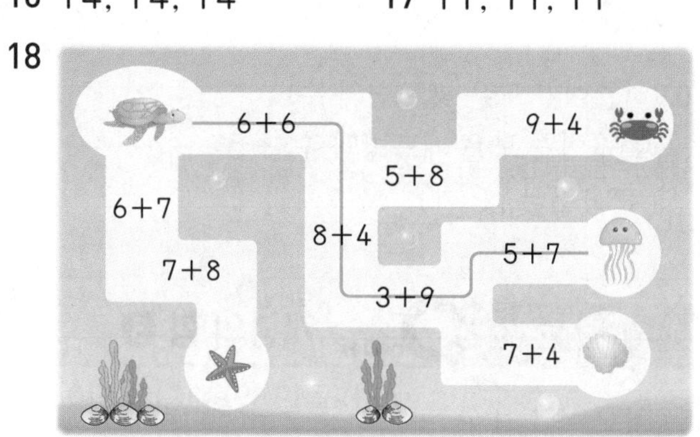

2 구슬 4개에서 5, 6, 7, 8, 9, 10, 11, 12라고 이어 세기를 하면 12개입니다.

4 과일 9개에서 10, 11, 12, 13, 14, 15라고 이어 세기를 하면 15개입니다.

15 더해지는 수는 그대로이고 더하는 수가 1씩 작아지면 합도 1씩 작아지므로 6+8=14, 6+7=13, 6+6=12입니다.

17 더해지는 수가 1씩 커지고 더하는 수가 1씩 작아지므로 합은 같습니다.

18 6+6=12 ➔ 8+4=12 ➔ 3+9=12 ➔ 5+7=12

104~105쪽 1STEP 기본의 힘

104쪽 1 11, 12 / 12
2 예 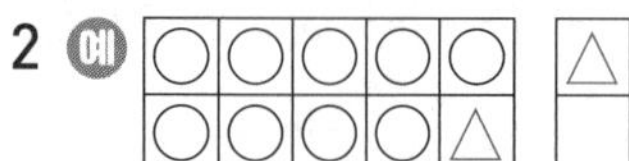  / 13
3 (계산 순서대로) (1) 5, 11 (2) 6, 16
4 (1) 12 (2) 14　5 13
6 11　7 14, 13, 12

105쪽 8 민재　9 12, 12 / 1, 1
10 ㉠
11 식 6+8=14 답 14권
12 9+7, 8+8, 7+9에 색칠
13 7+6, 7+4, 7+7, 7+5, 7+8, 출발
14 11 / 6, 13

4 (1) 3+9=12 (7 2)　(2) 8+6=14 (4 4)

5 5+8=13 (5 3)

8 은서: 6+7=13 (4 3)

9 5+7=12, 4+8=12

10 ㉠ 8+5=13 ㉡ 9+3=12 ➔ 13>12

11 (상자에 넣은 책의 수)=(동화책의 수)+(위인전의 수)
=6+8=14(권)

13 7+4=11, 7+5=12, 7+6=13, 7+7=14, 7+8=15

다른 풀이
더해지는 수는 그대로이고 더하는 수가 1씩 커지면 합도 1씩 커지므로 더하는 수가 작은 식부터 차례대로 잇습니다.

14 8+3=11, 7+6=13

106~107쪽 Power 개념의 힘 ❹

1 6, 7 / 6　2 6
3 10　4 (계산 순서대로) 8, 10
5 7　6 8
7 (1) 10 (2) 10　8 6, 10 / 10
9 7 / 모자, 7　10 10개

3 14를 10과 4로 가르기하여 4에서 4를 빼고 남은 10을 더하면 10입니다.

4 18을 10과 8로 가르기하여 8에서 8을 빼고 남은 10을 더하면 10입니다.

5 빵과 포크를 하나씩 짝 지어 보면 빵이 포크보다 7개 더 많습니다.

6 유리병 14병부터 13, 12, 11, 10, 9, 8로 거꾸로 세기 하면 남은 유리병은 8병입니다.

7 (1) $12-2=10$
10 2

(2) $19-9=10$
10 9

8 (남은 풍선의 수)
=(전체 풍선의 수)−(날아간 풍선의 수)
$=16-6=10$(개)

9 모자와 목도리를 하나씩 짝 지어 보면 모자가 목도리보다 7개 더 많습니다.

10 (남은 선인장의 수)
=(처음에 있던 선인장의 수)−(선물한 선인장의 수)
$=17-7=10$(개)

108~109쪽  개념의 힘 ⑤

1 9	2 5
3 (계산 순서대로) 4, 6	4 (계산 순서대로) 3, 7
5 (계산 순서대로) 10, 7	6 8
7 9	8 ㉠
9 7	10 3개
11 9개	

3 9를 5와 4로 가르기하여 15에서 5를 먼저 빼고 남은 10에서 4를 빼면 6입니다.

참고
1■는 10과 ■로 가르기 할 수 있습니다.

4 7을 4와 3으로 가르기하여 14에서 4를 먼저 빼고 남은 10에서 3을 빼면 7입니다.

5 14를 10과 4로 가르기하여 10에서 7을 빼고 남은 3과 4를 더하면 7입니다.

6 $16-8=8$
6 2

7 $12-3=9$
10 2

8 ㉠ $13-5=8$
3 2

9 $13-6=7$
10 3

10 (자의 수)−(가위의 수)$=11-8=3$(개)

11 (남은 인형의 수)
=(처음 인형의 수)−(판 인형의 수)
$=18-9=9$(개)

110~111쪽  개념의 힘 ⑥

1 7, 8, 9	2 커집니다에 ○표
3 8, 7	4 5, 6
5 ( )( )(○)	6 8, 7, 6
7 ㉡	8 16−9에 ○표
9 16−8, 17−9에 △표	
10 같습니다에 ○표	11 8, 7

2 빼는 수는 그대로이고 빼지는 수가 1씩 커지므로 차도 1씩 커집니다.

3 $12-4=8$, $12-5=7$

4 ↘ 방향으로 빼지는 수와 빼는 수가 모두 1씩 커지면 차는 같습니다.

5 $12-7=5$, $12-8=4$, $12-9=3$

다른 풀이
빼지는 수는 그대로이고 빼는 수가 1씩 커지면 차는 1씩 작아지므로 $12-7=5$, $12-8=4$, $12-9=3$입니다.

6 빼는 수는 그대로이고 빼지는 수가 1씩 작아지면 차도 1씩 작아집니다.
→ $14-6=8$, $13-6=7$, $12-6=6$

8 $15-8=7$이므로 차가 같은 식은 $16-9=7$입니다.

9 $15-7=8$이므로 차가 같은 식은 $16-8=8$, $17-9=8$입니다.

11 빼지는 수와 빼는 수가 모두 1씩 커지면 차는 같습니다.
➔ $13-7=6$, $14-8=6$

112~113쪽 Power+ 개념의 힘 ❹~❻

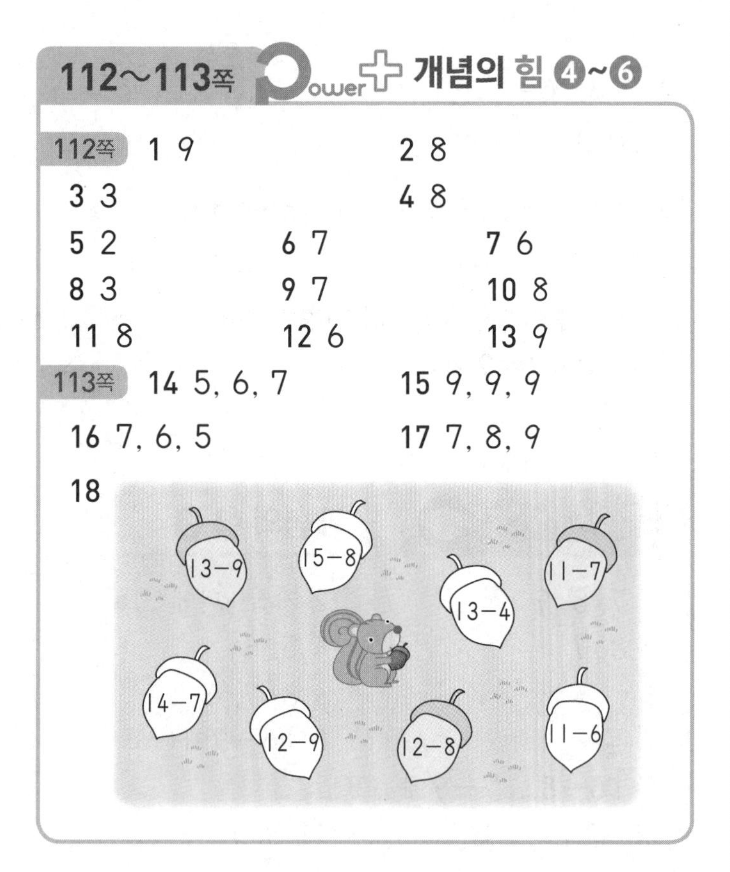

112쪽 1 9 2 8
3 3 4 8
5 2 6 7 7 6
8 3 9 7 10 8
11 8 12 6 13 9
113쪽 14 5, 6, 7 15 9, 9, 9
16 7, 6, 5 17 7, 8, 9
18

2 양초 16개부터 15, 14, 13, 12, 11, 10, 9, 8로 거꾸로 세기 하면 8개입니다.

4 포크와 숟가락을 하나씩 짝 지어 보면 포크가 숟가락보다 8개 더 많습니다.

14 빼는 수는 그대로이고 빼지는 수가 1씩 커지면 차도 1씩 커지므로 $14-9=5$, $15-9=6$, $16-9=7$입니다.

16 빼지는 수는 그대로이고 빼는 수가 1씩 커지면 차는 1씩 작아지므로 $12-5=7$, $12-6=6$, $12-7=5$입니다.

17 빼지는 수는 그대로이고 빼는 수가 1씩 작아지면 차는 1씩 커지므로 $11-4=7$, $11-3=8$, $11-2=9$입니다.

18 $\underline{13-9=4}$, $15-8=7$, $13-4=9$, $\underline{11-7=4}$
$14-7=7$, $12-9=3$, $\underline{12-8=4}$, $11-6=5$

114~115쪽 1STEP 기본의 힘

114쪽 1 8 2 6
3 (계산 순서대로) (1) 1, 9 (2) 7, 9
4 5 5 6, 6, 6
6 유준 7 ㉠
115쪽 8 종이배에 ○표, 4
9 1, 1 / 작아집니다에 ○표
10 식 $11-3=8$ 답 8권
11 (3)(2)(1) 12 7, 9 / 9, 7
13

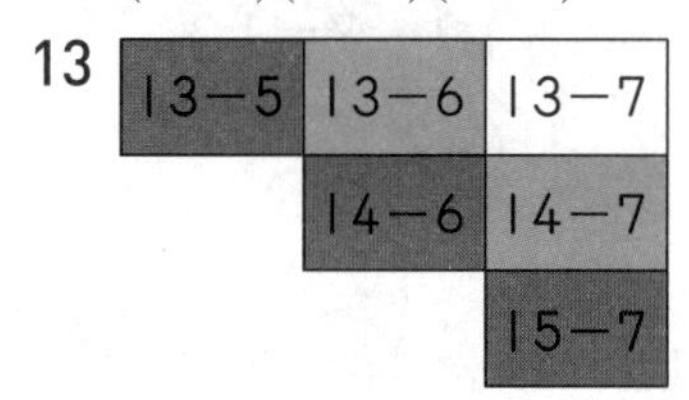

1 빵 15개부터 14, 13, 12, 11, 10, 9, 8로 거꾸로 세기 하면 8개입니다.

2 13을 10과 3으로 가르기하여 10에서 7을 빼고 남은 3과 3을 더하면 6입니다.

3 (1) $14-5=9$ (5를 4와 1로 가르기) (2) $17-8=9$ (17을 10과 7로 가르기)

4 $12-7=5$ (12를 2와 5로 가르기... 7을 2와 5로 가르기)

5 빼지는 수와 빼는 수가 모두 1씩 커지면 차는 같습니다.

6 하은: $12-3=9$

7 ㉠ $15-9=6$ ㉡ $13-6=7$ ➔ $6<7$

8 종이배가 13개, 종이학이 9개 있습니다.
$13>9$ ➔ $13-9=4$

10 (처음에 가지고 있던 공책의 수)
=(지금 가지고 있는 공책의 수)−(더 산 공책의 수)
$=11-3=8$(권)

11 $15-8=7$, $16-8=8$, $17-8=9$ ➔ $7<8<9$

13 $13-5=8$, $13-6=7$, $13-7=6$
$14-6=8$, $14-7=7$
$15-7=8$

116~119쪽 2STEP 응용의 힘

1 ( )(○)(○)	2 (○)( )(○)	15 14개	16 15개
3 ㉢	4 ㉠	17 9	18 11
5 11	6 7	19 14	20 5
7 13	8 8개	21 6	22 8
9 5개	10 오이	23 $6+9=15$ / $8+7=15$	
11 1, 2	12 8, 9	24 $4+8=12$ / $6+6=12$	
13 3	14 12개		

응용 1 덧셈과 뺄셈을 하여 계산 결과가 같은 식을 찾자.

1 $7+8=15$, $5+6=11$, $9+2=11$
→ 계산 결과가 같은 두 덧셈식은 $5+6$, $9+2$입니다.

2 $14-6=8$, $11-4=7$, $13-5=8$
→ 계산 결과가 같은 두 뺄셈식은 $14-6$, $13-5$입니다.

3 ㉠ $4+9=13$ ㉡ $6+7=13$ ㉢ $8+4=12$
→ 계산 결과가 다른 하나는 ㉢입니다.

4 ㉠ $17-9=8$ ㉡ $12-8=4$ ㉢ $11-7=4$
→ 계산 결과가 다른 하나는 ㉠입니다.

응용 2 먼저 수를 순서대로 쓰고 크기를 비교하자.

> 참고
> 수를 순서대로 썼을 때 가장 뒤에 있는 수가 가장 큰 수, 가장 앞에 있는 수가 가장 작은 수입니다.

5 수를 순서대로 쓰면 3, 5, 7, 8이므로 가장 큰 수는 8, 가장 작은 수는 3입니다.
→ $8+3=11$

6 수를 순서대로 쓰면 6, 9, 11, 13이므로 가장 큰 수는 13, 가장 작은 수는 6입니다.
→ $13-6=7$

7 수를 순서대로 쓰면 4, 5, 6, 8, 9이므로 가장 큰 수는 9, 가장 작은 수는 4입니다.
→ $9+4=13$

응용 3 뺄셈을 이용하여 남은 수를 구하자.

8 (남은 도토리의 수)$=13-5=8$(개)

9 (남은 달걀의 수)$=14-9=5$(개)

10 (남은 오이의 수)$=14-5=9$(개),
(남은 가지의 수)$=15-7=8$(개)
→ $9>8$이므로 더 많이 남은 채소는 오이입니다.

> 비법
> 뺄셈을 이용하여 남은 오이와 가지의 수를 각각 구한 후 두 수의 크기를 비교합니다.

응용 4 주어진 식을 계산한 후 □ 안에 들어갈 수 있는 수를 찾자.

> 참고
> ●$>$□일 때 □는 ●보다 작은 수이고, ●$<$□일 때 □는 ●보다 큰 수입니다.

11 $12-9=3$이므로 $3>$□입니다.
□ 안에는 3보다 작은 수인 1, 2가 들어갈 수 있습니다.

12 $15-8=7$이므로 $7<\square$입니다.
$\square$ 안에는 7보다 큰 수인 8, 9가 들어갈 수 있습니다.

13 $11-7=4$이므로 $4>\square$입니다.
$\square$ 안에는 4보다 작은 수인 1, 2, 3이 들어갈 수 있고 이 중 가장 큰 수는 3입니다.

응용 5 처음 붙인 타일의 수와 빈칸의 수를 더해 붙인 전체 타일의 수를 구하자.

참고
(더 붙인 타일의 수)
=(빈칸의 수)

14 빈칸은 6칸이므로 더 붙인 타일의 수는 6개입니다.
(바닥에 붙인 전체 타일의 수)$=6+6=12$(개)

15 빈칸은 9칸이므로 더 붙인 타일의 수는 9개입니다.
(벽에 붙인 전체 타일의 수)$=5+9=14$(개)

16 화분을 놓은 부분을 제외하고 빈칸은 8칸이므로 더 붙인 타일의 수는 8개입니다.
(바닥에 붙인 전체 타일의 수)$=7+8=15$(개)

응용 6 같은 모양에 같은 수를 넣어 모양이 나타내는 수를 구하자.

17 $8+6=$● → $8+6=14$, ●$=14$
●$-5=$▲ → $14-5=9$, ▲$=9$

18 $16-9=$♥ → $16-9=7$, ♥$=7$
$4+$♥$=$■ → $4+7=11$, ■$=11$

19 $9+6=$★ → $9+6=15$, ★$=15$
★$-8=$● → $15-8=7$, ●$=7$
●$+$●$=$◆ → $7+7=14$, ◆$=14$

응용 7 뒤집힌 카드가 없는 사람의 수 카드에 적힌 두 수의 합을 먼저 구하자.

비법
두 사람이 가지고 있는 수 카드에 적힌 두 수의 합이 같음을 이용하여 뒤집힌 수 카드에 적힌 수를 구합니다.

20 (선우가 가지고 있는 수 카드에 적힌 두 수의 합)$=8+6=14$
9와 더해서 14가 되는 수는 5이므로 혜지가 가지고 있는 뒤집힌 수 카드에 적힌 수는 5입니다.

21 (은호가 가지고 있는 수 카드에 적힌 두 수의 합)$=3+8=11$
5와 더해서 11이 되는 수는 6이므로 슬기가 가지고 있는 뒤집힌 수 카드에 적힌 수는 6입니다.

22 (지아가 가지고 있는 수 카드에 적힌 두 수의 합)$=7+9=16$
$8+8=16$으로 더해서 16이 되는 같은 두 수는 8이므로 윤우가 가지고 있는 뒤집힌 수 카드에 공통으로 적힌 수는 8입니다.

응용 8 규칙을 찾아 ★이 있는 칸에 알맞은 식을 구하자.

비법
덧셈표에서 → 방향으로 더해지는 수는 그대로이고 더하는 수는 1씩 커집니다.

23 ★에 알맞은 식은 $7+8=15$입니다.
합이 15인 식을 모두 찾으면 $6+9=15$, $8+7=15$입니다.

24 ★에 알맞은 식은 $5+7=12$입니다.
합이 12인 식을 모두 찾으면 $4+8=12$, $6+6=12$입니다.

다른 풀이
덧셈표에서 ↙ 방향으로 합이 같으므로 ★에 알맞은 식과 합이 같은 식은 $4+8=12$, $6+6=12$입니다.

120쪽 3STEP 서술형의 힘 연습 문제 풀기

1 식 7+9=16 답 16명
2 식 11−3=8 답 8권
3 식 8+4=12 답 12개
4 식 15−8=7 답 7개

3 (성찬이가 딴 사과의 수)+4=8+4=12(개)

참고
'더 많이'는 덧셈을 이용합니다.

4 (전체 장난감의 수)−(한 상자에 담은 장난감의 수)=15−8=7(개)

121~123쪽 3STEP 서술형의 힘

서술형 문제는 풀이를 확인하세요.

대표 유형 1
1 큰, 큰에 ○표 2 8, 7
3 8+7=15
답 15
1-1 답 14
1-2 답 11

대표 유형 2
1 9, 4
2 4
3 4, 8
답 8개
2-1 답 9개

대표 유형 3
1 12
2 12 / 7, 13 / 9, 15
3 7, 9
답 7, 9
3-1 답 3, 4, 7, 8

대표 유형 1 합이 가장 크게 되려면 가장 큰 수와 두 번째로 큰 수를 찾아 더하자.

1-1 예 1 두 수의 합이 가장 크려면 가장 큰 수와 두 번째로 큰 수를 더합니다.
2 골라야 하는 2장의 수 카드: 9, 5
3 두 수의 합이 가장 클 때의 합: 9+5=14
답 14

채점 기준
1 두 수의 합이 가장 크게 되는 덧셈식을 만드는 방법을 앎.
2 2장의 수 카드를 구함.
3 합이 가장 클 때의 합을 구함.

1-2 예 1 두 수의 합이 가장 작으려면 가장 작은 수와 두 번째로 작은 수를 더합니다.
2 골라야 하는 2장의 수 카드: 5, 6
3 두 수의 합이 가장 작을 때의 합: 5+6=11
답 11

채점 기준
1 두 수의 합이 가장 작게 되는 덧셈식을 만드는 방법을 앎.
2 2장의 수 카드를 구함.
3 합이 가장 작을 때의 합을 구함.

대표 유형 2 사용하고 남은 휴지심의 수가 같음을 이용하자.

2-1 예 1 (은서가 사용하고 남은 휴지심의 수)=15−6=9(개)
2 (지호가 사용하고 남은 휴지심의 수)=(은서가 사용하고 남은 휴지심의 수)=9개
3 (지호가 사용한 휴지심의 수)=18−9=9(개)
답 9개

채점 기준
1 은서가 사용하고 남은 휴지심의 수를 구함.
2 지호가 사용하고 남은 휴지심의 수를 구함.
3 지호가 사용한 휴지심의 수를 구함.

대표 유형 3 먼저 꺼낸 공에 적힌 수와 남은 공에 적힌 수를 차례로 더하자.

3-1 예 1 지석이가 꺼낸 공에 적힌 두 수의 합: 6+5=11
2 9와의 합이 11보다 큰 덧셈식은 9+3=12, 9+4=13, 9+7=16, 9+8=17입니다.
3 세호가 두 번째에 어떤 수가 적힌 공을 꺼내야 하는지 모두 구하기: 3, 4, 7, 8
답 3, 4, 7, 8

채점 기준
1 지석이가 꺼낸 공에 적힌 두 수의 합을 구함.
2 9와의 합이 11보다 큰 덧셈식을 모두 구함.
3 세호가 두 번째에 꺼내야 하는 공의 수를 모두 구함.

124~126쪽 수학의 힘 단원평가

서술형 문제는 풀이를 확인하세요.

1 (계산 순서대로) 1, 18 2 7
3 (계산 순서대로) 10, 10 4 (1) 12 (2) 9
5 ( )(○)
6 (계산 순서대로) 3, 12 / 5, 12
7 8 8 희주
9 6, 5, 4 / 1, 1 10 <
11 12 ㉢
13 식 13−6=7 답 7개
14 식 8+9=17 답 17개
15 6개
16

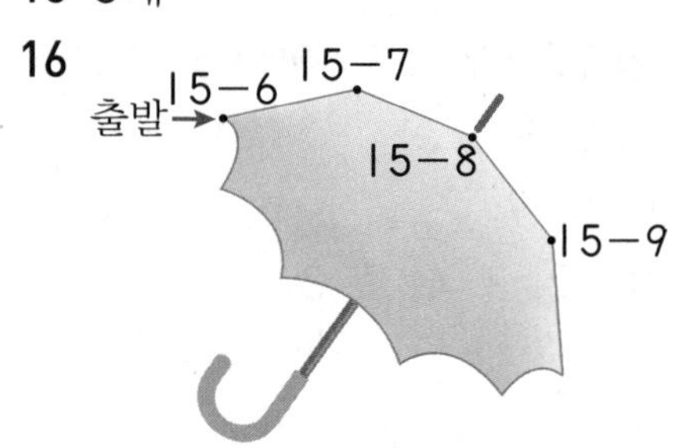

17 4개 18 16
19 답 우유갑 20 답 13

5 11−7=4, 13−8=5

7 12>4 ➔ 12−4=8

8 희주: 8+9=17

10 6+6=12 ➔ 12<13

11 14−5=9, 12−9=3

12 ㉠ 5+8=13 ㉡ 6+8=14 ㉢ 7+8=15
➔ 합이 14보다 큰 덧셈식은 ㉢입니다.

13 (남은 리본의 수)
=(처음 리본의 수)−(친구에게 준 리본의 수)
=13−6=7(개)

14 (민성이가 캔 고구마의 수)+(재희가 캔 고구마의 수)
=8+9=17(개)

15 (로봇의 수)−(공룡의 수)
=11−5=6(개)

16 15−6=9, 15−7=8, 15−8=7, 15−9=6

다른 풀이
빼지는 수는 그대로이고 빼는 수가 1씩 커지면 차는 1씩 작아지므로 빼는 수가 작은 식부터 순서대로 잇습니다.

17 13−8=5이므로 5>□입니다.
□ 안에 들어갈 수 있는 수는 5보다 작은 수인 1, 2, 3, 4입니다. ➔ 4개

18 5+7=■ ➔ 5+7=12, ■=12
■−4=▲ ➔ 12−4=8, ▲=8
▲+▲=● ➔ 8+8=16, ●=16

19 풀이 예 ❶ (남은 음료수 캔의 수)=11−6=5(개)
❷ (남은 우유갑의 수)=14−7=7(개)
❸ 5<7이므로 더 많이 남은 것은 우유갑입니다.
답 우유갑

채점 기준	
❶ 남은 음료수 캔의 수를 구함.	2점
❷ 남은 우유갑의 수를 구함.	2점
❸ 음료수 캔과 우유갑 중 더 많이 남은 것을 구함.	1점

20 풀이 예 ❶ 두 수의 합이 가장 크려면 가장 큰 수와 두 번째로 큰 수를 더합니다.
❷ 골라야 하는 2장의 수 카드: 7, 6
❸ 두 수의 합이 가장 클 때의 합: 7+6=13
답 13

채점 기준	
❶ 두 수의 합이 가장 크게 되는 방법을 구함.	1점
❷ 골라야 하는 2장의 수 카드를 구함.	2점
❸ 두 수의 합이 가장 클 때의 합을 구함.	2점

127쪽 창의·사고력의 힘!

1 (위에서부터) 12, 6
2 (왼쪽부터) 9, 6

1 6+6=12, 15−9=6

2 • 13에서 빼서 4가 되는 수는 9입니다.
• 7과 더해서 13이 되는 수는 6입니다.

5 단원 규칙 찾기

130~131쪽  개념의 힘 ❶

1 (○)(   )
2 (   )(○)
3 (○)(   )
4 (○)(   )
5 귤
6 연필, 지우개
7 ⇧, ⇩
8 ♥, ●
9 (풍선), (풍선)
10 장미
11 시윤
12 예 파란색, 노란색, 빨간색, 노란색이 반복됩니다.

4 고양이 얼굴이 바로, 거꾸로, 거꾸로가 반복됩니다.

7 화살표 방향이 위, 아래가 반복됩니다.

8 ♥, ●, ▲가 반복됩니다.

10 장미, 해바라기, 해바라기가 반복됩니다.

11 ◣, ◣, ◣가 반복됩니다.

12 평가 기준

반복되는 색깔을 찾아 규칙을 바르게 썼으면 정답으로 합니다.

132~133쪽 개념의 힘 ❷

1 ×
2 ○
3 초록, 노란
4
5 (당근)에 ○표
6 (토끼)에 ○표
7
8
9

10
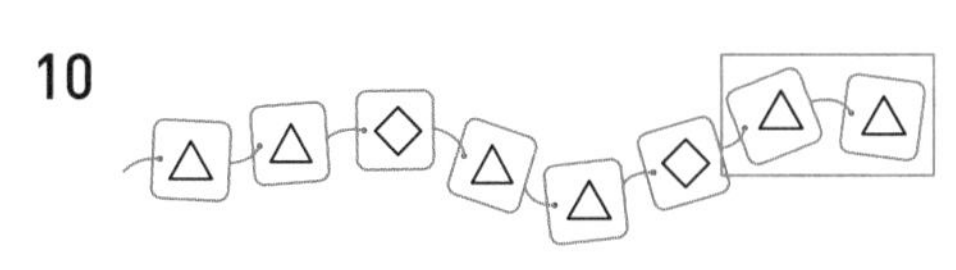

11 (위에서부터) ●, ◆ / ●, ◆
12 예 파란색, 파란색, 초록색이 반복됩니다.
13 예 (주사위 그림)

7 파란색, 노란색이 반복됩니다.

8 연두색, 빨간색, 연두색이 반복됩니다.

9 빨간색, 초록색, 주황색이 반복됩니다.

10 △, △, ◇가 반복됩니다.

11 첫째 줄과 둘째 줄 모두 ●, ◆가 반복됩니다.

12 평가 기준

반복되는 색깔을 찾아 규칙을 바르게 썼으면 정답으로 합니다.

134~135쪽  기본의 힘

134쪽
1 모자, 양말
2 ♠, ♥
3 (막대사탕)
4 (○)
(   )
5 ㉠
6
7
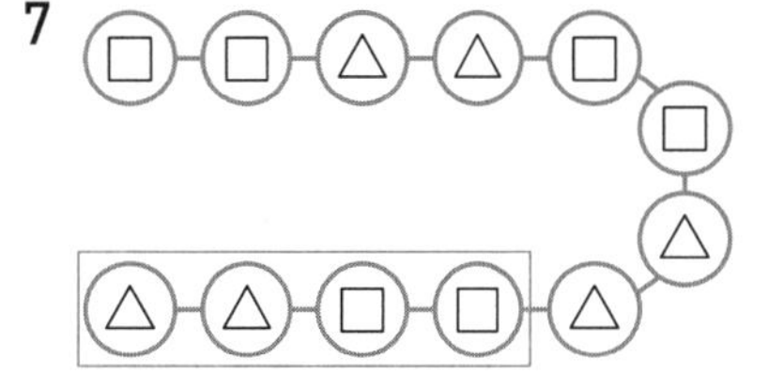

135쪽
8 ㉢
9 ㉡
10 □ ○ □ ○ □ ○ □ ○
11 예 □ □ ○ ○ □ □ ○ ○
예 □, □, ○, ○가 반복됩니다.
12 ㉠
13 ㉡
14 ㉣

5 쿠키, 귤이 반복됩니다.
㉠에는 귤, ㉡에는 쿠키를 담아야 합니다.

6 첫째 줄과 셋째 줄은 분홍색, 하늘색이 반복되고, 둘째 줄은 하늘색, 분홍색이 반복됩니다.

7 □, □, △, △가 반복됩니다.

8 ㉢ 다람쥐, 도토리가 반복됩니다.

참고
규칙에 따라 놓은 것을 찾으려면 반복되는 부분을 살펴봅니다.

11 평가 기준
규칙을 만들고, 만든 규칙을 바르게 썼으면 정답으로 합니다.

12 ㉡ 개수가 2개, 1개, 1개씩 반복됩니다.

13 ■, ▲, ■, ●가 반복되는 규칙입니다.
빈칸에 들어갈 모양은 ▲이고, ▲ 모양과 같은 모양의 물건은 ㉡ 삼각자입니다.

14 첫째 줄은 ♥, ◆, ◆가 반복되고, 둘째 줄은 ◆, ♥, ◆가 반복되고, 셋째 줄은 ◆, ◆, ♥가 반복됩니다.
알맞은 모양을 알아보면 ㉠은 ◆, ㉡은 ◆, ㉢은 ◆, ㉣은 ♥이므로 알맞은 모양이 다른 하나는 ㉣입니다.

136~137쪽 Power 개념의 힘 ❸

1 7
2 2
3 6, 7, 9
4 35, 26, 23
5 30, 5
6 55
7 (왼쪽부터) 3, 5
8 (왼쪽부터) 12, 10
9 (왼쪽부터) 33, 37, 41
10 ㉠
11 ○
12 예 4와 8이 반복됩니다.
13 26

7 1, 3, 5가 반복됩니다.

8 24부터 시작하여 2씩 작아집니다.

9 17부터 시작하여 4씩 커집니다.

10 ㉠ 5부터 시작하여 2씩 커집니다.
㉡ 5, 7이 반복됩니다.
➜ 5부터 시작하여 2씩 커지는 수 배열은 ㉠입니다.

11 15 − 25 − 35 − 45 − 55 − 65
➜ 15부터 시작하여 10씩 커집니다.

12 평가 기준
반복되는 수를 찾아 규칙을 바르게 썼으면 정답으로 합니다.

13 30 − 29 − 28 − 27 − 26(㉠)

138~139쪽 Power 개념의 힘 ❹

1 1
2 10
3 5
4 4
5 62, 66, 70에 색칠
6 예 1씩 커집니다.
7 예 10씩 커집니다.
8 (위에서부터) 67, 77, 87
9 (위에서부터) 7, 8 / 13, 15 / 17, 19
10 ㉡
11 31, 34, 37, 40에 색칠
12 42

6 평가 기준
수가 몇씩 커졌는지 규칙을 바르게 썼으면 정답으로 합니다.

7 평가 기준
수가 몇씩 커졌는지 규칙을 바르게 썼으면 정답으로 합니다.

8 57보다 10만큼 더 큰 수는 67, 67보다 10만큼 더 큰 수는 77, 77보다 10만큼 더 큰 수는 87입니다.

10 색칠된 사물함의 수는 2, 4, 6, 8, 10, ...이므로 2부터 시작하여 2씩 커집니다.

11 13부터 시작하여 3씩 커집니다.
따라서 31, 34, 37, 40에 색칠합니다.

다른 풀이
3씩 뛰어 세었으므로 28부터 3씩 뛰어 세어 31, 34, 37, 40에 색칠합니다.

12 30부터 시작하여 ↓ 방향으로 6씩 커집니다.
36보다 6만큼 더 큰 수는 42입니다.

140~141쪽  개념의 힘 5

1 막대	2 ○, □, □
3 세발, 두발	4 2, 3, 2
5 ○, △, ○, △	6 1, 1, 2
7 ∨, ○, ○	8 1, 5, 5, 1
9 ㄴ, ㅁ, ㄴ, ㄴ	10 3, 8, 3, 3
11 하은	

5 탬버린, 트라이앵글이 반복됩니다.
탬버린은 ○, 트라이앵글은 △로 나타내면 ○, △가 반복됩니다.

7 , , 이 반복됩니다.
은 ∨, 은 ○로 나타내면 ∨, ○, ○가 반복됩니다.

8 동전이 100원, 500원, 500원, 100원이 반복됩니다.
100원은 1, 500원은 5로 나타내면 1, 5, 5, 1이 반복됩니다.

9 , , 이 반복됩니다.
은 ㅁ, 은 ㄴ으로 나타내면 ㅁ, ㄴ, ㄴ이 반복됩니다.

10 은 8, 은 3으로 나타내면 8, 3, 3이 반복됩니다.

11 연필, 지우개가 반복됩니다.
연필은 △, 지우개는 □로 나타내면 △, □가 반복되므로 바르게 나타낸 사람은 하은입니다.

142~143쪽 1 STEP 기본의 힘

142쪽 1 5
2 (위에서부터) 25, 28, 30 / 36, 37
3 2, 5　　4 16, 19, 22
5 4, 2, 4　　6 ○, ×, ×
7 ㉠
8 (위에서부터) , / 1, 2, 1

143쪽 9 ㉡
10 2 4 6 2 4 6 4 / 2
11

□	△	○	□	△	○	□
△	○	□	△	○	□	△

12 ㉢　　13 ㉠
14 44, 42, 40, 38

5 , , 가 반복됩니다.
는 4, 는 2로 나타내면 4, 2, 4가 반복됩니다.

7 , , 이 반복되므로 빈칸에 알맞은 몸 동작은 ㉠입니다.

8 주사위 눈의 수가 2개, 1개, 1개가 반복됩니다.
주사위 눈의 수 2개는 2, 1개는 1로 나타내면 2, 1, 1이 반복됩니다.

9 색칠한 수는 16부터 시작하여 11씩 커집니다.

11 첫째 줄은 주황색, 초록색, 보라색이 반복되고, 둘째 줄은 초록색, 보라색, 주황색이 반복됩니다.
주황색은 □, 초록색은 △, 보라색은 ○로 나타내면 첫째 줄은 □, △, ○가 반복되고, 둘째 줄은 △, ○, □가 반복됩니다.

12 ㉢ 3부터 시작하여 → 방향으로 2씩 커집니다.

13 → 방향으로 1씩 커지고, ↓ 방향으로 8씩 커집니다.
22보다 8만큼 더 큰 수는 30이므로 30이 들어갈 칸은 ㉠입니다.

14 주어진 수 배열은 2씩 작아지는 규칙이므로 46부터 시작하여 2씩 작아지도록 수를 써넣습니다.
➜ 46 − 44 − 42 − 40 − 38

144~147쪽 2STEP 응용의 힘

1 참외, 참외
2 풀, 가위, 가위
3 수민
4 9, 3, 5, 9, 3, 5
5 17, 27, 37, 47, 57
6 20
7 6마리
8 3개
9 10개
10 40 / 46
11 11 / 3
12 ㉡
13
14 
15 
16 ㉠
17 ㉡
18 2 / 38
19 3 / 59
20 93
21 49
22 87

응용 1 반복되는 부분을 구하여 규칙을 찾자.

3 흰색, 검은색, 흰색, 흰색 바둑돌이 반복됩니다.

> 참고
> 규칙을 찾은 다음 찾은 규칙이 맞는지 확인해 봅니다.

응용 2 주어진 규칙으로 빈칸에 알맞은 수를 써넣자.

5 7부터 시작하여 10씩 커지도록 빈칸에 수를 써넣습니다.

6 40부터 시작하여 5씩 작아지는 규칙으로 수를 씁니다.
40 − 35 − 30 − 25 − 20(㉠)

응용 3 먼저 반복되는 부분을 구하여 규칙을 찾고, 빈칸을 완성하자.

> 참고
> 반복되는 규칙을 찾으면 다음에 알맞은 것을 구할 수 있습니다.

7 토끼, 거북이, 토끼가 반복됩니다. 빈칸에 알맞은 동물은 토끼이므로 완성한 그림에서 토끼는 모두 6마리입니다.

8 모자, 장갑, 장갑이 반복됩니다. 빈칸에 알맞은 것은 차례로 모자, 장갑, 장갑이므로 완성한 그림에서 모자는 모두 3개입니다.

9 □, △, ○, ○가 반복됩니다.
규칙에 따라 목도리를 꾸몄을 때 완성한 목도리에서 ○는 모두 10개입니다.

> 참고

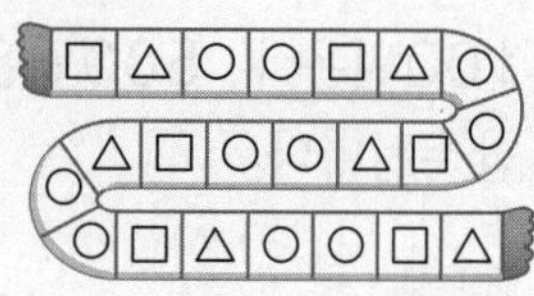

응용 4 수 배열의 규칙을 찾아 빈칸에 알맞은 수를 구하자.

> 비법
> 수가 반복되는지 일정한 수만큼씩 커지거나 작아지는지 알아보아 규칙을 찾습니다.

10 31부터 시작하여 3씩 커지는 규칙입니다.
→ 31 − 34 − 37 − 40(㉠) − 43 − 46(㉡)

11 23부터 시작하여 4씩 작아지는 규칙입니다.
→ 23 − 19 − 15 − 11(㉠) − 7 − 3(㉡)

12 • 9, 7이 반복되는 규칙입니다.
9 − 7 − 9 − 7 − 9(㉠) − 7
• 17부터 시작하여 1씩 작아지는 규칙입니다.
17 − 16 − 15 − 14 − 13 − 12(㉡)
→ ㉠ 9<㉡ 12이므로 수가 더 큰 것은 ㉡입니다.

응용 5 시각이 어떻게 변하는지 규칙을 찾아 빈 곳에 알맞은 시각을 나타내자.

13 9시, 3시가 반복되므로 빈 곳에는 3시가 되도록 시곗바늘을 그려 넣습니다.

14 10시 30분, 4시 30분이 반복되므로 빈 곳에 4시 30분이 되도록 시곗바늘을 그려 넣습니다.

15 1시, 2시, 3시, 4시, 5시로 짧은바늘이 가리키는 수가 1씩 커지므로 빈 곳에는 6시가 되도록 시곗바늘을 그려 넣습니다.

비법
반복되는 시각을 구하여 규칙을 찾습니다.

비법
시계의 짧은바늘이 가리키는 수가 몇씩 커지는지 알아봅니다.

응용 6 주어진 규칙으로 나타낼 수 있는 것을 찾자.

16 ㉡은 □, △, □가 반복되는 규칙으로 나타낼 수 있습니다.
㉢은 □, □, △가 반복되는 규칙으로 나타낼 수 있습니다.

17 ㉠은 3, 4, 4가 반복되는 규칙으로 나타낼 수 있습니다.
㉢은 3, 3, 4가 반복되는 규칙으로 나타낼 수 있습니다.

응용 7 수 배열에서 규칙을 찾아 구하려는 빈칸의 수를 구하자.

비법
일정한 수만큼 커졌으므로 같은 수를 반복해서 더하여 몇씩 커지는 규칙인지 구합니다.

18 28－■－32 (+□ +□, +4)

□+□=4이므로 2+2=4 → □=2
➔ 28부터 시작하여 2(㉠)씩 커지는 규칙입니다.
28－30－32－34－36－38(㉡)

19 44－■－50 (+□ +□, +6)

□+□=6이므로 3+3=6 → □=3
➔ 44부터 시작하여 3(㉠)씩 커지는 규칙입니다.
44－47－50－53－56－59(㉡)

20 73－■－●－88 (+□+□ +□, +15)

□+□+□=15이므로 5+5+5=15 → □=5
➔ 73부터 시작하여 5씩 커지는 규칙입니다.
73－78－83－88－93(㉠)

응용 8 먼저 수 배열에서 → 방향과 ↓ 방향으로 수의 규칙을 각각 찾자.

21 → 방향으로 1씩 커지고, ↓ 방향으로 11씩 커집니다.
25에서 → 방향으로 2칸 가면 27, 이어서 ↓ 방향으로 2칸 가면 49이므로 ♥=49입니다.

22 → 방향으로 1씩 커지고, ↓ 방향으로 9씩 커집니다.
65에서 → 방향으로 4칸 가면 69, 이어서 ↓ 방향으로 2칸 가면 87이므로 ♠=87입니다.

비법
→ 방향과 ↓ 방향으로 수의 규칙을 찾은 다음 → 방향과 ↓ 방향으로 각각 몇 칸씩 가면 모양에 알맞은 수를 구할 수 있는지 알아봅니다.

본책 144~147쪽

148쪽 3STEP 서술형의 힘 연습 문제 풀기

1 사탕
2 2개
3 24
4 5씩

149~151쪽 3STEP 서술형의 힘

서술형 문제는 풀이를 확인하세요.

대표 유형 1
1 4
2 39, 43, 47, 51, 55
3 55
답 55
1-1 답 56

대표 유형 2
1 5
2 5, 2
3 5+2=7
답 7개
2-1 답 7개
2-2 답 6개

대표 유형 3
1 검은, 흰 / 흰, 흰
2 (위에서부터) ○, ●, ●, ○ / ●, ●, ○, ○
3 6
답 6번
3-1 답 7번

대표 유형 1 색칠한 수가 얼마만큼씩 커지는지 구하여 색칠한 수의 규칙을 찾자.

1-1 예 1 색칠한 수는 71부터 시작하여 6씩 커집니다.
2 위 1에서 구한 규칙으로 빈칸에 알맞은 수 구하기
26−32−38−44−50−56
3 ◆에 알맞은 수: 56
답 56

채점 기준
1 색칠한 수의 규칙을 찾음.
2 수 배열의 빈칸에 알맞은 수를 구함.
3 ◆에 알맞은 수를 구함.

대표 유형 2 규칙을 찾아 ■째와 ●째에 알맞은 것을 구하여 합을 구하자.

2-1 예 1 주사위 눈의 수는 1개, 5개, 2개가 반복됩니다.
2 8째 주사위 눈의 수: 5개, 9째 주사위 눈의 수: 2개
3 (8째와 9째의 주사위 눈의 수의 합)=5+2=7(개)
답 7개

채점 기준
1 주사위 눈의 수의 규칙을 찾음.
2 8째, 9째의 주사위 눈의 수를 구함.
3 8째와 9째의 주사위 눈의 수의 합을 구함.

2-2 예 1 자전거 바퀴 수가 3개, 2개, 3개, 3개가 반복됩니다.
2 11째의 자전거 바퀴 수: 3개, 13째의 자전거 바퀴 수: 3개
3 (11째와 13째의 자전거 바퀴 수의 합)=3+3=6(개)
답 6개

채점 기준
1 자전거 바퀴 수의 규칙을 찾음.
2 11째, 13째의 자전거 바퀴의 수를 구함.
3 11째와 13째의 자전거 바퀴의 수의 합을 구함.

대표 유형 3 규칙을 찾아 빈칸을 채우고 두 사람이 각자 놓은 물건이 서로 같은 때를 찾자.

3-1 예 1 예빈이가 만든 규칙: 초록색, 노란색, 노란색이 반복됩니다.
시원이가 만든 규칙: 초록색, 노란색, 초록색이 반복됩니다.
2 규칙에 따라 빈칸 완성하기

	1째	2째	3째	4째	5째	6째	7째	8째	9째	10째
예빈										
시원										

3 두 사람이 동시에 같은 색을 칠한 때는 모두 7번입니다.
답 7번

채점 기준
1 예빈이와 시원이가 만든 규칙을 각각 찾음.
2 규칙에 따라 빈칸을 채움.
3 두 사람이 동시에 같은 색을 칠한 때를 구함.

152~154쪽 수학의 힘 단원평가

서술형 문제는 풀이를 확인하세요.

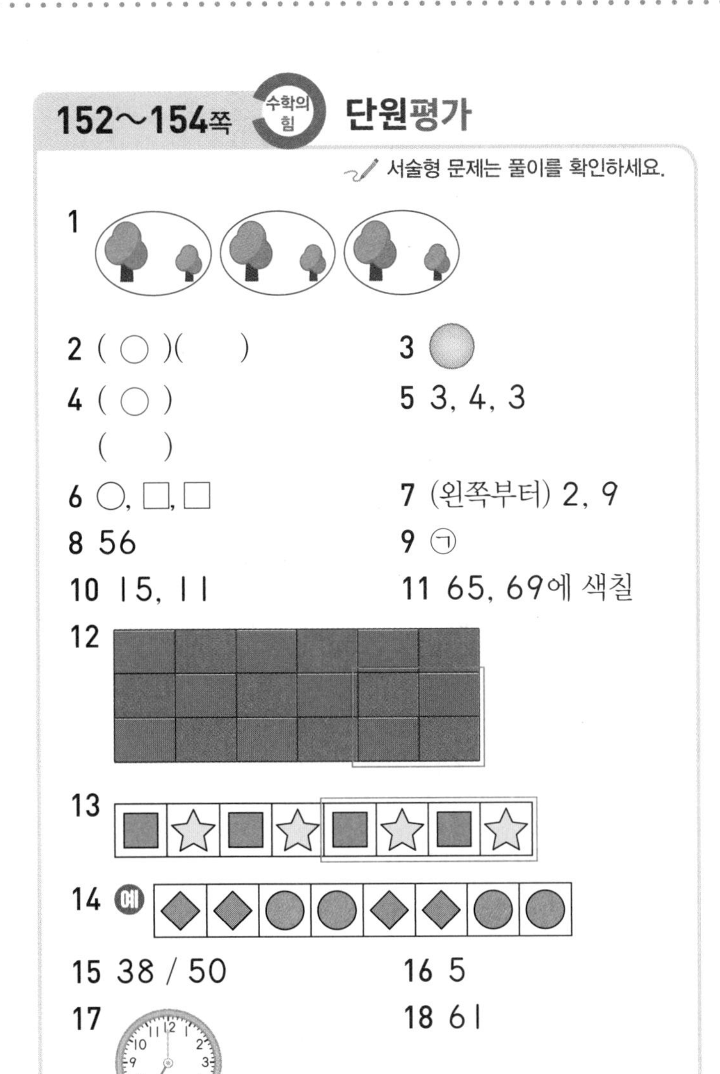

1

2 (○)( )

3

4 (○)
( )

5 3, 4, 3

6 ○, □, □

7 (왼쪽부터) 2, 9

8 56

9 ㉠

10 15, 11

11 65, 69에 색칠

12

13

14 예

15 38 / 50

16 5

17

18 61

19 답 5개

20 답 52

5 주사위 눈의 수가 3개, 4개, 3개가 반복됩니다. 주사위 눈의 수 3개는 3, 4개는 4로 나타내면 3, 4, 3이 반복됩니다.

9 ㉠ 다람쥐 얼굴이 바로, 거꾸로가 반복됩니다.

10 27부터 시작하여 4씩 작아지도록 수를 쓰면 27 − 23 − 19 − 15 − 11입니다.

11 41부터 시작하여 4씩 커집니다. 따라서 65, 69에 색칠합니다.

12 첫째 줄과 셋째 줄은 빨간색, 파란색이 반복되고, 둘째 줄은 파란색, 빨간색이 반복됩니다.

15 → 방향으로 1씩 커지는 규칙이므로 ★에 알맞은 수는 38이고, ▲에 알맞은 수는 50입니다.

16 수 카드의 수는 1, 3, 5가 반복됩니다.
➔ ㉠에 알맞은 수 카드의 수: 5

17 1시와 7시가 반복되므로 빈 곳에 7시가 되도록 시곗바늘을 그려 넣습니다.

18 → 방향으로 1씩 커지고, ↓ 방향으로 11씩 커집니다. 47에서 → 방향으로 3칸 가면 50, 이어서 ↓ 방향으로 1칸 가면 61이므로 ㉠=61입니다.

19 풀이 예 ❶ 당근, 오이가 반복됩니다.
❷ 빈칸에 알맞은 것은 차례로 당근, 오이, 당근입니다.
❸ 완성한 그림에서 당근은 모두 5개입니다.
답 5개

채점 기준	
❶ 당근과 오이를 그린 규칙을 찾음.	2점
❷ 빈칸에 알맞은 것을 구함.	2점
❸ 완성한 그림에서 당근은 모두 몇 개인지 구함.	1점

20 풀이 예 ❶ 색칠한 수는 16부터 시작하여 3씩 커집니다.
❷ 40−43−46−49−52
❸ ♥에 알맞은 수: 52
답 52

채점 기준	
❶ 색칠한 수의 규칙을 찾음.	2점
❷ 찾은 규칙으로 수 배열의 빈칸에 알맞은 수를 구함.	2점
❸ ♥에 알맞은 수를 구함.	1점

155쪽 창의·사고력의 힘!

1

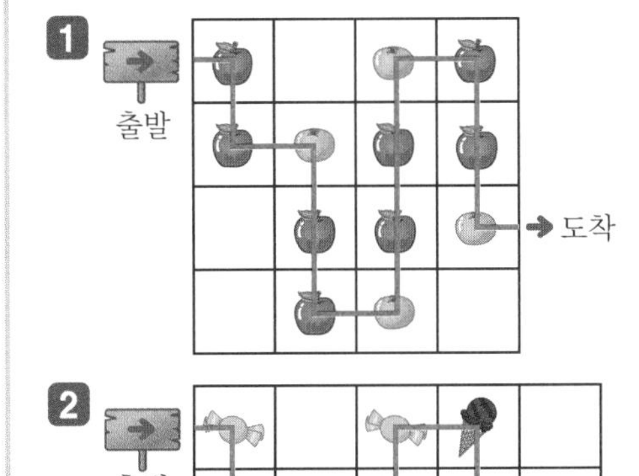

2

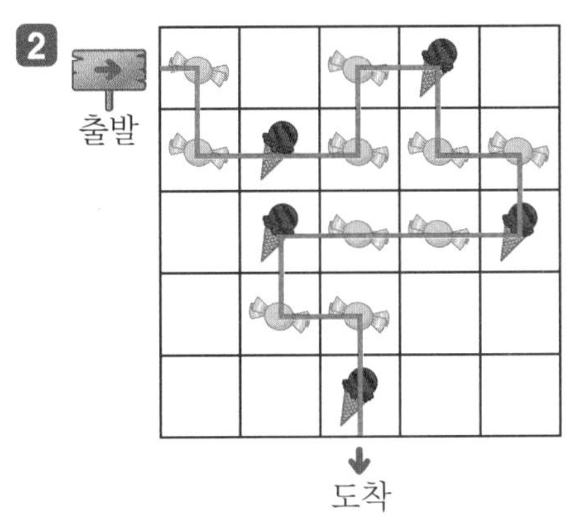

6 단원 덧셈과 뺄셈(3)

158~159쪽 Power 개념의 힘 ❶

1 26, 27 / 27

2 예 (○ 27개를 10칸 칸에 그리고 △로 나타냄) / 27

○	○	○	△	△
△	△			

3 35　　4 46

5 69　　6 56

7 25　　8 48

9 77　　10 39

11 (○)(　)　　12 45

13 ㉡

14 식 21+7=28 답 28개

9 $\begin{array}{r} 72 \\ +\ \ 5 \\ \hline 77 \end{array}$　　10 $\begin{array}{r} 33 \\ +\ \ 6 \\ \hline 39 \end{array}$

12 42+3=45

13 ㉠ 56+1=57 ㉡ 51+8=59
➔ 57<59이므로 ㉡이 더 큽니다.

14 (사탕의 수)+(초콜릿의 수)=21+7=28(개)

160~161쪽 Power 개념의 힘 ❷

1 40　　2 35

3 90　　4 57

5 60　　6 63

7 47　　8 69

9 78　　10 (선 잇기)

11 20+23　21+12

12 >　　13 은서

14 식 16+30=46 답 46개

5 $\begin{array}{r} 10 \\ +50 \\ \hline 60 \end{array}$　　6 $\begin{array}{r} 42 \\ +21 \\ \hline 63 \end{array}$

8 $\begin{array}{r} 29 \\ +40 \\ \hline 69 \end{array}$　　9 $\begin{array}{r} 67 \\ +11 \\ \hline 78 \end{array}$

10 50+20=70, 50+30=80

11 20+23=43, 21+12=33

12 70+20=90 ➔ 90>88

13 참고
10개씩 묶음은 10개씩 묶음끼리, 낱개는 낱개끼리 더합니다.

14 (상자 안에 있는 구슬의 수)
=(처음에 있던 구슬의 수)+(더 넣은 구슬의 수)
=16+30=46(개)

162~163쪽 Power+ 개념의 힘 ❶~❷

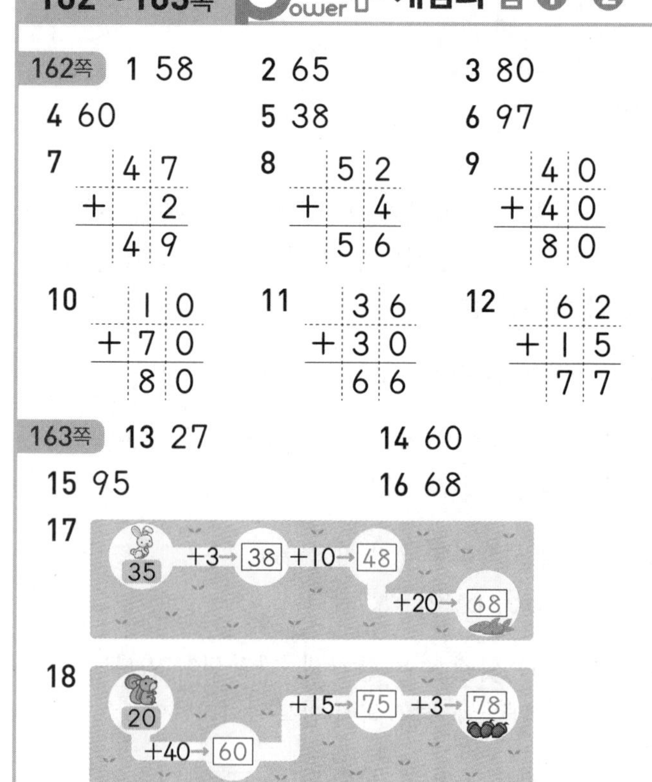

162쪽 1 58　　2 65　　3 80

4 60　　5 38　　6 97

7 $\begin{array}{r} 47 \\ +\ \ 2 \\ \hline 49 \end{array}$　　8 $\begin{array}{r} 52 \\ +\ \ 4 \\ \hline 56 \end{array}$　　9 $\begin{array}{r} 40 \\ +40 \\ \hline 80 \end{array}$

10 $\begin{array}{r} 10 \\ +70 \\ \hline 80 \end{array}$　　11 $\begin{array}{r} 36 \\ +30 \\ \hline 66 \end{array}$　　12 $\begin{array}{r} 62 \\ +15 \\ \hline 77 \end{array}$

163쪽 13 27　　14 60

15 95　　16 68

17

18

17 38+10=48, 48+20=68

18 20+40=60, 60+15=75, 75+3=78

164~165쪽 1STEP 기본의 힘

164쪽 1 58
2 21, 54
3 70
4 79
5 87
6 (　)(○)
7
$$\begin{array}{r} 42 \\ +\ 5 \\ \hline 47 \end{array}$$
8 18개

165쪽 9 (선 잇기)

10 식 16+12=28 답 28개
11 식 23+10=33 답 33개
12 44개
13 56
14 20, 30
15 8에 ○표

4 67+12=79

참고
■보다 ▲만큼 더 큰 수 → ■+▲

5 가장 큰 수: 71, 가장 작은 수: 16
→ 71+16=87

6 72+5=77, 63+20=83
→ 77<83

7 주의
세로셈으로 나타낼 때 자리를 잘 맞추어 쓴 다음 계산합니다.

$$\begin{array}{r} 42 \\ +5\ \ \\ \hline 92 \end{array}(\times) \qquad \begin{array}{r} 42 \\ +\ 5 \\ \hline 47 \end{array}(\bigcirc)$$

8 (고구마의 수)+(감자의 수)=12+6=18(개)

12 (하은이가 접은 종이학의 수)
=(선우가 접은 종이학의 수)+3
=41+3=44(개)

13 ▭ 모양의 물건: 공책, 교통표지판
→ (적힌 수의 합)=31+25=56

14 20과 30을 더하면 50이 됩니다.

15 35+2=37이므로 □ 안에는 7보다 큰 수인 8이 들어갈 수 있습니다.

166~167쪽 Power 개념의 힘 ❸

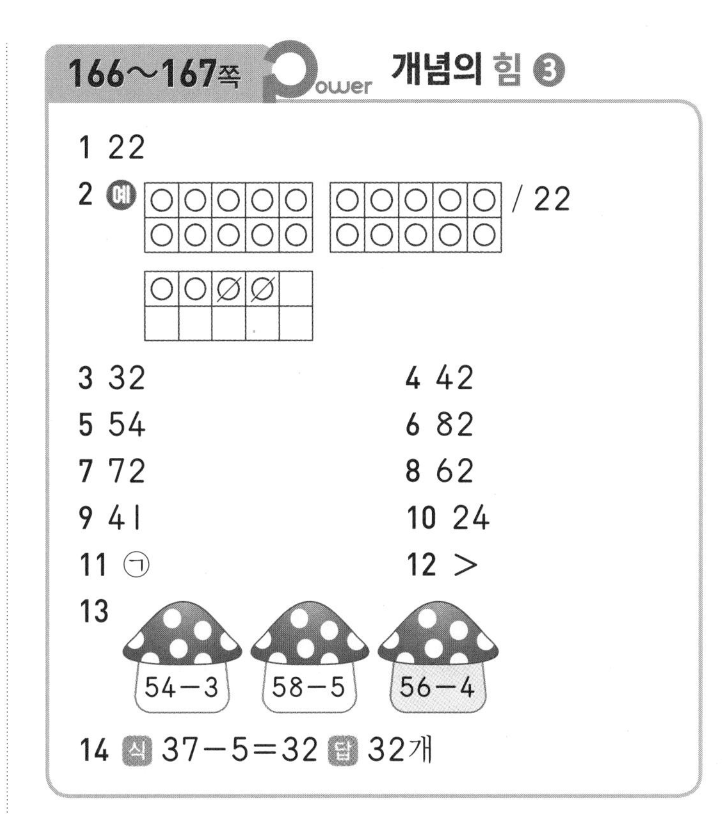

1 22
2 예 (그림) / 22
3 32
4 42
5 54
6 82
7 72
8 62
9 41
10 24
11 ㉠
12 >
13 54−3, 58−5, 56−4
14 식 37−5=32 답 32개

10 29>5 → 29−5=24

12 69−8=61 → 61>60

14 (처음에 있던 밤의 수)−(먹은 밤의 수)
=37−5=32(개)

168~169쪽 Power 개념의 힘 ❹

1 30
2 35
3 60
4 32
5 10
6 13
7 31
8 21
9 40
10 24
11 (　)(○)
12 (선 잇기)
13 ㉡
14 식 26−12=14 답 14개

13 ㉠ 60−20=40 ㉡ 66−14=52
→ 40<52이므로 ㉡이 더 큽니다.

14 (승아가 처음에 가지고 있던 초콜릿의 수)
−(동생에게 준 초콜릿의 수)
=26−12=14(개)

170~171쪽  개념의 힘 ⑤

1 (1) 14 (2) 4 (3) 4, 18
2 (1) 26 (2) 14 (3) 14, 12
3 25, 35, 45, 55
4 48, 38, 28, 18
5 48, 58
6 20, 32 / 32병
7 2, 21 / 21병
8 24개
9 26개

6 (사과주스의 수)+(오렌지주스의 수)
=12+20=32(병)

7 (딸기주스의 수)−(포도주스의 수)=23−2=21(병)

8 (농구공의 수)+(축구공의 수)=11+13=24(개)

9 (남은 곶감의 수)
=(처음에 있던 곶감의 수)−(먹은 곶감의 수)
=47−21=26(개)

172~173쪽  개념의 힘 ③~⑤

172쪽 1 26 2 32 3 20
4 30 5 34 6 36

7 $\begin{array}{r} 57 \\ -\ \ 6 \\ \hline 51 \end{array}$ 8 $\begin{array}{r} 45 \\ -\ \ 1 \\ \hline 44 \end{array}$ 9 $\begin{array}{r} 70 \\ -40 \\ \hline 30 \end{array}$

10 $\begin{array}{r} 90 \\ -20 \\ \hline 70 \end{array}$ 11 $\begin{array}{r} 38 \\ -15 \\ \hline 23 \end{array}$ 12 $\begin{array}{r} 85 \\ -34 \\ \hline 51 \end{array}$

173쪽 13 51, 61, 71, 81
14 34, 33, 32, 31

15

16

17

18

13 31+20=51, 31+30=61, 31+40=71, 31+50=81

참고
같은 수에 10씩 커지는 수를 더하면 합도 10씩 커집니다.

14 45−11=34, 45−12=33, 45−13=32, 45−14=31

참고
같은 수에서 1씩 커지는 수를 빼면 차는 1씩 작아집니다.

174~175쪽 1 STEP 기본의 힘

174쪽 1 35
2 83
3 50
4 82, 92
5 63
6 ㉡
7 <
8

175쪽 9 35 / 23
10 식 24+13=37 답 37개
11 식 24−13=11 답 11개
12 4에 ○표
13 예 46+21=67 / 54−23=31
14 11

5 가장 큰 수: 96, 가장 작은 수: 33
➔ 96−33=63

9 시윤: 20+15=35, 하은: 37−14=23

10 (준혁이가 넣은 화살의 수)+(예서가 넣은 화살의 수)
=24+13=37(개)

11 (준혁이가 넣은 화살의 수)−(예서가 넣은 화살의 수)
=24−13=11(개)

12 65−1=64 (×), 65−2=63 (×)
65−3=62 (×), 65−4=61 (◯)

13 하늘색 주머니의 수를 하늘색 주머니의 □ 안에, 분홍색 주머니의 수를 분홍색 주머니의 □ 안에 써넣고 계산합니다.

14 → 방향으로 1씩 커지고, ↓ 방향으로 10씩 커집니다.
㉠은 14, ㉡은 25이므로 ㉡−㉠=25−14=11

176~179쪽 2 STEP 응용의 힘

1 55　　2 60
3 ㉠
4 식 $20+30=50$ 답 50개
5 식 $36-14=22$ 답 22개
6 식 $24+11=35$ 답 35장
7 63　　8 52
9 77　　10 (위에서부터) 7, 4
11 (위에서부터) 3, 4　　12 (위에서부터) 6, 5
13 35　　14 11
15 93　　16 8, 9
17 1, 2, 3　　18 7, 8, 9
19 14　　20 21
21 57　　22 93
23 95

응용 1 '~만큼 더 큰 수'는 덧셈을, '~만큼 더 작은 수'는 뺄셈을 하자.

3 ㉠ $43+12=55$　㉡ $57-5=52$ → ㉠ $55>$ ㉡ 52

참고
㉠과 ㉡을 각각 구하여 크기를 비교하자.

응용 2 '모두 몇 개', '~보다 더 많이'는 덧셈을, '남은 것은 몇 개', '~보다 더 적게'는 뺄셈을 하자.

6 (나은이가 가지고 있는 색종이의 수)=(지안이가 가지고 있는 색종이의 수)+11
$=24+11=35$(장)

응용 3 먼저 수 카드로 가장 큰(작은) 몇십몇을 만들자.

7 가장 큰 몇십몇: 43 → 43보다 20만큼 더 큰 수: $43+20=63$

8 가장 작은 몇십몇: 67 → 67보다 15만큼 더 작은 수: $67-15=52$

9 가장 큰 몇십몇: 54, 가장 작은 몇십몇: 23 → 두 수의 합: $54+23=77$

참고
• 가장 큰 몇십몇

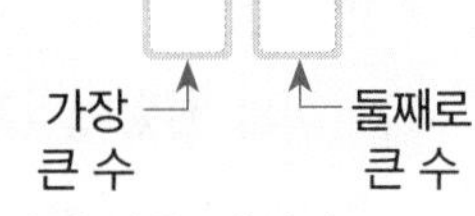

• 가장 작은 몇십몇

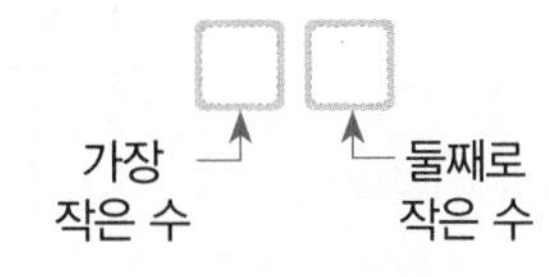

응용 4 낱개끼리 계산하고, 10개씩 묶음끼리 계산하여 □ 안에 알맞은 수를 구하자.

10 • 낱개끼리의 계산: □+1=8 → □=7
• 10개씩 묶음끼리의 계산: 2+□=6 → □=4

11 • 낱개끼리의 계산: 5+□=9 → □=4
• 10개씩 묶음끼리의 계산: □+2=5 → □=3

12 • 낱개끼리의 계산: □−2=4 → □=6
• 10개씩 묶음끼리의 계산: 8−□=3 → □=5

참고
• 구한 수를 □ 안에 넣어 계산하여 맞게 구했는지 확인해 봅니다.

$$\begin{array}{r} 2\,\boxed{7} \\ +\,\boxed{4}\,1 \\ \hline 6\,8 \end{array}$$

응용 5 ㉠을 먼저 구하고, ㉠을 이용하여 ㉡을 구하자.

13 $52+13=65$이므로 ㉠$=65$입니다.
㉠$-30=65-30=35$이므로 ㉡$=35$입니다.

14 $78-46=32$이므로 ㉠$=32$입니다.
㉠$-21=32-21=11$이므로 ㉡$=11$입니다.

15 $40+$㉠$=46$에서 $40+6=46$이므로 ㉠$=6$입니다.
$99-$㉠$=99-6=93$이므로 ㉡$=93$입니다.

응용 6 계산할 수 있는 식을 먼저 계산하고 조건에 맞는 수를 찾자.

16 35+12=47 ➔ 47<4□이므로 □ 안에는 7보다 큰 수인 8, 9가 들어갈 수 있습니다.

17 78−24=54 ➔ 54>5□이므로 □ 안에는 4보다 작은 수인 1, 2, 3이 들어갈 수 있습니다.

18 42+36=78 ➔ 78<□9이므로 □ 안에는 7과 같거나 7보다 큰 수인 7, 8, 9가 들어갈 수 있습니다.

주의
10개씩 묶음의 수를 구해야 하므로 □ 안에 '7'도 넣어 확인합니다.

응용 7 어떤 수 몇십몇을 ■▲로 나타내 식을 세워 구하자.

참고
낱개끼리의 계산, 10개씩 묶음끼리의 계산을 이용하여 어떤 수를 구합니다.

19 어떤 수를 ■▲로 나타내 식을 세우면

　■ ▲
+ 3 2
　4 6

■+3=4 → ■=1, ▲+2=6 → ▲=4
➔ ■▲=14

20 어떤 수를 ■▲로 나타내 식을 세우면

　■ ▲
+ 1 6
　3 7

■+1=3 → ■=2, ▲+6=7 → ▲=1
➔ ■▲=21

21 어떤 수를 ■▲로 나타내 식을 세우면

　■ ▲
− 1 5
　4 2

■−1=4 → ■=5, ▲−5=2 → ▲=7
➔ ■▲=57

응용 8 10개씩 묶음의 수가 클수록 두 수의 합이 커지는 것을 이용하여 덧셈식을 만들자.

비법
10개씩 묶음의 자리에는 가장 큰 수와 둘째로 큰 수를 놓고, 낱개의 자리에는 셋째로 큰 수와 넷째로 큰 수를 놓습니다.

22 합이 가장 크려면 10개씩 묶음의 자리에는 가장 큰 수와 둘째로 큰 수, 낱개의 자리에는 셋째로 큰 수와 넷째로 큰 수를 놓습니다.
➔ 62+31=93 (또는 61+32=93)

23 합이 가장 크려면 10개씩 묶음의 자리에는 가장 큰 수와 둘째로 큰 수, 낱개의 자리에는 셋째로 큰 수와 넷째로 큰 수를 놓습니다.
➔ 53+42=95 (또는 52+43=95)

180쪽 3STEP 서술형의 힘 연습 문제 풀기

1 식 23+24=47 답 47개
2 식 38−6=32 답 32개
3 식 32+35=67 답 67명
4 식 46−12=34 답 34개

181~183쪽 3STEP 서술형의 힘

서술형 문제는 풀이를 확인하세요.

대표 유형 1
❶ 3, 44
❷ 44, 85
답 85개
1-1 답 50개
1-2 답 28장

대표 유형 2
❶ 12, 11
❷ 12, 35 / 11, 45 / 34, 11
답 34, 11
2-1 답 42, 15
2-2 답 54, 22

대표 유형 3
❶ 13, 25
❷ 25
❸ 25−4=21
답 21개
3-1 답 24개
3-2 답 22자루

대표 유형 1 상황에 맞게 덧셈식이나 뺄셈식을 세워 계산하자.

1-1 예 ❶ (현우가 받은 칭찬 도장의 수)=30−10=20(개)
❷ (지아와 현우가 받은 칭찬 도장의 수)=30+20=50(개) 답 50개

채점 기준
❶ 현우가 받은 칭찬 도장의 수를 구함.
❷ 지아와 현우가 받은 칭찬 도장은 모두 몇 개인지 구함.

1-2 예 ❶ (윤아에게 남은 색종이의 수)=25−10=15(장)
❷ (연서에게 남은 색종이의 수)=25−12=13(장)
❸ (윤아와 연서에게 남은 색종이의 수)=15+13=28(장) 답 28장

채점 기준
❶ 윤아에게 남은 색종이의 수를 구함.
❷ 연서에게 남은 색종이의 수를 구함.
❸ 윤아와 연서에게 남은 색종이는 모두 몇 장인지 구함.

대표 유형 2 먼저 낱개끼리의 합이 ■가 되는 두 수를 찾자.

2-1 예 ❶ 낱개끼리 더해서 7이 되는 두 수를 모두 찾기: 42와 15, 24와 43
❷ 위 ❶에서 찾은 두 수의 합을 구하면 42+15=57, 24+43=67이므로 골라야 하는 두 수는 42, 15입니다. 답 42, 15

채점 기준
❶ 낱개끼리 더해 7이 되는 두 수를 모두 찾음.
❷ 위 ❶에서 찾은 수 중에서 합이 57이 되는 두 수를 찾음.

2-2 예 ❶ 낱개끼리 빼서 2가 되는 두 수를 모두 찾기: 65와 23, 54와 22
❷ 위 ❶에서 찾은 두 수의 차를 구하면 65−23=42, 54−22=32이므로 골라야 하는 두 수는 54, 22입니다. 답 54, 22

채점 기준
❶ 낱개끼리 빼서 2가 되는 두 수를 모두 찾음.
❷ 위 ❶에서 찾은 수 중에서 차가 32가 되는 두 수를 찾음.

대표 유형 3 처음에 가지고 있던 만큼은 먹은 것과 남은 것의 개수의 합과 같음을 이용하자.

3-1 예 ❶ (연아가 처음에 가지고 있던 사탕 수)=12+22=34(개)
❷ (하준이가 처음에 가지고 있던 사탕 수)=34개
❸ (하준이에게 남은 사탕 수)=34−10=24(개) 답 24개

채점 기준
❶ 연아가 처음에 가지고 있던 사탕 수를 구함.
❷ 하준이가 처음에 가지고 있던 사탕 수를 구함.
❷ 하준이에게 남은 사탕 수를 구함.

3-2 예 ❶ (은지가 처음에 가지고 있던 연필 수)=15+14=29(자루)
❷ (주원이가 처음에 가지고 있던 연필 수)=29자루
❸ (주원이에게 남은 연필 수)=29−7=22(자루) 답 22자루

채점 기준
❶ 은지가 처음에 가지고 있던 연필 수를 구함.
❷ 주원이가 처음에 가지고 있던 연필 수를 구함.
❸ 주원이에게 남은 연필 수를 구함.

184~186쪽 수학의 힘 단원평가

서술형 문제는 풀이를 확인하세요.

1 27	2 63
3 42	4 72
5 29	6 ( )(○)
7 80	8 97 / 35
9 지호	10 >
11 50권	12 (선 잇기)

13 식 45−10=35 답 35장

14 식 49−16=33 답 33장

15 67	16 7, 8, 9
17 78	18 94
19 답 66개	20 답 33

1 파란색 구슬 20개와 노란색 구슬 7개이므로 구슬은 모두 27개입니다.

2 $43+20=63$　　3 $56-14=42$

4 $77-5=72$　　5 $26+3=29$

6 56−30=26, 48−24=24
→ 계산 결과가 24인 식은 48−24입니다.

7 가장 큰 수: 50, 가장 작은 수: 30
→ 50+30=80

8 합: 66+31=97
차: 66−31=35

9 지호: 46−3=43

참고
낱개는 낱개끼리 빼고 10개씩 묶음의 수는 그대로 씁니다.

10 51+7=58 → 58>55

11 (위인전의 수)+(동화책의 수)
=30+20=50(권)

12 30+6=36, 21+11=32
45−13=32, 38−2=36

13 (혜지가 가지고 있는 붙임딱지의 수)
−(동화책 1권을 사는 데 필요한 붙임딱지의 수)
=45−10=35(장)

14 (민주가 가지고 있는 붙임딱지의 수)
−(모자 1개를 사는 데 필요한 붙임딱지의 수)
=49−16=33(장)

15 ㉠ 13+34=47　㉡ 40−20=20
→ ㉠+㉡=47+20=67

16 59−3=56 → 56<5□이므로 □ 안에는 6보다 큰 수인 7, 8, 9가 들어갈 수 있습니다.

17 어떤 수 몇십몇을 ■▲로 나타내 식을 세우면

$$\begin{array}{rr} & ■▲ \\ - & 1\,3 \\ \hline & 6\,5 \end{array}$$

■−1=6 → ■=7
▲−3=5 → ▲=8
→ ■▲=78

18 합이 가장 크려면 10개씩 묶음의 자리에는 가장 큰 수와 둘째로 큰 수, 낱개의 자리에는 셋째로 큰 수와 넷째로 큰 수를 놓습니다.
→ 53+41=94 (또는 51+43=94)

19 풀이 예 ❶ (은서가 딴 귤의 수)=32+2=34(개)
❷ (재아와 은서가 딴 귤의 수)=32+34=66(개)
답 66개

채점 기준	
❶ 은서가 딴 귤의 수를 구함.	2점
❷ 재아와 은서가 딴 귤의 수의 합을 구함.	3점

20 풀이 예 ❶ 67−4=63이므로 ㉠=63입니다.
❷ ㉠−30=63−30=33이므로 ㉡=33입니다.
답 33

채점 기준	
❶ ㉠이 나타내는 수를 구함.	2점
❷ ㉡이 나타내는 수를 구함.	3점

187쪽 창의·사고력의 힘!

1 6 / 12+6=18
2 17, 4 / 17−4=13

배움으로 행복한 내일을 꿈꾸는

천재교육 커뮤니티 안내

교재 안내부터 구매까지 한 번에!

천재교육 홈페이지

자사가 발행하는 참고서, 교과서에 대한 소개는 물론
도서 구매도 할 수 있습니다. 회원에게 지급되는 별을 모아
다양한 상품 응모에도 도전해 보세요!

다양한 교육 꿀팁에 깜짝 이벤트는 덤!

천재교육 인스타그램

천재교육의 새롭고 중요한 소식을 가장 먼저 접하고 싶다면?
천재교육 인스타그램 팔로우가 필수!
깜짝 이벤트도 수시로 진행되니 놓치지 마세요!

수업이 편리해지는

천재교육 ACA 사이트

오직 선생님만을 위한, 천재교육 모든 교재에 대한 정보가 담긴
아카 사이트에서는 다양한 수업자료 및 부가 자료는 물론
시험 출제에 필요한 문제도 다운로드하실 수 있습니다.

https://aca.chunjae.co.kr

천재교육을 사랑하는 샘들의 모임

천사샘

학원 강사, 공부방 선생님이시라면 누구나 가입할 수 있는 천사샘!
교재 개발 및 평가를 통해 교재 검토진으로 참여할 수 있는 기회는 물론
다양한 교사용 교재 증정 이벤트가 선생님을 기다립니다.

아이와 함께 성장하는 학부모들의 모임공간

튠맘 학습연구소

튠맘 학습연구소는 초·중등 학부모를 대상으로 다양한 이벤트와 함께
교재 리뷰 및 학습 정보를 제공하는 네이버 카페입니다.
초등학생, 중학생 자녀를 둔 학부모님이라면 튠맘 학습연구소로 오세요!

◀ 정답은 이안에 있어!

시험 대비교재

●**올백 전과목 단원평가**	1~6학년/학기별 (1학기는 2~6학년)
●**HME 수학 학력평가**	1~6학년/상·하반기용
●**HME 국어 학력평가**	1~6학년

논술·한자교재

●**YES 논술**	1~6학년/총 24권
●**천재 NEW 한자능력검정시험 자격증 한번에 따기**	8~5급(총 7권)/4급~3급(총 2권)

영어교재

●**READ ME**	
– Yellow 1~3	2~4학년(총 3권)
– Red 1~3	4~6학년(총 3권)
●**Listening Pop**	Level 1~3
●**Grammar, ZAP!**	
– 입문	1, 2단계
– 기본	1~4단계
– 심화	1~4단계
●**Grammar Tab**	총 2권
●**Let's Go to the English World!**	
– Conversation	1~5단계, 단계별 3권
– Phonics	총 4권

예비중 대비교재

●**천재 신입생 시리즈**	수학/영어
●**천재 반편성 배치고사 기출 & 모의고사**	

기본기와 서술형을 한 번에, 확실하게
수학 자신감은 덤으로!

수학리더 시리즈 (초1～6 / 학기용)

[연산]
(*예비초~초6/총14단계)

[개념]

[기본]

[유형]

[기본＋응용]

[응용·심화]

[최상위]
(*초3~6)